浙江省普通高校新形态教材项目
全国水利行业"十三五"规划教材（职业技术教育）
水利工程类现代学徒制系列教材

河道堤防工程

刘进宝　徐朝辉　编著
焦爱萍　主审

·北京·

内 容 提 要

本书是按照高等职业教育水利类专业人才培养要求，依据河道生态治理及堤防工程建设与管理的最新技术规范、规程，校企联合编写而成的新形态教材。

本书共分河道治理规划、堤防工程设计、堤防工程施工、堤防工程管理4个项目，按照项目工作过程设置26个任务，可适应不同专业根据自身特点及学时要求灵活选取、组合相关内容，开展模块化教学。以"导师说道""导师述典"方式展现新时代水利职业精神、水利职业道德、治水文化等课程思政元素。将《河道修防工职业技能标准》融入"河道堤防管理"项目中，并有配套的河道管理虚拟修防仿真实训平台，便于开展场景化仿真训练和技能鉴定。

本书可作为水利类专业的河道生态治理、河道堤防工程、防洪抢险技术等相关课程教学教材，也可作为河道建设与管理岗位人员技术培训、技能鉴定教材，还可供从事河道治理工程设计、施工、管理及防汛抢险工作的工程技术人员参考。

图书在版编目（CIP）数据

河道堤防工程 / 刘进宝, 徐朝辉编著. -- 北京：中国水利水电出版社, 2022.5
 浙江省普通高校新形态教材项目 全国水利行业"十三五"规划教材. 职业技术教育 水利工程类现代学徒制系列教材
 ISBN 978-7-5226-0742-9

Ⅰ. ①河… Ⅱ. ①刘… ②徐… Ⅲ. ①河道－堤防施工－施工管理－高等学校－教材 Ⅳ. ①TV871.1

中国版本图书馆CIP数据核字(2022)第093696号

书　名	浙江省普通高校新形态教材项目 全国水利行业"十三五"规划教材（职业技术教育） 水利工程类现代学徒制系列教材 **河道堤防工程** HEDAO DIFANG GONGCHENG
作　者	刘进宝　徐朝辉　编著 焦爱萍　主审
出版发行	中国水利水电出版社 （北京市海淀区玉渊潭南路1号D座　100038） 网址：www.waterpub.com.cn E-mail：sales@mwr.gov.cn 电话：（010）68545888（营销中心）
经　售	北京科水图书销售有限公司 电话：（010）68545874、63202643 全国各地新华书店和相关出版物销售网点
排　版	中国水利水电出版社微机排版中心
印　刷	天津嘉恒印务有限公司
规　格	184mm×260mm　16开本　13.75印张　335千字
版　次	2022年5月第1版　2022年5月第1次印刷
印　数	0001—2000册
定　价	**49.00元**

凡购买我社图书，如有缺页、倒页、脱页的，本社营销中心负责调换

版权所有·侵权必究

前言

我国河流众多，其中流域面积 100km² 以上的河流有 5 万多条，天然河道总长度约 45 万 km。河道堤防是我国防洪减灾体系的重要组成部分，也是"幸福河湖"建设的重要组成部分。堤防工程建设与管理是河湖治理中的重点工作内容。为此，本书在认真总结和充分利用前人研究成果的基础上，以河道堤防工程为题，在职业教育专业课程教材建设方面作了创新性探索。

本书是贯彻落实《国家职业教育改革实施方案》（国发〔2019〕4 号）、《职业教育提质培优行动计划（2020—2023 年）》、《职业院校教材管理办法》（教材〔2019〕3 号）、《教育部关于开展现代学徒制试点工作的意见》（教职成〔2014〕9 号）等文件及全国教材工作会议精神，按照全国水利行业"十三五"规划教材及浙江省普通高校"十三五"新形态教材建设的有关要求，依据河道生态治理及堤防工程建设与管理的最新技术规范、规程，校企合作编写而成。

本书专注专业实践能力的培养，对接防洪除涝设施管理、河湖治理及防洪设施工程建筑等岗位职业标准，按照基于工作过程的项目化课程教学需求编排内容，分为河道治理规划、堤防工程设计、堤防工程施工、堤防工程管理 4 个教学项目，按照项目工作过程设置 26 个任务，适应不同专业根据自身特点及学时要求灵活选取、组合相关内容，开展模块化教学。适应"互联网＋教学"要求，采用新形态立体化编写方式，以图形、音频、视频、动画类、虚拟仿真、PPT 文稿等富媒体呈现教学资源。注重课程思政与专业学习融合，以"导师说道""导师述典"方式展现新时代水利精神、水利职业道德、治水文化等课程思政元素。在每个任务后安排"应会"和"应知"，在每个项目后安排有"项目训练"，便于教学巩固和过程性考核。将《河道修防工职业技能标准（2019 年版）》的内容要求融入"河道堤防管理"项目中，并有配套的虚拟修防仿真实训平台，便于开展场景化仿真训练和技能鉴定。

本书由浙江同济科技职业学院刘进宝、南京市水利规划设计院股份有限公司徐朝辉牵头编著，浙江广川工程咨询有限公司骆勇军、浙江同济科技职业学院蒋维、浙江同济科技职业学院赵颖杰、浙江同济科技职业学院张宇弛担任副主编。项目 1 河道治理规划由刘进宝、赵颖杰撰写，项目 2 堤防工程设计由刘进宝、徐朝辉、骆勇军撰写，项目3堤防工程施工由蒋维、徐朝辉编写，项目4堤防工程管理由刘进宝、张宇弛及南水北调中线干线工程建设管理局河南分局郜淦编写，浙江省水利厅董秋华、浙江同济科技职业学院刘述丽、中国水利博物馆涂师平、浙江同济科技职业学院曾洪学、浙江同济科技职业学院翟振华、南京市水利规划设计院股份有限公司王伟娜等参与部分内容的编写、校对工作，并提供相关资源。浙大旭日科技开发有限公司常昕、付晓波、张静等参与部分虚拟仿真资源的编辑工作。

本书最初于2013年以浙江省河道建设与管理人员培训教材形式成稿，之后在多轮培训教学使用的过程中不断修改完善，编写成了高职水利类专业的专业课程教材，并在浙江同济科技职业学院水利工程系相关专业中试用5届。在本书的编写、出版中，得到浙江省水利专项资金和浙江省基础公益性研究计划项目（LGF18E090009）资金的资助。

感谢教育部水利行业教学指导委员会副秘书长、黄河水利职业技术学院焦爱萍教授审阅了本书全稿，并提出宝贵的修改意见。在编写过程中参阅了大量文献及相关规范、技术标准，引用了较多他人的成果，未在书中一一注明出处，在此向有关单位和作者表示深深的谢意。同时，对中国水利水电出版社相关人员的支持和帮助表示衷心感谢。

由于编者水平有限，书中难免有疏漏和不足之处，敬请读者批评指正。

编者

2021年8月

"行水云课"数字教材使用说明

"行水云课"水利职业教育服务平台是中国水利水电出版社立足水电、整合行业优质资源全力打造的"内容"＋"平台"的一体化数字教学产品。平台包含高等教育、职业教育、职工教育、专题培训、行水讲堂五大版块，旨在提供一套与传统教学紧密衔接、可扩展、智能化的学习教育解决方案。

本套教材是整合传统纸质教材内容和富媒体数字资源的新型教材，将大量图片、音频、视频、3D动画等教学素材与纸质教材内容相结合，用以辅助教学。读者登录"行水云课"平台，进入教材页面后输入激活码激活，即可获得该数字教材的使用权限。可通过扫描纸质教材二维码查看与纸质内容相对应的知识点多媒体资源，也可通过移动终端APP、"行水云课"微信公众号或"行水云课"网页版查看完整数字教材。

线上教学与配套数字资源获取途径如下：

• 手机端。关注"注水云课"公众号→搜索"图书名"→封底激活码激活→学习或下载。

• PC端。登录"http：//www.xingshuiyun.com"→搜索"图书名"→封底激活码激活→学习或下载。

数字资源索引

任务	资源名	页码
	项目导学1	1
任务1.1	导师说道：新时代水利精神	1
任务1.1	微课：我国河流的主要特点	2
任务1.1	钱塘江视频	2
任务1.1	钱塘江湖水视频	2
任务1.1	钱塘江天文潮视频	2
任务1.1	京杭大运河简介	5
任务1.1	河谷断面图	5
任务1.1	降水等级一览表	6
任务1.1	浙江省美丽河湖鉴赏：永安溪视频	11
任务1.1	浙江省美丽河湖鉴赏：汶溪视频	12
任务1.1	应知训练	14
任务1.1	答案解析	14
任务1.2	导师说道：水利职业道德的基本内涵	14
任务1.2	浙江省美丽河湖鉴赏：2020年度省级美丽河湖视频	15
任务1.2	生态河道效果组图	16
任务1.2	生态河道典型案例	17
任务1.2	应知训练	17
任务1.2	答案解析	17
任务1.3	导师说道：如何培养水利职业道德	18
任务1.3	钱塘江海塘鉴赏：萧围北线工程视频	18
任务1.3	坡式护岸图片	22
任务1.3	抛石防冲护脚图片	23
任务1.3	石笼护脚图片	23
任务1.3	沉枕护脚图片	23

续表

任务	资 源 名	页码
任务1.3	护坡工程图片	24
任务1.3	典型护坡工程图片	24
任务1.3	干砌石护坡图片	24
任务1.3	浆砌石护坡图片	24
任务1.3	堆石护坡图片	25
任务1.3	预制装配的六边形空心预制块护坡图片	25
任务1.3	现浇的框格加植物护坡图片	25
任务1.3	生态混凝土预制球护坡图片	25
任务1.3	生态混凝土预制块护坡图片	25
任务1.3	草皮护坡图片	26
任务1.3	土工网垫护坡图片	26
任务1.3	丁坝图片	27
任务1.3	松木桩护坡图片	29
任务1.3	枬槎坝图片	29
任务1.3	鱼巢护岸图片	29
任务1.3	黄河埽工图片	30
任务1.3	河道堰坝图片	30
任务1.3	应知训练	30
任务1.3	1.3应会题视频	30
任务1.3	某河道治理完工后的实景	31
任务1.3	答案解析	31
任务1.4	导师说道：职业守则解读（一）	31
任务1.4	生态河道图片	32
任务1.4	景观河道照片	32
任务1.4	平原区生态河道视频	32
任务1.4	单纯植物护坡图片	33
任务1.4	植物工程复合护坡技术图片	34
任务1.4	植被型生态混凝土护坡	34
任务1.4	植物措施景观河道图片	36

续表

任务	资 源 名	页码
任务1.4	常水位以下植物护岸图片	37
任务1.4	常水位至设计洪水位植物护岸	37
任务1.4	设计洪水位至堤（岸）顶植物护岸	37
任务1.4	应知训练	37
任务1.4	题1视频	37
任务1.4	答案解析	38
	项目导学2	39
任务2.1	导师说道：职业守则解读（二）	39
任务2.1	应知训练	40
任务2.1	答案解析	40
任务2.2	导师说道：职业守则解读（三）	40
任务2.2	堤防工程设计基础资料	41
任务2.2	应知训练	42
任务2.2	答案解析	43
任务2.3	导师述典—汉武治河	43
任务2.3	应知训练	48
任务2.3	答案解析	48
任务2.4	导师述典—都江堰	48
任务2.4	均方差、变差系数、偏差系数基本知识	51
任务2.4	瞬时单位线法基本概念	54
任务2.4	应知训练	55
任务2.4	答案解析	56
任务2.5	导师述典—红旗渠	57
任务2.5	应知训练	63
任务2.5	答案解析	63
任务2.6	导师述典—莆田木兰陂	63
任务2.6	复式断面效果图	65
任务2.6	梯形断面效果图	66
任务2.6	矩形断面效果图	66

续表

任务	资 源 名	页码
任务2.6	应知训练	68
任务2.6	答案解析	69
任务2.7	导师述典—钱塘江海塘古建筑	69
任务2.7	堤顶结构图	71
任务2.7	钱塘江大堤的反弧曲临水面	72
任务2.7	各种护坡型式	75
任务2.7	应知训练	92
任务2.7	答案解析	92
任务2.7	答案解析	93
任务2.7	答案解析	93
任务2.7	答案解析	93
任务2.7	答案解析	94
任务2.8	导师述典—吉安槎滩陂	94
任务2.8	河道堤防现状图片	95
任务2.8	改造后堤防断面效果图	95
任务2.8	新建堤防断面效果图	96
任务2.8	改造后的直立式挡墙断面效果图	96
任务2.8	应知训练	99
任务2.8	答案解析	99
任务2.9	导师述典—姜席堰	100
任务2.9	堰坝图组	104
任务2.9	亲水平台图组	104
任务2.9	亲水台阶图组	104
任务2.9	应知训练	105
任务2.10	导师述典—灵渠	105
任务2.10	上堤道路	106
任务2.10	堤防标识牌图组	107
任务2.10	应知训练	107
任务2.10	答案解析	108

续表

任务	资 源 名	页码
任务2.10	答案解析	108
	项目导学3	109
任务3.1	导师述典—泾阳郑国渠	109
任务3.1	断面测量	109
任务3.1	围堰施工	112
任务3.1	围堰拆除	112
任务3.1	应知训练	112
任务3.1	答案解析	112
任务3.1	答案解析	113
任务3.1	答案解析	113
任务3.2	导师述典—寿县芍陂	113
任务3.2	堤基施工图片	115
任务3.2	应知训练	116
任务3.2	答案解析	116
任务3.2	答案解析	116
任务3.3	导师述典—南宋马远水图赏析	117
任务3.3	荆江南岸大堤防渗墙示意图	117
任务3.3	小浪底混凝土防渗墙施工图	117
任务3.3	抓斗法混凝土防渗墙施工图	118
任务3.3	清孔验收工具图	118
任务3.3	高压喷射成墙施工视频	119
任务3.3	深层搅拌法施工图	119
任务3.3	应知训练	121
任务3.3	答案解析	121
任务3.3	答案解析	122
任务3.4	导师述典—宁波它山堰	122
任务3.4	吹填法施工图	124
任务3.4	某防洪堤典型断面施工图	126
任务3.4	干砌石墙（堤）砌筑施工图	127

续表

任务	资源名	页码
任务3.4	土工膜防渗施工图	127
任务3.4	排水设施施工图	128
任务3.4	防洪堤碾压施工图	129
任务3.4	环刀取样试验图	129
任务3.4	应知训练	132
任务3.4	答案解析	132
任务3.4	答案解析	132
任务3.5	导师述典—宁夏引黄古灌区	132
任务3.5	抛石护脚施工图	133
任务3.5	土工织物枕及土工织物软体排护脚图	133
任务3.5	生态护坡施工图	135
任务3.5	应知训练	135
任务3.5	答案解析	135
任务3.5	答案解析	136
任务3.6	导师述典—汉中三堰	136
任务3.6	观测设施图	136
任务3.6	应知训练	137
任务3.6	答案解析	137
任务3.6	答案解析	137
	项目导学4	138
任务4.1	导师述典—林则徐推广坎儿井	138
任务4.1	《河道等级划分办法（试行）》	139
任务4.1	河道管理范围线和堤防管理范围线图	141
任务4.1	应知训练	142
任务4.1	答案解析	142
任务4.2	导师述典—湖州溇港	142
任务4.2	虚拟仿真训练：堤防工程检查的一般要求视频	142
任务4.2	虚拟仿真训练：堤防检查的分类和频次视频	143
任务4.2	虚拟仿真训练：堤身检查视频	145

续表

任务	资 源 名	页码
任务 4.2	虚拟仿真训练：堤岸防护工程检查视频	149
任务 4.2	虚拟仿真训练：防渗设施及排水设施检查视频	150
任务 4.2	虚拟仿真训练：穿（跨）堤建筑物及其堤防接合部检查视频	150
任务 4.2	应知训练	152
任务 4.2	答案解析	152
任务 4.3	导师述典—从水则碑谈古代水文测量	152
任务 4.3	虚拟仿真训练：堤身沉降与位移观测视频	153
任务 4.3	虚拟仿真训练：水位（潮位）观测视频	155
任务 4.3	直立式水尺图	156
任务 4.3	倾斜式水尺图	156
任务 4.3	雷达水位计图	157
任务 4.3	浮子与雷达一体式水位计图	158
任务 4.3	电子水尺图	158
任务 4.3	虚拟仿真训练：渗流观测视频	159
任务 4.3	虚拟仿真训练：堤身表面观测视频	161
任务 4.3	应知训练	164
任务 4.3	答案解析	164
任务 4.4	导师述典—丽水通济堰	164
任务 4.4	虚拟仿真训练：堤防养护视频	164
任务 4.4	虚拟仿真训练：穿堤建筑物及堤防接合部养护视频	166
任务 4.4	虚拟仿真训练：堤岸防护工程养护视频	167
任务 4.4	虚拟仿真训练：管理设施及防汛物料养护视频	168
任务 4.4	虚拟仿真训练：生物防护工程养护视频	169
任务 4.4	应知训练	170
任务 4.4	答案解析	170
任务 4.5	导师述典—苏轼浚西湖	171
任务 4.5	虚拟仿真训练：堤顶维修视频	171
任务 4.5	虚拟仿真训练：堤坡及护坡修理视频	172
任务 4.5	应知训练	180

续表

任务	资 源 名	页码
任务 4.5	答案解析	181
任务 4.6	导师述典—郑国渠与疲秦记	181
任务 4.6	虚拟仿真训练：渗水抢险视频	181
任务 4.6	虚拟仿真训练：管涌抢险视频	185
任务 4.6	虚拟仿真训练：漏洞抢险视频	189
任务 4.6	虚拟仿真训练：风浪抢险视频	191
任务 4.6	虚拟仿真训练：裂缝抢险视频	194
任务 4.6	虚拟仿真训练：跌窝抢险视频	194
任务 4.6	虚拟仿真训练：漫溢抢险视频	195
任务 4.6	虚拟仿真训练：坍塌抢险	197
任务 4.6	河道护岸坍塌视频	197
任务 4.6	虚拟仿真训练：滑坡抢险	199
任务 4.6	应知训练	203
任务 4.6	答案解析	203

目录

前言
"行水云课"数字教材使用说明
数字资源索引

项目1 河道治理规划 … 1
任务1.1 河流及河道基本认知 … 1
任务1.2 河道治理的目标、理念与原则 … 14
任务1.3 河道治理的工程措施 … 18
任务1.4 河道治理的植物措施 … 31

项目2 堤防工程设计 … 39
任务2.1 堤防设计的内容及依据 … 39
任务2.2 基础资料收集 … 40
任务2.3 工程地质评价 … 43
任务2.4 水文水利计算 … 48
任务2.5 工程任务及规模确定 … 57
任务2.6 堤线布置及堤型选择 … 63
任务2.7 堤身结构设计 … 69
任务2.8 护岸及防洪墙设计 … 94
任务2.9 堰坝及亲水工程设计 … 100
任务2.10 安全监测及工程管理设计 … 105

项目3 堤防工程施工 … 109
任务3.1 施工准备与导流 … 109
任务3.2 堤基施工 … 113
任务3.3 防渗工程施工 … 117
任务3.4 堤身施工 … 122
任务3.5 防护工程施工 … 132
任务3.6 管理设施施工 … 136

项目4 堤防工程管理 … 138
任务4.1 河道堤防管理范围和保护范围 … 138
任务4.2 堤防工程检查 … 142

任务 4.3 堤防工程观测 …………………………………………………… 152
任务 4.4 堤防工程养护 …………………………………………………… 164
任务 4.5 堤防工程维修 …………………………………………………… 171
任务 4.6 堤防工程抢险 …………………………………………………… 181

参考文献 ………………………………………………………………………… 204

项目 1　河 道 治 理 规 划

【知识目标】
1. 了解河道治理的植物措施与方法
2. 熟悉河流及河道治理的基本概念
3. 掌握河道治理的各种工程措施与技术要求

【能力目标】
1. 能熟练表述河流的基本概况，会区分河流及河道治理的有关基本概念
2. 会区分各类堤防、护岸结构特点及使用条件
3. 能根据各类河道的自然条件及治理要求选择合理的治理措施

任务 1.1　河流及河道基本认知

【任务目标】
1. 了解河道的主要功能及我国河流的基本特点
2. 熟悉河道分段、水系、干支流、流域等基本概念
3. 掌握河道的形态特征、水文特征、流域特征等有关特征参数
4. 能正确描述一条河道的基本概况

1.1.1　河流及其称谓

滴水成溪，百溪汇河，万河聚洋。水，在地球表面沿着地表线自高处流动，形成水流，汇聚在低凹处。根据《辞海》对河流的定义，沿地表线低凹处经常性或周期性集中流动的水流称为河流。除了众多的天然河流外，我国还有许多人工开凿的河流，如京杭大运河、淠史杭运河、灵渠等。

我国幅员辽阔，巨川大江源远流长，大小河流纵横密布。但对于河流的称谓，东西南北各地不一，千差万别。

从地域上看，有南"江"北"河"之别：南方的河流多称为"江"，如长江、珠江、钱塘江、岷江、怒江、金沙江、澜沧江、雅鲁藏布江、漓江、丽江、九龙江等；北方的河流多称为"河"，如黄河、淮河、渭河、泾河、洛河、汾河、青河、辽河、饮马河、沁河、柴达木河、塔里木河等。

从规模上看，有大"江"小"河"之别：长度、流量、流域面积等规模较大的称为江，如长江、黑龙江、珠江、钱塘江、嫩江等；规模较小的河流名称具有显著的地域特色，有河、溪、港、源、坑、涧、塘等多种称谓。浙、闽、台地区的一些河流较短小，水

流较急，常称溪，如台湾的蜀水溪，福建的沙溪、建溪等。西南地区的河流也有称为"川"的，如四川的大金川、小金川，云南的螳螂川等。河流比较特殊的称谓有塘、娄、浜、泾、洪，如浙江的大钱港、罗娄，上海的蕴藻浜、顾泾，江苏的三沙洪等。尤为特殊的是珠江三角洲河网区河道的称谓，珠江三角洲 2.6 万多 km² 的区域，密布大小河流 800 多条，这些河网区的河道名称非常庞杂而纷繁，为其他三角洲所没有，如涌（冲）、溶、沥、洋、窿、橹等。

虽然河流的命名有地域和规模上的习惯性划分，但也不是绝对的。如中华民族的母亲河——黄河，是我国的第二大河流，其规模远大于乌江、钱塘江、岷江等。

一些河流的名称还有鲜明的政治或历史色彩，如漳卫南运河水系的共产主义渠、孟姜女河。

本书所说的河流是对溪、川、江、河的总称。

1.1.2 河道及其分段

河道是水体流经的地表低凹通道。广义上的河道还包括湖泊、行洪区、蓄洪区、滞洪区及各类人工水道等。

微课：我国河流的主要特点

一条河道常常可以根据其自然地理和地质特征分为河源、上游、中游、下游、河口五段。

1. 河源

河源是河流发源的地方，可以是溪涧、泉水、冰川、沼泽或湖泊等。在河流溯源侵蚀下，河源可不断向上移动或改变位置。

钱塘江视频

钱塘江湖水视频

钱塘江天文潮视频

较大河流常有若干支流，大河源头的确定并无公认标准，目前通常采用"唯长为源""长者为准"的原则来确定河源，即在河流的整个流域中选定最长而且一年四季都有水的支流对应的源头为河源。例如，浙江省八大水系之一的飞云江，流域面积 3252km²，有三插溪、洪口溪、泗溪、玉泉溪等支流，以三插溪为最长，即以三插溪为源，干流全长 203km，发源自海拔 1611m 的白云尖獠坑。但有时也根据习惯来确定河源，如大渡河比岷江在长度和水量方面都大，但习惯上一直把大渡河作为岷江的支流。一般而言，一条河流只有一源，但较大的河流也有采用双源的。例如，浙江省的第一大河钱塘江，最长的两条支流为新安江和兰江。新安江全长 668km，兰江全长 612km，以河长为源，则应以新安江为河源，但新安江的大部分区域在安徽省境内，而兰江流经浙江的大部分区域，且兰江的集水面积和年径流量是新安江的 1.7 倍。考虑经济文化等因素，钱塘江通常采用双源：北源（新安江）为安徽省休宁县六股尖东坡（海拔 1350m）；南源（兰江）为安徽省休宁县青芝埭尖北坡板仓（海拔 810m）。

2. 上游

河道上游是整条河道的初始区段。直接连河源，在整条河流的上段。此河段的特征是落差大、河谷狭、水流急、流量小、下切力量强，岸坡滩地较少，易出现急滩和瀑布。

3. 中游

河道中游是整条河道的中间区段。此河段的特点是河道比降变缓、河床比较稳定、下切力量减弱而旁蚀力量增强，因此，河槽逐渐拓宽和曲折，两岸有滩地。此段河道长度在整条河道中占比较大。

4. 下游

河道下游是整条河道的末尾区段。此河段的特点是河谷宽、纵断面比降和流速小、河道中淤积作用较显著，常见浅滩和沙洲，河曲发育。

5. 河口

河口是河道的终点，也是河流汇入海洋、湖泊或另一河流的入口。因其汇入的水域不同，可分为入海河口、入湖河口、支流河口。此河段的特征是河流量大、宽广，多为发散状。

入海河口，又称感潮河口。受径流、潮流的共同作用，水动力条件复杂，通常把潮汐影响所及之地作为河口区。根据沿程水动力差异，河口区可分为河流进口段、河口段、口外海滨段。如钱塘江自富春江水库大坝以下开始受潮汐影响，为入海河口段。其中富春江水库至闻家堰，长83km，受径流控制，河道中多江心洲，河床相对稳定，为河流进口段；闻家堰至澉浦，长101km，径流、潮流相互作用，涌潮澎湃，河床多变，属河口段；澉浦以下通常称杭州湾，径流影响微弱，以潮流影响为主，为口外海滨段。

在我国西南和华南喀斯特地貌发育的地区，形成了许多特殊的河流，如河流从岩洞中流出的无头河，河流下游没于落水洞的无尾河，另外一些河流没入地下成为暗河，潜行一段距离后又涌出地面，这些特殊的河流较难区分其河源、上游、中游、下游及河口段。

1.1.3 水系及流域

1. 河流水系

由若干条河流构成脉络相通的河流系统称为水系，如图1.1所示。一个水系由干流、若干级支流及流域内湖泊、沼泽等组成。在这个系统中，直接流入海洋或内陆湖泊的河流叫做干流，流入干流的河流叫做一级支流，流入一级支流的河流叫做二级支流，其余依此类推。例如，嘉陵江、汉江、岷江等为长江的一级支流；唐白河、丹江等流入汉江的河流则为长江的二级支流。河流水系通常以该水系干流最下游段的名称命名。如，拥有江山港、乌溪江、灵山港、金华江、分水江、浦阳江等众多支流的钱塘江，它的水系名称就以干流最下游段的钱塘江命名，称钱塘江水系。

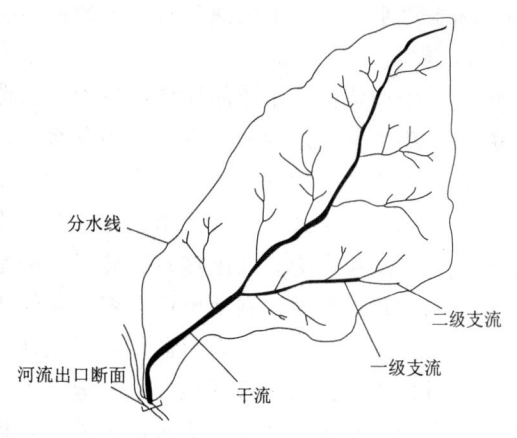

图1.1 河流水系示意图

根据干流与支流的分布及平面组合形状，水系通常可分为树枝状、扇状、羽状、平行状、混合状水系等。

(1) 树枝状水系。干流、支流分布呈树枝状，是水系发育中最普遍的一种类型，如图1.2所示。

(2) 扇状水系。干支流组合而成的水系轮廓形状如一把平展的扇子，如图1.3所示。

(3) 羽状水系。干流两侧支流分布较均匀，近似羽毛状排列的水系，如图1.4所示。

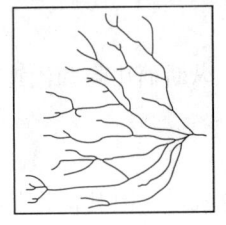 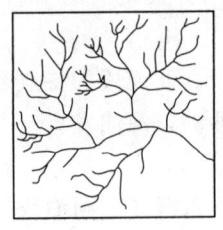 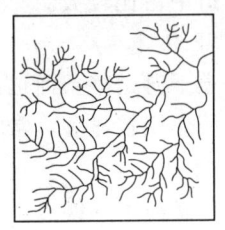

图 1.2　树枝状水系示意图　　图 1.3　扇状水系示意图　　图 1.4　羽状水系示意图

（4）平行状水系。支流近似平行排列汇入干流的水系，如图 1.5 所示。

（5）混合状水系。由两种以上类型水系复合而成的水系为混合状水系，通常大河由两种或两种以上水系组成，如图 1.6 所示。

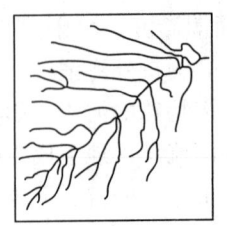 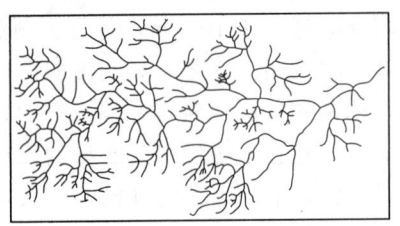

图 1.5　平行状水系示意图　　　　图 1.6　混合状水系示意图

独流入海的河流与其他河流间无相关关系，单独入海。如浙江的白溪、清江，山东的白沙河、墨水河，海南的演州河、五源河等。

2. 流域

向一条河流汇集水流的区域，称为该河流的流域，如图 1.1 所示。每条河流都有自己的流域，相邻流域之间的分界处称为分水线，即集水区域的边界线。降落在分水线两侧的水流将分别流向不同的流域。分水线有的是山岭，有的是高原，也可能是平原或湖泊。在山区，流域的分水线是山脊或山顶，山脊或山顶称为分水岭，例如，我国秦岭以南的地面水流向长江水系，为长江流域；秦岭以北的地面水流向黄河水系，为黄河流域。山区或丘陵地区的分水岭明显，在地形图上容易勾绘出分水线。平原地区分水岭不显著，仅利用地形图勾绘分水线有困难，有时需要进行实地调查确定。

流域内的水流通常包括地面水和地下水，因此，分水线有地面分水线和地下分水线之分。如果地面集水区和地下集水区相重合，称为闭合流域；如果不重合，将发生相邻流域的水量交换，则称为非闭合流域。大、中型流域多为闭合流域，小流域通常为非闭合流域。因地下分水线不易确定，而地下集水区的水量通常比地面集水区的水量小得多，在实际工作中，常用地面集水区代表流域。平时所称的流域，一般指地面集水区。对于某些水量交换较大的流域则需通过水文地质勘探来确定集水区的范围。

根据水利部发布的《中国河流代码》（SL 249—2012），我国河流按流域水系划分为 7 大流域 60 个水系，自北而南为：松辽流域（含 13 个水系）、海河流域（含 8 个水系）、黄河流域（含 10 个水系）、淮河流域（含 4 个水系）、长江流域（含 14 个水系）、东南沿海流域（含4个水系）、珠江流域（含7个水系）。同时，在我国还有七大江河的提法，即：长江、黄河、松花江、珠江、辽河、淮河和海河。

1.1.4 河道的形态特征

河道的形态特征主要用河道地貌、河道弯曲系数、河道断面、河道长度、河道落差、比降等参数表示。

1. 河道地貌

山区河道多急弯、卡口，两岸和河心常有突出的巨石，河谷狭窄，横断面多呈V形或不完整的U形，两岸山嘴突出，岸线犬牙交错很不规则，常形成许多深潭，河岸两侧形成数级阶地。平原河道横断面宽浅，浅滩、深槽交替，河道蜿蜒曲折，多江心洲、曲流与汊河，横断面多为U形或宽W形。较大的河道上游和中游一般具有山区河流的地貌特征，而其下游多为平原河流；对于较小的河流，整条河道可能为山区河道或平原河道。

2. 河道弯曲系数

河谷断面图

河道平面形状的弯曲程度，可以用弯曲系数表示，为河道实际长度与河流两端直线距离的比值。弯曲系数越大，表明河道越弯曲，径流汇集相对较慢。

3. 河道断面

河道中被水淹没的部分称为河床，也叫河槽。

河道断面分为纵断面和横断面。

河道纵断面是指沿河道深泓线（沿河道各横断面上的河床最低点称为深泓点）的剖面。以河长为横坐标，河底高程为纵坐标绘制而成的图为河道的纵断面图。可反映河道纵坡和落差的沿程分布。

河道横断面是指河床某处垂直于流向的断面。它的下界为河底，上界为水面线，两侧为河槽边坡，有时还包括两岸的堤防。河道横断面是计算河道流量的主要依据。

4. 河道长度

自河源至河口，沿河道各横断面最低点的连线量得的距离为河长，河长是计算河流落差、比降、汇流时间的重要参数。一般而言，河长基本上反映出河流集水面积的大小，即河长越长河流集水面积越大，反之亦然。

5. 河道落差

河道两断面间的河底高程差为该河段的落差。河源和河口两处的河底高程差，为河道总落差，落差大表明河流水能资源丰富。

6. 比降

河道比降包括纵比降和横比降。河道落差与相应河段长度之比即单位河长的落差叫河道纵比降。河流横断面的水面，一般并不是水平的，而是横向倾斜或凹凸不平，河流横断面的比降称横比降。

1.1.5 河道的水文特征

河道的水文特征主要包括降水、径流、流量、水位、洪水、泥沙、潮汐、水质等。

1. 降水

从天空降落到地面上的雨水，未经蒸发、渗透、流失而在水面上积聚的水层深度，称为降水量。24h 内的降水量称为日降水量，按日降水量大小将降水分为微量降雨（<0.1mm）、小雨（0.1~9.9mm）、中雨（10.0~24.9mm）、大雨（25.0~49.9mm）、暴雨（50.0~99.9mm）、大暴雨（100.0~250.0mm）、特大暴雨（>250.0mm）。

降水特征值通常有降水量、降水强度、降水历时、降水面积、降水中心等。

2. 径流

降水等级一览表

径流是由降水引起的，但径流并不等同于降水。大气降水如雨、雪等落到地面后，一部分蒸发变成水蒸气返回大气，一部分下渗到土壤成为地下水，其余的水沿着斜坡形成漫流。沿流域的不同路径向河流、湖泊和海洋汇集的水流叫径流。

径流的特征值通常有径流量、径流深、径流模数、径流系数等。

径流量是指在某一时段内通过河流某一过水断面的水量。在一个年度内通过河道出口断面的水量称为该断面的年径流总量。

径流深是指计算时段内的径流总量平铺在整个流域面积上所得到的水层深度。

径流模数是指某时段内单位面积上所产生的平均流量。

径流系数是指某时段内降水所产生的径流量与同一时段内降水量的比值。

3. 流量

流量指单位时间内通过某一过水断面的水量。以流量为纵坐标，时间为横坐标，点绘出来的流量随时间的变化过程线为流量过程线。流量过程线反映的是每个时刻的瞬时流量，此外，日平均流量、月平均流量、年平均流量和多年平均流量等反映的是某个时间段的流量。

4. 水位

水位是指水体自由水面相对特定基准面的高程。由于历史的原因，许多大江大河使用大沽基面、吴淞基面、1956 黄海基面等基面作为基准面。1987 年 5 月，经国务院批准，我国启用"1985 国家高程基准"。

与河道防洪有关的特征水位主要有设防水位、警戒水位和保证水位。

设防水位是指河道堤坝进入防汛阶段需要开始设防的特征水位，也称防汛水位。设防水位由防汛部门根据历史及近期洪水资料、防洪工程实际情况和防洪要求确定，可在每年汛前调整公布。一般将洪水开始漫滩，堤防开始临（傍）水时的水位为设防水位。

警戒水位是指河道防洪堤可能出现险情，要求防汛值班和防守人员日夜守护堤防（工程），并密切观察险工险段，随时准备投入抢险的特征水位。警戒水位一般是根据堤防质量、渗流现象及历年防汛情况等分析确定。达到或超过警戒水位时防汛将进入警戒状态或由警戒向紧张状态（防汛一般划分为设防、警戒、紧张、紧急、严重及危险等六个阶段）发展，工程险情可能明显增多。

保证水位是指保证防洪工程安全运用的最高水位。一般取防洪工程的设计洪水位或历史上防御过的最高洪水，又称最高水位或危险水位。根据防洪堤设计标准，应保证堤防在此水位时不溃决。

5. 洪水

洪水是指江河水量迅猛增加及水位急剧上涨，超过常规水位的自然现象。

洪水按成因可分为暴雨洪水、风暴潮洪水、冰凌洪水、溃坝洪水、融雪洪水等。我国河流的主要洪水大都是暴雨洪水，多发生在夏秋季节，南方一些地区春季也可能发生。以地区划分，我国中东部地区以暴雨洪水为主，西北部地区多融雪洪水和雨雪混合洪水。融雪洪水是由冰雪融化形成，由于融化过程缓慢，形成的洪水属缓涨缓落型洪水。其余如冰凌洪水、风暴潮洪水、溃坝洪水等类，也都各有其不同的特征。

洪水特征值主要有洪峰流量、洪峰水位、洪水历时、洪水总量、洪峰传播时间等，其中，洪峰流量、洪水总量、洪水过程线称为洪水的三要素（简称峰、量、型）。洪水过程线是反映洪水从起涨到峰顶再回落到正常状态整个过程的曲线，如图1.7所示，一般以纵轴表示流量或水位、横轴表示时间，反映洪水随时间变化的全过程。

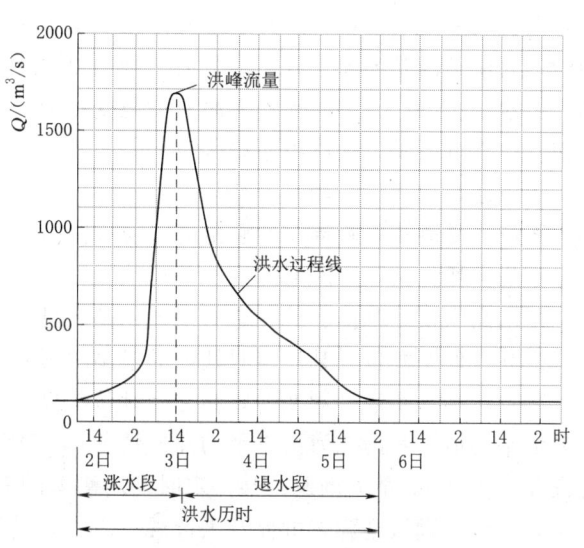

图1.7 洪水过程线

洪水过程线的最高处称为洪峰，洪峰处所对应的流量和水位分别称为洪峰流量和洪峰水位。一次洪水从起涨到峰顶再回落到正常状态所经历的总时间，称为洪水历时。一次洪水从起涨到峰顶再回落到正常状态所增加的总水量称为洪水总量。洪水的洪峰从一个断面传播到另一个断面的时间称为洪峰传播时间。

河流中出现大洪水最多的时段称汛期。由于各地区气候、降水情况不同，从全国来讲，各河流汛期时间是不同的，南方入汛时间较早，结束时间较晚；北方入汛时间较晚，结束时间较早。春季发生的称春汛，曾称桃汛；秋季发生的称秋汛；夏秋伏天时节发生的称伏汛，又称伏秋大汛。浙江省每年4—10月，降雨明显比其他月份多，故浙江省将每年的4月15日—10月15日称为汛期。

6. 泥沙

天然河流大多挟带一定数量的泥沙。特别是在汛期，往往水流浑浊，挟带泥沙较多。挟带泥沙的数量，不同河流有显著差异。河流泥沙的主要来源是流域表面的侵蚀和河床的冲刷，因此泥沙的多少和流域的气候、植被、土壤、地形等因素有关。河流泥沙包括推移质与悬移质。推移质泥沙较粗，沿河床滚动、滑动或跳跃运动；悬移质泥沙较细，在水中浮游运动。

河流的泥沙情况通常用含沙量、多年平均年输沙量等指标来描述。

含沙量：单位体积水中所含悬移质的重量。天然河道中悬移质含沙量沿垂线分布是自水面向河底增加。泥沙颗粒愈小，沿垂线分布愈均匀。含沙量在断面内分布，通常靠近主流处较两岸大。

输沙量：单位时间内通过单位面积的断面所输送的沙量。绝大多数河流的含沙量与输沙量高值集中在汛期。如，黄河7—9月输沙量约为全年的85%，长江5—10月输沙量约为全年的95%。我国西北干旱地区的河流，沙峰多在春汛高峰稍前出现。

黄河是世界上含沙量最大的河流。根据位于黄河中游的陕县站统计，黄河在陕县站年均含沙量达 36.9kg/m^3。每年经过这里向下游输送的泥沙达 15.7 亿 t。

7. 潮汐

河流入海河口段在日、月引潮力作用下引起水面周期性的升降涨落与进退的现象，称潮汐。河流潮汐是河流入海口河段的一种自然现象，古代称白天的潮汐为"潮"，晚上的称为"汐"，合称为"潮汐"。入海河口段受径流、潮流的共同作用，水动力条件复杂，通常把潮汐影响所及之地作为河口区。

潮汐通常用潮位、潮差等特征值来描述。

潮位：受潮汐影响周期性涨落的水位称潮位，又称潮水位。

平均潮位：某一定时期的潮位平均值。

平均高（低）潮位：某一定时期内的高（低）潮位的平均值。

最高（低）潮位：某一定时期内的最高（低）潮位值。

潮差：在一个潮汐周期内，相邻高潮位与低潮位间的差值。平均潮差：某一定时期内潮差的平均值。我国东海沿岸平均潮差约5m，渤海、黄海的平均潮差2~3m，南海的平均潮差小于2m。最大潮差：某一定时期内潮差的最大值。

钱塘江涌潮被誉为"世界八大奇观"之一，是由于钱塘江河口独特的喇叭形态和沙坎所致，钱塘江河口平均潮差5.6m，最大潮差达8.93m。世界上最大潮差发生在加拿大的芬地湾，达 19.6m。

8. 水质

水质是水中物理、化学和生物方面诸因素所决定的水的特性，简单理解就是水体的质量，通常用水的一系列物理、化学和生物指标来反映水质。水的用途不同对水质的要求也不同，如饮用水的水质标准与工农业用水的水质标准就不一样。

《地表水环境质量标准》（GB 3838—2002），将地表水水域环境功能和保护目标，按功能高低依次划分为五类。

Ⅰ类：主要适用于源头水、国家自然保护区。

Ⅱ类：主要适用于集中式生活饮用水地表水源地一级保护区、珍稀水生生物栖息地、鱼虾类产卵场、仔稚幼鱼的索饵场等。

Ⅲ类：主要适用于集中式生活饮用水地表水源地二级保护区、鱼虾类越冬场、洄游通道、水产养殖区等渔业水域及游泳区。

Ⅳ类：主要适用于一般工业用水区及人体非直接接触的娱乐用水区。

Ⅴ类：主要适用于农业用水区及一般景观要求水域。

地表水环境质量标准基本项目标准限值详见表1.1。

任务 1.1 河流及河道基本认知

表 1.1　　　　　　　　　　地表水环境质量标准基本项目标准限值　　　　　　　单位：mg/L

序号	分类标准值项目	Ⅰ类	Ⅱ类	Ⅲ类	Ⅳ类	Ⅴ类
1	水温/℃	人为造成的环境水温变化应限制在：周平均最大温升不大于1；周平均最大温降不大于2				
2	pH值（无量纲）	6～9				
3	溶解氧≥	饱和率90（或7.5）	6	5	3	2
4	高锰酸盐指数≤	2	4	6	10	15
5	化学需氧量（COD）≤	15	15	20	30	40
6	五日生化需氧（BOD_5）≤	3	3	4	6	10
7	氨氮（NH_3-N）≤	0.15	0.5	1.0	1.5	2.0
8	总磷（以P计）≤	0.02（湖、库0.01）	0.1（湖、库0.025）	0.2（湖、库0.05）	0.3（湖、库0.1）	0.4（湖、库0.2）
9	总氮（湖、库，以N计）≤	0.2	0.5	1.0	1.05	2.0
10	铜≤	0.01	1.0	1.0	1.0	1.0
11	锌≤	0.05	1.0	1.0	2.0	2.0
12	氟化物（以F^-计）≤	1.0	1.0	1.0	1.5	1.5
13	硒≤	0.01	0.01	0.01	0.02	0.02
14	砷≤	0.05	0.05	0.05	0.1	0.1
15	汞≤	0.00005	0.00005	0.0001	0.001	0.001
16	镉≤	0.001	0.005	0.005	0.005	0.01
17	铬（六价）≤	0.01	0.05	0.05	0.05	0.1
18	铅≤	0.01	0.01	0.05	0.05	0.1
19	氰化物≤	0.005	0.05	0.2	0.2	0.2
20	挥发酚≤	0.002	0.002	0.005	0.01	0.1
21	石油类≤	0.05	0.05	0.05	0.5	1.0
22	阴离子表面活性剂≤	0.2	0.2	0.2	0.3	0.3
23	硫化物≤	0.05	0.1	0.2	0.5	1.0
24	粪大肠菌群/(个/L)≤	200	2000	10000	20000	40000

天然的河流具有消纳一定量的污染物质，使自身保持洁净的能力，人们常常称之为河流的自净。当进入水体的污染物超过了河流的自净能力，使得该水体部分或全部失去了它的功能或用途，那么河流污染就发生了。河流水体自净包括物理净化、化学净化、生物净化、细菌的自然死亡等方面，其中生物净化在水体自净中起重要作用。但是，河流的自净能力是有限的，如果排入河流的污染物数量超过某一界限时，将造成河流的永久性污染，这一界限称为河流的自净容量或水环境容量。水体的水质目标越高其水环境容量越小；水体的水质目标较低，水环境容量则较大。当然，水体本身的特性，如河宽、河深、流量、流速以及其天然水质等，对水环境容量的影响很大。污染物的特性，包括扩散性、降解性等也会影响水环境容量。一般而言，污染物的物理化学性质越稳定，其环境容量越小；耗氧性有

机物的水环境容量比难降解有机物的水环境容量大；而重金属污染物的水环境容量则甚微。

1.1.6 河道的流域特征

反映流域特征的主要参数有流域面积、流域长度、流域平均宽度、流域形状系数、河网密度、地理位置、气候、降水和蒸发、地质、土壤、植被等。

1. 流域面积

河流集水区域内的地表面积称为流域面积，又称集雨面积。流域面积的确定，可根据地形图勾出流域分水线，然后求出分水线所包围的面积。河流的流域面积可以计算到河流的任一河段，如水文站控制断面，水库坝址或任一支流的汇合口处。

流域面积是河流最主要的特征参数，其大小直接影响河流水量大小及径流的形成过程。在自然条件相似的情况下，流域面积越大的河流其水量也越丰富。

2. 流域长度

从流域出口断面沿主河道到达流域最远点的连线称为流域长度，通常用干流的长度来代替。

3. 流域平均宽度

流域平均宽度由流域面积除以流域长度而得。

4. 流域形状系数

流域形状系数是流域平均宽度和流域长度之比，它便于对不同流域进行对比，如扇形流域形状系数较大，狭长流域则较小。

5. 河网密度

单位流域面积内干流、支流的总长度称河网密度。河网密度表示一个地区河网的疏密程度。

6. 地理位置

流域的地理位置以流域边界地理坐标的经纬度来表示。它影响水汽的输送和降雨量的大小。

7. 气候

流域的气候因素包括大气环流、气温、湿度、日照、风速等。径流的形成和发展受气候因素影响，气温、湿度、风速等主要通过影响降水和蒸发而对径流产生影响。

8. 降水量和蒸发量

降水量和蒸发量的大小及分布，直接影响河道径流的多少。

9. 地质

地层、岩性和地质构造等地质因素与下渗损失、地下水运动、流域侵蚀有关，从而会影响河道径流及泥沙情势。

10. 土壤

土壤主要指河道土壤种类、结构、持水性、透水性等。

11. 植被

植被主要指河道植被类型、分布、覆盖率等。

1.1.7 河道的主要功能

在现代经济社会中，河道在行洪排涝、蓄水灌溉、供水发电、渔业养殖、旅游景观、休闲娱乐、生态环境改善等方面发挥着重要作用。

1. 行洪排涝功能

河道是行洪的通道,在确保人民生命安全方面发挥着重要的作用。降水时河流排掉其集水范围的径流,是排泄洪水的通道。我国地处北半球环流季风带,大部分地区汛期的降水量占全年的60%~80%,形成江河洪水,河道两岸人口密集、经济发达,如我国的长江、黄河中下游地区,集中着全国1/2的人口、1/3的耕地、3/4的工农业总产值,我国的绝大多数城市都分布在沿江河、滨湖滨海地区,经常受到洪水的威胁。河道行洪排涝功能,在确保人民生命财产安全方面发挥着重要的作用。

浙江省美丽河湖鉴赏:永安溪视频

2. 蓄水灌溉功能

河道是天然水流的载体,具有蓄水滞水功能,在不降水时,河流汇集源头和两岸的地下水,使河道中保持一定的径流量,是农业灌溉的重要水源。

3. 供水发电功能

多数河流都具有较大落差,因此,可以利用河流所具有的天然能量进行水力发电。相对火力发电过程中会排放粉尘、煤烟、二氧化碳以及硫化物而言,水力发电在水能转化为电能的过程中不发生化学反应,不造成水量损失,可重复利用,对环境影响小,是现代社会重要的可再生能源和清洁能源。

4. 渔业养殖功能

河流是鱼类等水生物的家园。天然河流中具有多种野生渔业资源,河流还是淡水养殖的重要水域。我国众多的河流为淡水养殖提供了优越的条件。我国是世界淡水养殖大国,淡水产品产量位居世界第一。

5. 旅游景观功能

河流是旅游的重要资源,也是许多城市的重要景观。河流的瀑布、潭池、涌潮等是旅游资源的重要类型。怡人的两岸景色、清澈的河水、滩潭相间的景致,蜿蜒曲折的河岸构成了河流独特的风光,流动的水体与稳固的岸堤构成了动静结合的美学意蕴。随着经济的发展和人民生活水平的提高,人们对河道水环境和景观功能的要求越来越高,河岸绿化和小品建筑等生态护岸的出现,为人们提供了更多、更美的亲水休闲娱乐空间,同时也促进了旅游业发展。

6. 休闲娱乐功能

河流提供划船、滑水、游泳、渔猎和漂流等直接利用水流的休闲娱乐活动,同时,河流两岸也为人们提供了露营、野餐、远足和摄影等休闲娱乐活动。

7. 航运功能

河流是运输货物和人流的重要途径之一。在交通不发达的古代,河流航运功能占用重要地位。浙江余姚河姆渡出土的木桨,表明古人在五千年前就往返于河流的碧波之中。水运具有运量大、能耗小、占地少、投资省、成本低等突出优点,对体积较大、需长距离运输、对运输时间要求又不是特别紧迫的大宗货物,如煤炭、金属矿石、矿建材料等,具有比其他运输方式不可比拟的竞争优势。我国人口众多,土地资源相对匮乏,水运利用河道,可少占或不占耕地,在一定程度上可缓解用地矛盾。因此即使在交通十分发达的现代,河流航运仍在现代综合运输体系中占有重要地位。

8. 纳污功能

河流水体具有一定的自净能力。研究表明，30t 的水体能净化 1t 有机物。但由于工业废水和生活污水排放量不断增加等原因，我国不少河流富营养化程度不断增高，水体的自净能力减弱，使河道的纳污功能趋于饱和。

9. 生态环境改善功能

河流是生态环境的组成部分，是一个流动的生态系统。在整个地球生态系统中，河流是连接陆地生态系统与海洋生态系统最重要的桥梁之一，是水生物、陆生物相互依赖的纽带，在提供生物多样性等方面发挥重要作用。河流与周围的动物、植物及微生物组成了生机盎然的河流生态系统，河流是形成和支持地球上许多生态系统的重要因素。河流在输送径流的同时，也运送降水冲刷带入径流中的生物物质和矿物盐类，为河流内以及流域内和近海地区的生物提供营养物，为它们运送种子，排走和分解废弃物。相比于水库、湖泊，河流与周围的陆地有更多的联系，水陆两相联系紧密，是相对开放的生态系统，优于陆地或单纯水域；由于河流中水体流动，水深又往往比水库、湖泊浅，与大气接触面积大，所以河流水体含有较丰富的氧气。天然河流水陆两相和水气两相的紧密关系，加上天然河流平面的蜿蜒曲折、纵断面的高低起伏、横断面的形状多样及河床多孔隙透水，特别适宜于多种生物生长，并形成了河流沿线丰富多彩的河流生物群落。

浙江省美丽河湖鉴赏：
汶溪视频

10. 地质功能

河流是塑造全球地形地貌的一个重要因素。细水长流，可以水滴石穿；山洪暴发，瞬间可以搬移大量泥沙巨石。河川径流和落差组成水动力，切割地表，搬移风化物，通过侵蚀、搬运和沉积作用，形成流域内的沟壑水系、冲积平原，并填海成陆。

11. 文化功能

河流是人类文明史的一部分，作为人类精神生活的根源和对象，还积极地启示、影响和塑造着人类的精神生活、文化历史和文明发展。无论是"关关雎鸠，在河之洲"（《诗经·关雎》）的浪漫意境，还是"逝者如斯夫"（《论语·子罕》孔子）的哲学沉思；无论是"小桥流水人家"（《天净沙》马致远）的精工细笔，还是"大漠孤烟直，长河落日圆"（《使至塞上》王维）的奔放雄浑；无论是"流觞曲水"（《兰亭集序》王羲之）的文人雅兴，还是"飞流直下三千尺，疑是银河落九天"（《望庐山瀑布》李白）的瑰丽想象……河流的奔腾不息、曲折跌宕、聚合离分、惊涛骇浪、清澈澄明都被赋予了人类精神、人格、品德的象征。河流作为普通物象，经过历代文人不断地营造，具有丰富的人生意蕴和文化内涵。

1.1.8 河道等级划分

为了保障河道行洪安全和多目标综合利用，1994 年 2 月 21 日水利部根据《中华人民共和国河道管理条例》制定了《河道等级划分办法（内部试行）》（水管〔1994〕106 号），这是我国河道等级划分的第一个全国性的标准依据。

河道等级划分主要依据河道的自然规模及其对社会、经济发展影响的重要程度等因素确定，将河道划分为五个等级（表 1.2），即一级河道、二级河道、三级河道、四级河道、五级河道。其划分标准为：满足表 1.2 中（1）和（2）项或（1）和（3）项者，可划分为相应等级;不满足上述条件,但满足(4)、(5)、(6)项之一,且(1)、(2)项或(1)、(3)项不低于下一个等级指标者,可划为相应等级。

表1.2 河道分级指标表

级别	分级指标					
	流域面积/万 km²	影响范围				可能开发的水力资源/万 kW
		耕地/万亩	人口/万人	城市	交通及工矿企业	
	(1)	(2)	(3)	(4)	(5)	(6)
一	>5.0	>500	>500	特大	特别重要	>500
二	1.0~5.0	100~500	100~500	大	重要	100~500
三	0.1~1.0	30~100	30~100	中等	中等	10~100
四	0.01~0.1	<30	<30	小	一般	<30
五	<0.01					

注 1. 影响范围中耕地及人口,指一定标准洪水可能淹没范围;城市、交通及工矿企业指洪水淹没严重或供水中断对生活、生产产生严重影响的。
 2. 特大城市指市区非农业人口大于100万人;大城市人口50万~100万人;中等城市人口20万~50万人;小城镇人口10万~20万人。
 3. 特别重要的交通及工矿企业是指国家的主要交通枢纽和国民经济关系重大的工矿企业。

河道等级划分权限:一级河道、二级河道大多是跨越两省或数省的大江大河,对国民经济和社会发展大局都有举足轻重的影响,因此,这类河道要由水利部认定。三级河道大部分影响一省或邻近省份,其重要程度略逊于一级河道、二级河道,但对地区性国民经济也具有相当的影响,为了使省际之间的标准掌握大体一致,并便于跨省河道的定级,这类河道应由水利部委托所在流域机构会同所在省(自治区、直辖市)水利(水电)厅(局)协商,报水利部认定。四级河道、五级河道则由各省(自治区、直辖市)水利(水电)厅(局)认定。依据该办法,水利部在全国范围首批认定了18条一级河道。

《河道等级划分办法(内部试行)》(水管〔1994〕106号)主要针对全国范围内河道等级划分而制定,但因全国不同地区的河道自然属性及河道对社会、经济发展的影响,都存在着较大差异,其划分依据和划分标准不完全适应地方省(市)区的中小河流一般河道的等级划分,尤其不适应平原河网河道、独流入湖入海河道的等级划分。为此,近年来,江苏省、浙江省等先后结合本地区实际制定了河道等级划分办法。如江苏省河道等级采取分类和分级相结合的划分办法,即:先根据功能特性将全省河道划分为四类,即流域性河道、区域性骨干河道、其他重要河道和县乡河道;再根据自然特性和功能特性划分为八个等级,即流域性河道划分为一级河道、二级河道,区域性骨干河道划分为三级河道、四级河道,其他重要河道划分为五级河道、六级河道,县乡河道划分为六级河道、七级河道。浙江省采取分类与分级相结合的办法,将全省河道划分为省级河道、市级河道、县级河道、乡镇及以下级河道四个级别。其中,省级河道相当于《河道等级划分办法(内部试行)》(水管〔1994〕106号)中国家二级河道、三级河道,市级河道相当于《河道等级划分办法(内部试行)》(水管〔1994〕106号)中国家四级河道,县级河道相当于《河道等级划分办法（内部试行）·》（水管〔1994〕106号）中国家五级河道，乡镇及以下级河道相当于国家五级标准以下河道。

【任务巩固】
【应知】

应知训练

【应会】
结合实例简述一条河道的基本概况。

答案解析

任务1.2　河道治理的目标、理念与原则

导师说道：水利职业道德的基本内涵

【任务目标】
1. 了解河道治理目标的发展历程
2. 熟悉河道治理的基本理念
3. 掌握河道治理的基本原则

河道治理，是指为了适应经济社会发展需求，提高河道防洪减灾能力，保障区域防洪安全和供水安全，按照河道演变规律，稳定和改善河势，改善河道边界条件、水利流态和生态环境的综合性治理活动，又称河道整治。

1.2.1　河道治理的目标

我国具有悠久的河道治理历史。相传约在公元前2300年，大禹采用因势利导、疏川导滞的办法，将洪水排泄入海。西汉时，在浚县一带的黄河上，在水流严重淘刷的弯曲段，修筑石堤御流，以防破堤决口。东汉时，在河南原阳一带便用石料在受溜淘刷严重的堤段修建石垛，以托溜外移，类似现代险工的坝、垛。明代潘季驯提出了稳定河道，坚筑堤防，束水攻沙，借清水刷黄的治河方策。历代采取的河道措施，在防御洪水中发挥了重要作用。随着近代水力学、河流动力学、河道泥沙工程学的进步及工程材料的改进，河道治理措施发展到一个新的阶段。护岸工程、裁弯堵汊工程、疏浚工程等河道治理措施被普遍应用于护堤保滩、控导洪水、稳定河势，保护堤岸的安全和滩地的稳定，并服务于航道整治、码头保护、桥渡等领域。

中华人民共和国成立以来，河道整治的理论和实践始终在不断发展。其目标和理念随着经济社会发展的需求也不断发展。特别是20世纪90年代以来，随着经济社会的发展和人民生活水平的提高，河道治理的内涵和外延发生了很大的变化，以上海市苏州河、成都市府南河、绍兴市环城河、桂林市"两江四湖"（漓江、桃花江、榕湖、杉湖、桂湖、木龙湖）等城市河道综合整治工程为代表，河道治理从单纯的水工建筑物控导水流改善流态，发展为以改善水环境、水生态、营造水景观、水文化为核心，以护岸固堤等防洪和河道整治建筑物为基础，结合生态、景观、文化设计，以发挥河道多方面综合功能、实现人水和谐为目标的综合性工程，因此，被称为河道综合治理。具体而言，河道综合治理是通过实施河道清淤疏浚、筑堤修堰、拓宽护岸、配水保洁等一系列工程措施和非工程措施，改善河道边界条件及水流流态，恢复和强化河道防洪排涝、灌溉供水、交通航运、旅游景观、文化、休闲等多方面综合功能，稳定河势，改善水环境，适应河道的自然性、安全性、生态性、观赏性、亲水性的要求，体现人与自然和谐相处的治水理念，实现河道水清、流畅、岸绿、景美。

1.2.2 河道治理的理念

河道治理的理念是在保证防洪安全的前提下，保护自然、恢复自然，改善水环境、修复水生态、营造水景观、彰显水文化、保护水资源。

1. 保障水安全

人是社会生活的主体，河道要为社会生产、人们生活提供基本的安全保障。保障水安全包括防洪安全和供水安全两个方面，其中，防洪安全是指水系流畅，在暴雨期间能够保障洪水的下泄，不发生洪灾，为生活生产和居民生活的安全提供强有力的保障；供水安全是河流的水量和水质都能保证社会生产和居民生活的要求。因此，要通过疏浚、拓宽、筑堤、护岸等工程措施提高河道的泄洪、排水能力，使河道两岸保护区达到国家及行业规定的防洪排涝标准。

浙江省美丽河湖鉴赏：2020年度省级美丽河湖视频

2. 改善水环境

河流具有较强的自净能力，当一定量的污染物质排入河流时，河流依靠自身的自我组织、自我协调机制，使污染浓度逐渐降低，水体基本上或完全恢复到原来的状态。但是，当进入水体的污染物超过了河流的水环境容量或水环境承载力后，河流的自净能力将会减弱或丧失，导致永久性的水体污染、水质恶化，进而丧失河流的社会服务功能。因此，要通过截污纳管工程、河道清淤、配水引水、河道保洁工程，清除河道漂浮物，减少河道污染物，增加河道水量及水的流速，使河道水质达到水功能区划要求。

3. 修复水生态

河流是一个流动的生态系统（图1.8），河流的水域与两岸陆地间的河岸带区域是河流系统的绝大部分植被生存的所在地，是水域生态系统与陆地生态系统过渡带。它既是生物廊道和栖息地，又是河流系统的重要屏障和缓冲区，对维护河道系统的健康具有极为重要的作用。良好的河岸带生态系统应保证河岸带具有较高的植被覆盖率、良好的植被组成、适宜的河岸带宽度以及适度的硬质防护工程，这不仅能为多种生物提供良好的栖息地，增加生物多样性，提高生态系统的生产力，还可以有效地保护岸坡稳定，吸收或拦截污染物，调节水体微气候。然而，多年来，人类在开发、利用河流的同时，改变了天然河流的连续性、形态的多样性、河床材料的透水性以及水陆两相和水汽两相的紧密联系，并由此造成河道系统的危害。因此，要打破传统只注重钢筋、混凝土、块石等建筑材料建设水利工程的束缚，把植物作为一种建筑材料用于河道堤岸防护建设，通过生态型的护坡、堤防设计护岸及河道一定范围宜林地的绿化，植树种草，使河道两岸青草依依、绿树成荫，利用植物根系固堤护坡，防治水流冲刷和水土流失，发挥植物对水体内营养物的吸收净化水质作用，逐步修复水生态。

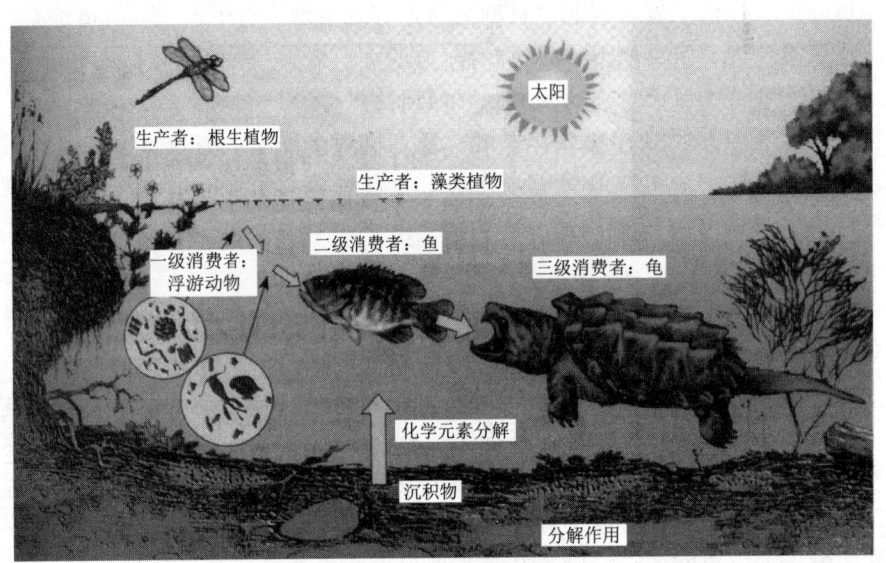

图1.8 河流生态系统示意图

4. 营造水景观

美是人类生活的永恒追求，随着经济社会的发展，人们对环境美的要求越来越高。就河道治理而言，良好的建筑设施和文化结构必须具有多样性、适宜性、亲水性等特点，与周围环境相协调，成为人与自然和谐的优美生活环境的组成部分。丰富多样的自然形态、和谐的人水空间、完备的景观与便民设施、充分的文化内涵表现，可以给人们带来安逸、舒适的生活环境，可以为人们提供休闲娱乐的亲水平台和休憩场所，提供学习历史、宣传环保知识的平台。因此，河道治理要与景观、文化设计相结合，以亲水平台、景观小品、文化长廊、旅游景点为纽带，建设水景，恢复生态；挖掘文化，展现风貌；把河道建设成为人水相亲、人水和谐的风景线。

5. 彰显水文化

生态河道效果组图

水是生命之源。自古以来，人类都是逐水而居的。人类与水的斗争历史悠久，规模宏大，影响深远，遗留下丰富的精神文化、社会活动及实物遗产。河流往往都蕴含一定的人文历史和人文精神，对传承文化起着非常重要的作用。不同河流的历史沉淀构成了各自的特色，具有重要价值，在保护继承的同时还需要发扬光大，并创造新的内容。因此，河道治理要重视河道水文化的历史挖掘，使其重现于公众，得到继续传承。

6. 保护水资源

河流与人类的发展息息相关。天然的河流不仅为人类提供了源源不断的淡水资源、清洁环保的可再生水能资源和丰富的水产品，为人类社会的生存发展提供基本保证，为周边地区的经济发展提供了动力支持，促进了人类社会的繁荣发展。为了充分发挥河流系统的各项社会服务功能，通常会在河流上兴建闸站、堰坝、电站、水库等水利工程，各类工程在完成蓄水、防洪、灌溉、发电的同时，在不同程度造成水资源的浪费和破坏。如果为了追求最大工程效益，仅从发电效益方面考虑工程运行方案，在枯水年份或枯水期拦蓄大量的水，或者通过隧洞引水方式直接将水引入电站，造成下游河道断流，水资源枯竭，给河道两岸人民的生产生活造成一定的影响，对河流生态和河流健康造成威胁。因此，河道治理中要科学规范水资源的开发利用，保持适宜的水资源调节工程数量和规模，保护好天然河道的水资源。

1.2.3 河道治理的原则

在河道治理中，要坚持以下原则：

（1）全面规划、统筹兼顾。不仅要处理好干支流、上下游、左右岸的关系，还要处理好与水资源利用和保护生态环境的关系。

（2）防洪为主、注重实效。以保障人民群众的生命财产安全作为河道治理的出发点和落脚点，留足洪水出路，严禁缩窄河道，合理确定治导线和堤距，注重治理效果。

（3）尊重自然、保护优先。尽量维持河道的自然形态，尊重本地自然生态条件，采取适宜的生态修复和重建手段，维持自然水系、湿地和植被，充分发挥河流生态系统的自净能力和自我调节能力。

（4）环境友好、人水和谐。要结合当地条件，优化设计方案，尽可能减少对河流生态及当地环境的影响，护坡、护岸尽量采用植物措施和天然材料、生态复合材料，注意与城市景观、生态环境的协调。

【任务巩固】

【应知】

【应会】

结合工程实例简述生态河道治理的理念与基本原则。

任务 1.3 河道治理的工程措施

导师说道：如何培养水利职业道德

【任务目标】

1. 熟悉河道整治建筑物的类别及基本概念
2. 掌握各种堤防和护岸工程的特点及适用条件
3. 会根据河道的自然条件和治理要求选择相应的工程措施

河道治理的工程措施有堤防工程、护岸工程、控导工程、疏挖工程、生物工程、景观工程、水文化保护工程等不同类型。凡是在河道治理工程中所修建的各类建筑物，统称为河道整治建筑物，简称整治建筑物、河工建筑物。

1.3.1 河道整治建筑物的类别

钱塘江海塘鉴赏：萧围北线工程视频

1. 按照建筑物作用分类

按照建筑物的作用不同，河道整治建筑物可分为堤防工程、堤岸防护工程（含控导建筑物）、穿（跨）堤建筑物、拦水建筑物、便民利民建筑物等。

堤防是沿河流、湖泊、海洋的岸边或滞洪区、水库库区的周边修筑的挡水建筑物。堤防承担着抵挡河道洪水、海潮，保护两岸或海岸不受洪水（海潮）威胁的作用。

堤岸防护简称护岸，是为了防止河道岸坡受风浪、水流、潮汐、雨水冲刷破坏及自然界动植物的破坏而设置的岸坡防护结构，一般不考虑其挡水功用，因此，没有防洪标准。护岸顶高程一般与地面高程相近或比地面高程低。对保护范围小，受淹时间短，受淹后损失小的河道，河岸可按护岸处理，以保护农田不被洪水冲毁；对洪水暴涨暴落的山区性河道，尽量做防冲不防淹的护岸。护岸按修筑结构与材料不同可分为堆石护岸、干砌石护岸、浆砌石护岸、混凝土护岸等；按照断面型式的不同可分为坡式护岸、墙式护岸、坝式护岸、其他型式护岸四种。其中，坝式护岸是依托堤防、滩岸间断性布置修建的控导水流离岸，防止水流直接侵袭、冲刷堤岸的一种护岸型式，又称控导建筑物。常做成丁坝、顺坝、锁坝、潜坝等型式，结构基本相同，但由于形状各异，所起的作用并不相同。

穿（跨）堤建筑物主要用于满足河道分流、引水、排水、连接两岸等需要而建的各种交叉建筑物，如水闸、排涝站、涵管、桥梁等。

拦水建筑物一般拦河而建，用于拦截水流、壅高水位、蓄积水量，常见型式为各种堰坝。

便民利民建筑物是方便河流两岸群众生活、休闲及生态景观等需要而建的建筑物，如踏步、码头、游步道、安全护栏等。

2. 按照建筑材料和使用年限分类

按建筑材料和使用年限，河道整治建筑物可分为轻型的（临时型）和重型的（永久型）整治建筑物。

轻型的（临时型）整治建筑物是由轻型材料（竹、木、苇、梢等）修建的，抗冲和抗朽能力差，使用年限短。

重型的（永久型）整治建筑物是由重型材料（土、石、金属、混凝土等）修建的，抗冲和抗朽能力强，使用年限长。

新型材料修建的河道整治建筑物多采用土工织物（又称无纺布）修建，其抗冲、抗朽能力和使用年限介于轻型的和重型的整治建筑物之间。

3. 按照建筑物与水位的关系分类

按照建筑物与水位的关系，河道整治建筑物可分为淹没式和非淹没式。淹没式整治建筑物是指在一定水位下可能遭受淹没的建筑物；在各种水位下都不会被淹没的整治建筑物，则称为非淹没式整治建筑物。

4. 按照建筑物对水流的干扰情况分类

按照建筑物对水流的干扰情况，河道整治建筑物又可分为透水建筑物、不透水建筑物和环流建筑物。透水建筑物是指本身透水的整治建筑物；不透水建筑物是指本身不允许水流通过的整治建筑物。这两种建筑物对水流都起导流和挑流的作用，但透水建筑物还有缓流落淤的作用，只是挑流、导流作用比不透水建筑物弱一些。用人工的方式激起环流来调整水、沙的运动方向以达到整治目的而修建的建筑物叫作环流建筑物。

1.3.2 堤防的种类

堤防可按其作用（功能）、所在位置和重要性或筑堤材料的不同进行分类。

1. 按作用（功能）分类

堤防按其作用（功能）不同，分为河（江）堤、湖堤、海（塘）堤、围堤以及渠堤等。

（1）河（江）堤。沿河（江）岸边、顺水流方向修建的堤防称为河（江）堤。一般为土堤或土石混合堤，缺乏土料或修建位置受限时也可采用砌石或混凝土防洪（防浪）墙。河（江）堤具有约束河（江）水流、束范河（江）洪水、防止洪水漫溢成灾的作用。

（2）湖堤。在湖泊周围修建的围堤或湖泊中间修建的隔堤称为湖堤。主要用于控制湖水水面、限制淹没范围、减少淹没面积，也可以通过修建围堤而抬高湖泊的蓄水水位，增加湖泊蓄水调洪能力、减轻江河防洪负担或更好地开发利用水资源。

（3）海（塘）堤。沿海滩或海岸修建的堤防（防浪墙）称为海堤。海堤主要用以阻挡涨潮和风暴潮对沿海低洼地区的侵袭，确保防风浪潮安全，也能增加陆地面积，防止附近土地盐碱化。

（4）围堤。修建于蓄滞洪区或低洼地区周围的堤防或沿水库回水区岸边修建的堤防称为围堤。蓄滞洪区围堤可抬高蓄滞洪水位，增大蓄滞洪库容，满足滞蓄超标准洪水的需要，确保蓄滞洪区周边地区及低洼地区的安全，减少淹没面积。库区围堤可控制回水淹没范围、减少淹没面积、降低淹没损失，也可通过抬高水库蓄水位增加水库兴利库容，以充分发挥投资效益。

（5）渠堤。渠堤修建在渠道两侧，用于输送引水或排水。借助渠堤可实行高水位输水，增大输水能力，扩大送水范围。

2. 按所在位置和重要性分类

河堤按其所在位置和重要性可分为干堤、支堤和民堤。在黄河上，为了适应枯水和洪水季节，河堤一般采用由遥堤、缕堤、格堤和月堤组成的堤防体系，如图 1.9 所示。

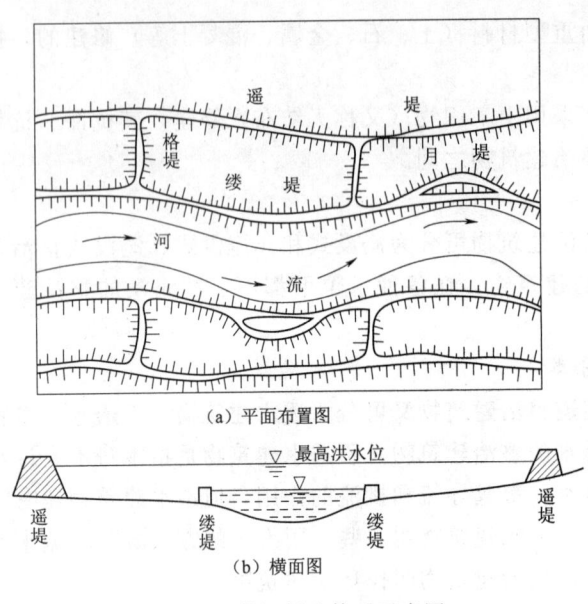

图1.9 黄河堤防体系示意图

缕堤距河槽较近，用于防御较小洪水，固定主槽，并起增大主槽流速、束水攻沙之用，又叫民埝或生产堤。缕堤相距太近，容蓄水量有限，达不到防止洪水泛滥的目的，故在缕堤之外较远处修筑保障安全的大堤，称为遥堤。为防止洪水出缕堤后，沿遥堤之间漫延冲刷堤根，再每隔一定距离修筑横向土梗，称为格堤。为加固堤防，在遥堤或缕堤的薄弱堤段或险工处加修一道圈堤，形如月牙，称为月堤。如果洪水过大，遥堤、缕堤之间仍无法容纳，可在遥堤之顶抢筑子堤防御漫溢，或在遥堤之上修筑砌石减水坝分洪溢出。

3. 按筑堤材料分类

根据筑堤材料的不同，堤防可分为土堤、石堤、混凝土堤或钢筋混凝土防洪墙、分区填筑的混合材料堤等。其中，土堤具有就近取材、便于施工、能适应堤基变形、便于加固改建、投资较少等优点，是我国堤防工程中最为广泛采用的堤型；土堤的缺点是体积大、占地多、易受水流、风浪破坏，因而一些重要的海堤和城市堤防，应尽量采用其他材料。在城市、工矿区等修建土堤受限制的地段，宜采用防洪墙。当高度不大时，可采用混凝土或浆砌石结构，高度较高的防洪墙应采用钢筋混凝土结构。

1.3.3 堤防断面

堤防一般为梯形横截面长柱体，部分堤段还可能设有黏土前戗、透水后戗或淤背加固区。

1.3.3.1 堤防断面的组成

堤防断面一般由堤身、堤基、堤顶、堤肩、堤坡、堤脚、护堤地等组成，如图1.10所示。

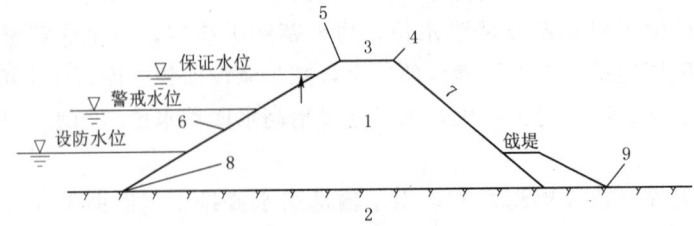

图1.10 堤防基本断面示意图

1—堤身；2—堤基；3—堤顶；4—背水堤肩；5—临水堤肩；6—临水坡；7—背水坡；8—临水堤脚；9—背水堤脚

（1）堤身。是指堤防主体本身，即堤基以上部分的总称。

(2) 堤基。是指堤身底部所压的岩土地基。

(3) 堤顶。是指堤防的顶部平面或曲面,堤顶一般向一侧或两侧倾斜。

(4) 堤肩。是指堤顶与堤坡交界处,分为临水堤肩和背水堤肩。

(5) 堤坡。从堤肩至堤基地面的两侧倾斜坡面,分为临水侧堤坡(简称临水坡或临河坡)和背水侧堤坡(简称背水坡或背河坡),堤坡的倾斜程度用坡度表示。

(6) 堤脚。也称堤根,是堤坡与堤基地面的相交处,分为临水堤脚和背水堤脚。

(7) 护堤地。为保护堤防完整与安全而在堤脚以外划定的管理范围,分为临水护堤地和背水护堤地。

1.3.3.2 堤防断面的结构型式

土堤多是历经多次抢险加固后形成的,堤身与堤基结构复杂。新建堤防一般设有防渗设施和反滤排水设施。堤身防渗设施有黏土心墙、沥青混凝土心墙、黏土斜墙、土工合成材料、防渗体等,堤身反滤排水设施有贴坡排水、棱体排水、土工合成材料、反滤体等,堤基的防渗设施主要有水平截渗铺盖、垂直截渗墙、堤基与堤身接合部的截水槽等,堤基的反滤排水设施主要有排水沟、排水减压井等。

新建堤防或堤防加固工程中,常见的堤身断面型式有斜坡式、直墙式、复合式等。

1. 斜坡式堤身断面

如图 1.11 所示,斜坡式断面占地面积大,工程造价低,波浪爬高大,对地基承载力要求高,但波浪淘刷作用小,适用于控制投资、建设用地比较宽裕的乡村河段,且通过采用植物护坡,减少河道两岸硬化白化面积,减少工程建设对河道自然面貌和生态环境的破坏。应从有利于植被生长、堤防管理养护、防止水土流失等方面,选择合适的斜坡坡度。

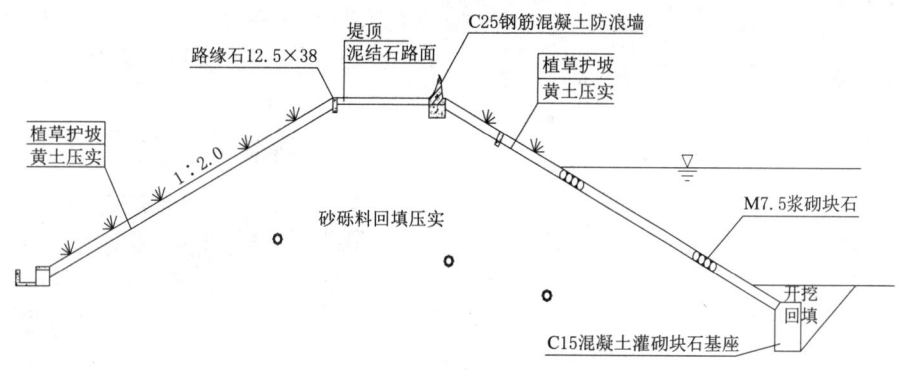

图 1.11 斜坡式堤身断面示意图

2. 直墙式堤身断面

如图 1.12 所示,直墙式断面占地少,工程造价高,波浪爬高小,对地基承载力要求低,一般适用于房屋拆迁量大,建设用地受限制的城镇河段。直立式挡墙一般高度不宜超过 1.5m,并通过垂直绿化和选用透水透气性材料等措施,为水生生物、陆生生物和两栖生物的生存繁育创造条件。

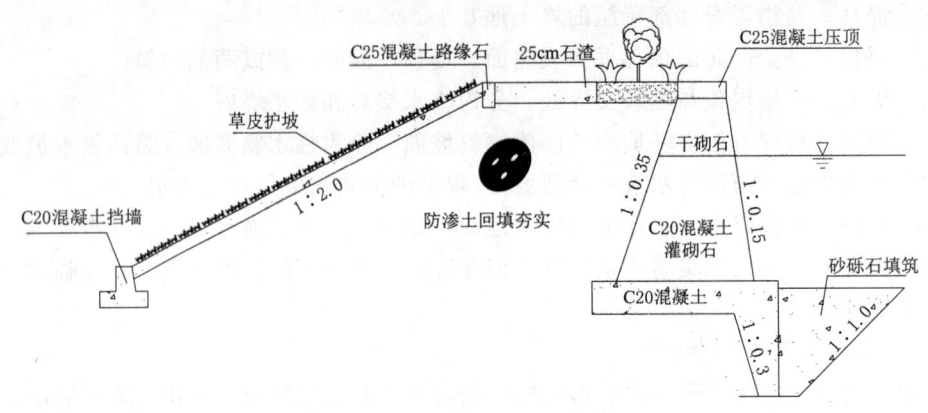

图 1.12　直墙式堤身断面示意图

3. 复合式堤身断面

如图 1.13 所示，复合式断面兼顾了斜坡式与直墙式两者的特点，可满足城镇防洪与城镇建设、开发、居民休闲多功能的需要，适合有景观要求的城镇防洪地段。应结合市政园林建设，采取水土保持和植物措施，做到河道堤防与周围自然环境和谐。

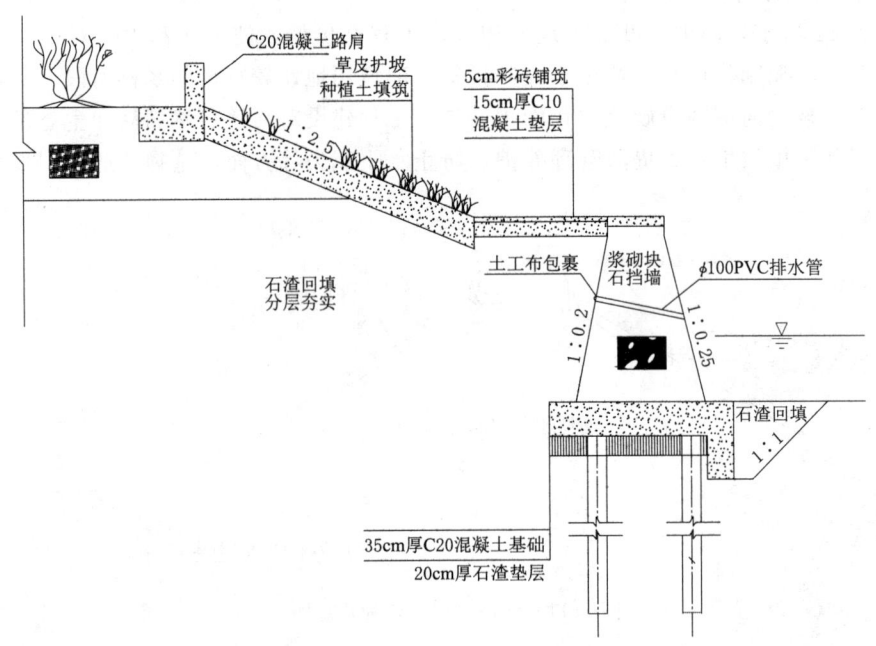

图 1.13　复合式堤身断面示意图

一般情况下，河道堤身断面优先选用斜坡式，在受用地条件和已有建筑物限制的情况下采用直墙式，其他情况可考虑采用复合式。

1.3.4　坡式护岸

坡式护岸也称平顺护岸，是用抗冲材料直接敷设在岸坡及堤脚一定范围形成连续的覆盖式护岸，如图 1.14 所示。坡式护岸对河床边界条件改变小，对近岸水流的影响也较小,是一种常见的、需要优先选用的护岸型式。坡式护岸的组成,一般以设计枯水位为界,可分成下部护脚和上部护坡。

1.3.4.1 护脚

护脚是护岸的根基,也称为护根,是为防止冲刷基础、维护坝岸稳定而在护坡(坦石)以下修筑的防护工程。护脚工程因长年在水下工作,要求能抵御水流的冲刷及推移质的磨损,应具有较好的整体性且能适应河床变形,及较好的水下耐腐性。护脚石也称为根石,护脚的结构型式应根据岸坡情况、

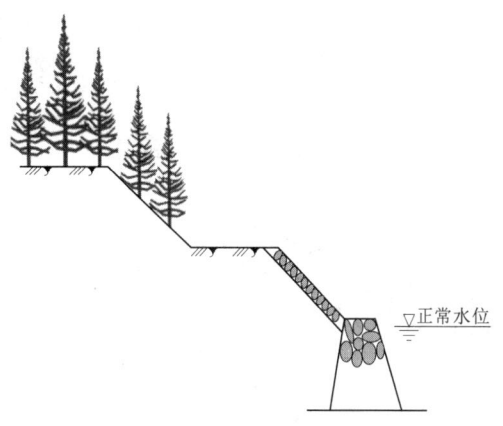

图1.14 坡式护岸工程示意图

水流条件和材料来源,经技术经济比较选定。常用的护脚型式有抛石防冲护脚、石笼护脚、沉枕护脚、沉排护脚等。

1. 抛石防冲护脚

抛石防冲护脚是在需要防护的地段从深泓线到设计水位抛一定厚度的块石,以减弱水流对岸边的冲刷,稳定河势。其特点是防护效果明显,施工简便易行,工程造价低。

2. 石笼护脚

石笼护脚是用铅丝、竹篾、荆条等编成各种网格的笼状物,内装块石、卵石或砾石做成的护底材料。其主要优点是可以充分利用较小粒径的石料,具有较大体积和质量,整体性和柔韧性均较好。由于土工织物网在水下长期不锈蚀,故也被广泛用作石笼的编织材料。此外,生态网箱属于一种新材料,抗冲能力及适应变形能力及透水透气,表面常生长植物,较美观,也可作为护脚。

石笼护脚图片

3. 沉枕护脚

沉枕是用梢料层或苇料层做外壳,内填块石和淤泥,束扎成圆形枕状物,用于护脚、堵口和截流等。常见的有柳石枕和土工织物枕。柳石枕是在梢料内裹以石块,捆扎成直径为 0.8~1.0m 的柱状物体,具有一定的柔韧性,入水后紧贴河床,同时可以滞沙落淤。土工织物枕则是由土工织物和沙土填充物构成。

沉枕护脚图片

4. 沉排护脚

沉排又叫柴排、沉褥,是用梢料制成的大面积排状物,用块石压沉于近岸河床之上,来保护河床、岸坡免受水流淘刷,如图1.15所示。沉排也有柴排和土工织物软体沉排两类。柴排是用上下两层梢枕做成网格,其间填以捆扎成方形或矩形的梢料(多采用秸料或苇料),上面再压石块的排状物,其优点是整体性和柔韧性强,同时坚固耐用,但用料多、成本高,且制作技术和沉放要求较高。土工织物软体沉排则是由聚乙烯编织布、聚氯乙烯塑料绳和混凝土块组成,编织布是沉排的主体,塑料绳相当于排体的骨干,分上下两层,

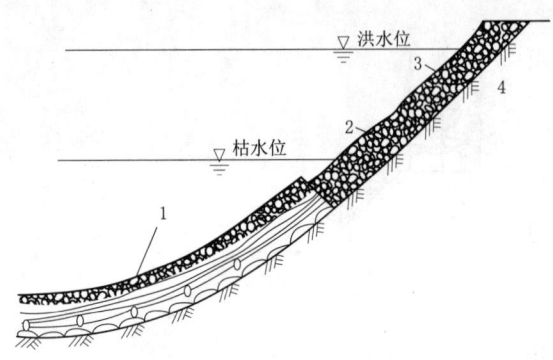

图 1.15 沉排护脚示意图
1—沉排；2—抛石棱体；
3—砌石护面；4—碎石垫底

混凝土块用尼龙绳固定在网上。

1.3.4.2 护坡

护坡的主要作用是保护岸坡，防止水流冲刷、波浪冲击及地下水外渗对岸坡的破坏作用。护坡主要由脚槽、护坡坡面、导滤沟等组成。脚槽主要起支撑坡面不致坍塌的作用；坡面是在坝体外围用抗冲材料加以裹护的部分，由面层与垫层组成，垫层起反滤作用，面层块石大小及厚度，保证在水流和波浪作用下不被冲走；导滤沟设在地下水逸出点以下，间距与沟的尺寸视地下渗水流量而定，一般间距为 10m，断面尺寸为 0.6m×0.5m。

护坡工程图片

典型护坡工程图片

干砌石护坡图片

浆砌石护坡图片

1. 砌（堆）石护坡

砌（堆）石护坡可以充分利用当地石料，工程质量容易保证，便于施工，适用于水流冲刷严重或土质疏松容易坍塌的河岸。常见的砌石护坡有干砌石护坡、浆砌石护坡及堆石护坡三种。

干砌石护坡（图 1.16）是人工将石块置于黏土边岸上或一个适当的垫层上，构成一个相对光滑的上表面，保留了岸坡缝隙、孔洞，为河流与大地之间构架水循环通道，保证水、气的渗透顺畅，并为生物提供繁殖和生长环境，有利于河道生态体系的保护。干砌石可采用单层砌石或双层砌石，单层砌石厚 0.3~0.5m，双层砌石厚 0.4~0.6m，下面铺设 0.15~0.25m 厚的碎石或砾石垫层。

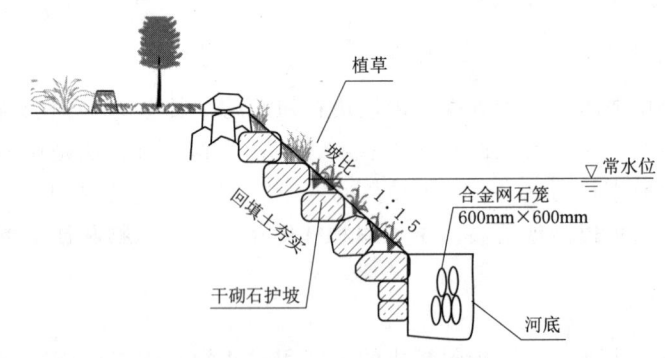

图 1.16 干砌石护坡示意图

当波浪较高（大于 2.0m）、压力较大时采用干砌石容易冲坏，可采用浆砌石护坡。浆砌石护坡是在块石之间充填砂浆或细石混凝土形成的一种整体式护坡，其抗冲能力和稳定性较好，厚度可比干砌石护坡酌情减小；生态性能较差，基本不能绿化，景观效果较差，造价较土工材料贵，施工简单，维护方便，抗冲性能较好，在对生态景观等要求不高的河段采用。

堆石护坡是将适当级配的石块倾倒在坡面垫层上的一种护坡形式。堆石护坡的抗风浪冲刷能力较砌石护坡低,但具有施工进度快、节省人力等优点,且便于水生植物生长及动物栖息与繁殖。

2. 抛石护坡

抛石护坡（图 1.17）是选用适当粒径的块石,在塌岸地段从深泓边到岸滩抛成一定厚度的块石层,把被冲刷的岸坡用块石覆盖起来,提高岸滩的抗冲刷能力,使原来河床的土粒或松沙不会被水流带走,达到制止坍江、稳定河势的目的。

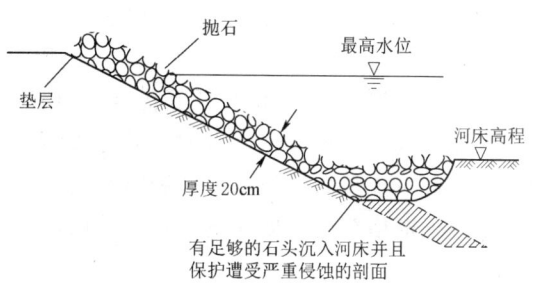

图 1.17 抛石护坡示意图

平顺抛石护坡取材容易,施工简单,寿命持久,适用于不同的水流及河岸条件,工程建成后不改变近岸水流流态,也不易受到行船抛锚等人为破坏。为了便于搬运和施工方便,工程中常用袋装抛石,其特性如下:

(1) 柔性好,放在河床底部,有很好的安定性。
(2) 表面的粗糙度高,可以降低河流的流速。
(3) 袋装抛石对河床底部覆盖效果好,防止泥土被吸出,保持水土。
(4) 为植物根系的生长创造良好的环境。
(5) 有利于生态的多孔质环境的产生。
(6) 河流多样流速的产生,有利于水生生物的生存。

3. 生态连锁砌块护坡

生态连锁砌块是用于硬性细石混凝土经混凝土成型机振动加压制成,砌块间相互连锁啮合固定形成整体。这种护坡具有强度高、抗冲击能力强、变形适应性好、抗腐蚀、持久耐用、可重复使用的特点,孔内能生长植物,较生态,景观较好,造价适中,施工方便快捷,维护方便。在对抗冲要求较高的河道中可选择使用。但因其连锁结构的需要,开孔率的限制对植物的选择及生长稍有影响,因此不适用大面积全断面使用。

4. 混凝土框格绿化护坡

混凝土框格绿化护坡是用预制构件在现场装配或在现场直接浇制形成多种形状的混凝土格框,格框内可进行植被防护,可造型性强,景观效果好。混凝土框格绿化护坡防冲效果一般,施工较为简单,造价较低,多用于城镇河段常水位以上部分护坡。

5. 生态混凝土护坡

生态混凝土护坡是利用多孔混凝土及相应制品制作而成的护坡。生态混凝土是内部具有连续孔隙的多孔混凝土,具有透水性、透气性及类似土壤的呼吸功能,并能保证水分的正常蒸发和渗透,利于水体和土壤的物质能量交换，为植物、微生物的生长提供了适应的空间。多孔混凝土护坡能够适应植物生长、可进行植被作业的机械化快速施工，效率高，整体性好，结构稳定，能有效防止水流冲刷，可以在护坡表面生长出自然植被，对水质污染具有一定的天然净化作用，较好地兼顾工程及生态景观等多方面要求。

草皮护坡图片

6. 草皮护坡

草皮护坡是较为天然的护坡，多采用根系发达的植物，根系发达的草皮能与堤防坡面较好接触成为一体，可以有效地防止洪水冲刷，同时兼有绿化、美化环境的效果，如图 1.18 所示。草皮护坡具有生态性好、景观效果好、施工简单、造价较低等优点，但容易被水流和暴雨冲刷。草皮护坡多用于流速小，水流平缓的乡村河道，有时也用于城镇的平原河道，特别是常水位以上护坡及背水坡。为了进一步提高坡面稳定性和防冲能力，可采用土工织物草皮护坡、生态网垫草皮护坡、混凝土框格草皮护坡等复合草皮护坡。

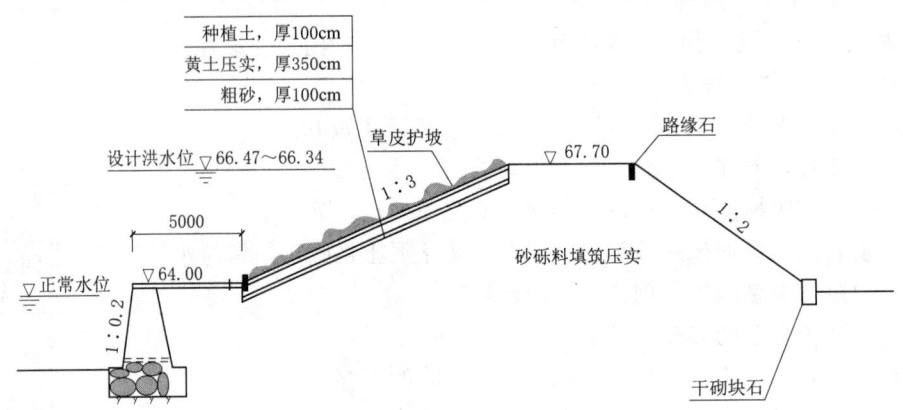

图 1.18 草皮护坡示意图（单位：mm）

土工网垫护坡图片

7. 土工网垫护坡

随着高分子工业和科学的发展，与高分子化合物相关的土工织物愈来愈多地应用于护岸工程，并有取代传统护岸材料的趋势。其中，土工网是一种新型土工合成材料，它采用高密度聚乙烯或聚丙烯经热焊或挤塑而成的网状结构。这种结构为菱形或六边形网眼，网孔尺寸大，稳定性好，网筋粗、强度高、网孔不易断裂，抗冲能力好（抗冲流速可达 5m/s），适应变形能力好，透水透气，可生长植物，较美观，施工简单。山区河道、平原河道均可采用，但是在大粒径推移质多的河道中，网丝易被磨损。另在雨水不多的地区，植物成活率较低。

1.3.5 坝式护岸

坝式护岸是依托堤岸间断性布置修建的，用于控导水流离岸，防止水流直接侵袭、冲刷堤岸的一种护岸结构，又称控导建筑物。常做成丁坝、顺坝、锁坝、潜坝等型式，结构基本相同，但由于形状各异，所起的作用并不相同。

1. 丁坝

丁坝是从河岸伸向河槽,坝轴线与水流方向正交或斜交的坝式护岸。丁坝由坝头、坝身和坝根三部分组成。丁坝具有挑流与导流,起束狭河床、保护河岸的作用,但因其改变了水流结构,还可能在坝头位置出现较大的冲刷坑,影响丁坝本身的安全。

丁坝图片

丁坝的种类很多,如图 1.19 所示。根据坝身透水情况,可分为透水丁坝和不透水丁坝;按坝轴线与水流方向的夹角可分为上挑丁坝、正挑丁坝和下挑丁坝等;按丁坝对水流的干扰情况,可分为长丁坝和短丁坝。

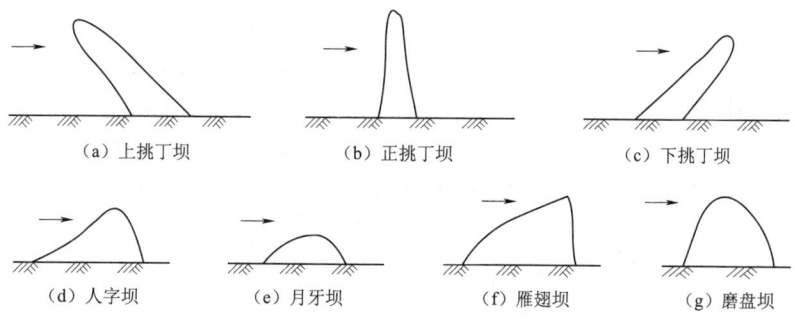

图 1.19 丁坝的种类

丁坝的结构型式也较多,除了传统的沉排丁坝、非淹土丁坝(图 1.20)、抛石丁坝、柳石丁坝和枯槎丁坝外,还有一些轻型的丁坝,如工字钢桩插板丁坝、钢筋混凝土井柱坝、竹木导流屏坝和网坝等。在选择时应考虑水流条件、河床地质及丁坝的工作条件,按照因地制宜、就地取材的原则进行。

2. 顺坝

顺坝是顺着水流方向沿治导线修建的坝式护岸,如图 1.21 所示,它的上游坝根与河岸相连,下游坝头则与河岸有一定的距离。顺坝一般用来束窄河槽,引导水流,有时也做控导工程。顺坝也分淹没式与非淹没式,如为治理枯水河床,则坝顶略高于枯水位;如为治理中水河床,则坝顶与河漫滩齐平;如为治理洪水河床,则坝顶略高于洪水位。有时为了加速淤积,防止冲刷,常在坝身和岸边修筑格坝,如图 1.21 所示。

3. 锁坝

锁坝是一种横亘河中用以横截汊道、加强主流、增加河深,而在中水位或洪水位时允许水流溢过的坝式护岸,如图

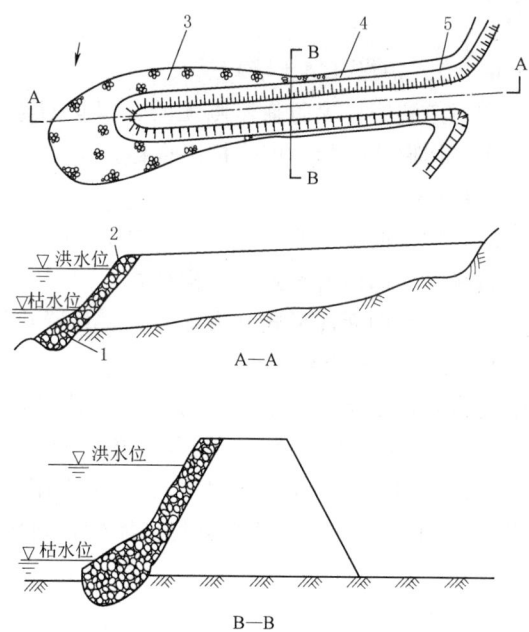

图 1.20 非淹土丁坝示意图
1—抛石护根;2—抛石护面;
3—坝头;4—坝身;5—坝根

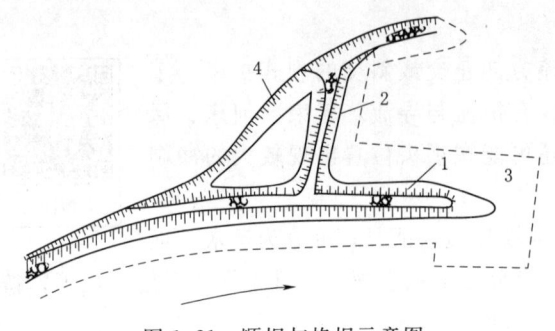

图 1.21 顺坝与格坝示意图
1—顺坝；2—格坝；3—沉排；4—河岸

1.22 所示。其作用主要是调整河床，堵塞支汊，保持主河道有一定水深，以利通航。锁坝的位置和长度，一般依据河床的具体条件而定，一般情况下宜建造在汊道的中部或略偏上游处，当汊道较长时也可修筑两道或三道。

顺坝和锁坝在结构型式、修筑方法及使用材料方面，与丁坝类似。

4. 潜坝

坝顶高程在枯水位以下的丁坝、锁坝均称为潜坝，如图 1.23 所示。潜坝一般建在局部冲刷严重的深潭处，用以增加河床的糙率，缓流落淤、平顺水流。潜丁坝具有保护河底、保护顺坝的外坡脚及丁坝坝头免受冲刷破坏的作用。在河床较低的河道凹岸，丁坝和顺坝的下面做出一段潜丁坝，可以调整水深和深泓线。

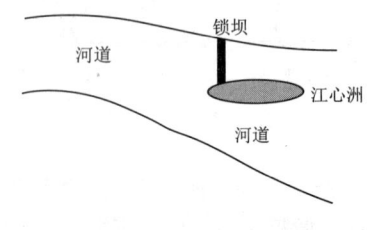

图 1.22 锁坝示意图

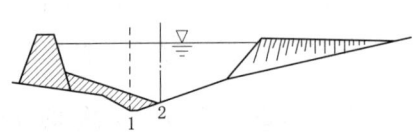

图 1.23 潜坝示意图
1—原深泓线；2—调整后深泓线

1.3.6 墙式护岸（挡土墙）

在河道狭窄、堤防临河侧无滩、保护对象重要、受地形条件或已建建筑物限制的河段，可采用墙式护岸。墙式护岸也称挡土墙。

1.3.6.1 墙式护岸的结构型式

墙式护岸的临水侧可采用直立式、陡坡式等结构型式，背水侧可采用直立式、斜坡式、折线式、卸荷台阶式等结构型式。

墙式护岸的断面形式分为重力式、悬臂式和扶壁式等。

1. 重力式挡土墙

重力式挡土墙主要依靠自身重量维持稳定，断面尺寸比较大，最基本断面型式为梯形，如图 1.24（a）所示。其结构简单、施工方便，但耗用建筑材料较多，一般用于高度在 5～6m 以下的挡土墙。重力式挡土墙常用浆砌石或混凝土修筑而成，浆砌石挡土墙的基础常采用混凝土底板以增强其整体性，板厚 0.5～0.8m，基础部分常设有前趾以加大基础尺寸。

2. 悬臂式挡土墙

悬臂式挡土墙由尺寸较大且整体性较好的底板及与底板整体连接的悬臂组成，主要借助底板上的填土重量维持稳定，如图 1.24（b）所示。悬臂式挡土墙比较节省材料，但对悬臂与底板的整体性及悬臂的抗弯强度要求较高，常用混凝土或钢筋混凝土修筑而成，悬臂式挡土墙的挡土高度较小。

3. 扶壁式挡土墙

扶壁式挡土墙由立墙、底板及墙后扶壁三部分组成，如图1.24（c）所示。其中，扶壁是在墙后以一定间隔设置，扶壁间距一般为墙高的 1/3～1/2，扶壁厚度一般 60～70cm。这种结构比重力式墙式

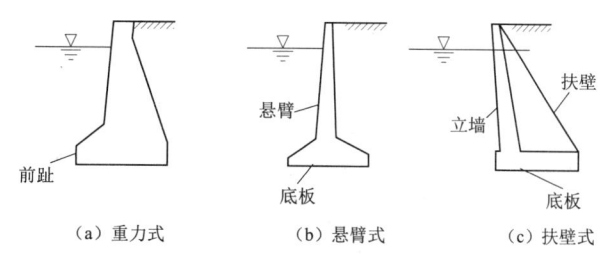

图1.24 墙式护岸（挡土墙）示意图

护岸明显减少用料，并借助扶壁之间底板上的填土重量维持稳定，扶壁也有利于提高立墙的强度，高度在9m以上时采用扶壁式挡土墙比较经济。

1.3.6.2 墙式护岸的构造

墙式护岸的墙体材料可采用钢筋混凝土、混凝土、浆砌石、钢板桩等。墙基可采用地下连续墙、沉井或桩基，结构可采用钢筋混凝土或少筋混凝土。在墙后与岸坡之间可回填砂砾石。墙体应设置排水孔，排水孔处应设置反滤层。护岸沿长度方向应设置变形缝，分缝间距一般为：钢筋混凝土结构20m，混凝土结构15m，浆砌石结构10m。在堤基条件改变处应增设变形缝，并做防渗处理。

在水流冲刷严重的河段，应加强护基措施；在风浪冲击严重的防护段，应加强坡面消浪措施，回填土顶面并应采取防冲措施。

1.3.7 其他型式护岸

1. 桩式护岸

桩式护岸又称桩坝，可用于维护陡岸的稳定、保护堤脚不受强烈水流的淘刷、促淤保堤。桩式护岸可采用木桩、石桩、钢板桩、钢筋混凝土桩等型式。钢筋混凝土桩一般为预制桩、板桩，防冲效果较好，但是施工烦琐，造价高，桩前冲刷深度较大时容易导致桩失稳。木桩多结合抛石等其他措施一起应用，单独应用较少。松木桩埋在水下可以千年不烂，采用松木桩、木框架加毛块石的护岸工程，既能稳定岸坡，减少工程建设对生态系统产生负面影响，又能改善河道水生态环境、美化景观。

松木桩护坡图片

我国著名的钱塘江海塘采用木桩或石桩护岸有悠久历史，美国密西西比河中游还保留不少木桩堆石坝，黄河下游近年来也修筑了钢筋混凝土试验桩坝。

2. 枃槎坝

枃槎坝是用杆件扎制成支架，内压重物的河工构件。又称闭水三脚、木马。一般适用于在水深小于4m、流速小于3m/s的卵石或砂卵石河床，可做成丁坝、顺坝、"「"形的透水或不透水坝。枃槎支架可采用木、竹、钢、钢筋混凝土杆件等材料。枃槎坝可就地取材，造价低廉，易建易拆，可修筑成永久性或临时性工程。四川省岷江修筑都江堰时已采用枃槎坝截流、导流。

枃槎坝图片

3. 鱼巢护岸

鱼巢护岸结构是以营造鱼类的栖息环境为主要考虑因素，采用鱼类喜欢

鱼巢护岸图片

项目1 河道治理规划

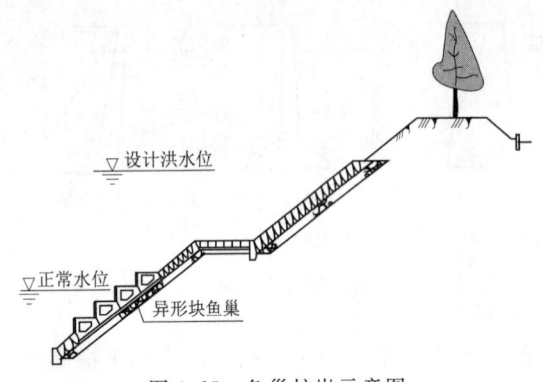

的木材、自然石材及鱼巢砖、预制混凝土鱼巢等材料建造的护岸结构，如图1.25所示。常见的有木头/残枝/石头鱼巢护岸，是将由木头、残枝、石头组成的构造物安置在河岸底部，可在河岸就近寻找适合的材料迅速构筑而成。另外，还有巨型鱼巢护岸，是由大木板条组成的结构单元，宜安置在河岸底部及河道凹岸，以提供鱼类庇护所、生活栖地并避免河岸冲蚀。

图1.25 鱼巢护岸示意图

4. 黄河埽工

埽工是我国古代劳动人民创造的，以梢料、苇、秸和土石分层捆束制成的一种河工建筑物，可用来抗御水流的冲刷，防止堤岸坍塌，还可用来堵覆溃决的堤岸。

1.3.8 拦河堰坝

拦河堰坝是河道治理工程中最为常见的拦水建筑物，一般拦河而建，用于拦截水流，壅高水位，蓄积水量，引水灌溉、发电等。

对于季节性河流，枯水期河道干枯无水，汛期河水暴涨暴落，可在河道的城镇或流经村庄的乡村河段适当设置堰坝，拦蓄上游来水，汇聚水流，形成一定的水域，从而满足景观休闲、生态环境、引水灌溉等需求。堰坝的设计除满足功能要求外，还应与环境景观协调。固定堰坝多为重力式结构，常见形式有实用堰和宽顶堰两种，以当地建筑材料为主。

建设堰坝使水的流动性变差，可能会导致水体的富营养化，就妨碍了生物的上下游交流。应尽可能减少由于上下游水位差和水位隔断等引起的对生物的不利影响。在拦河堰坝时要考虑留有一定的生物过道（如鱼道），如必须做水跌等落差建筑物时，宜将跌水改成缓坡或作相应诱导洄游工程，这有利于鱼类的洄游和其他上下游生物群落之间的物质交流。

堰坝的设置应防止在较长的河段内形成梯段，从而降低河道水体自净能力，破坏鱼类洄游。活动堰坝设计时应考虑放水时下游的安全。

【任务巩固】
【应知】

【应会】
1. 总结归纳各种堤防和护岸工程的特点及适用条件。
2. 某平原河道为五级航道，治理总体布局是基本维持现有河道走向不变，在现有堤线上进行加高加固。堤肩线力求平顺，各堤段平顺连接。试简述相宜的治理工程措施。

答案解析

某河道治理完工后的实景

任务1.4 河道治理的植物措施

【任务目标】
1. 了解河道植物资源的类别及主要功能
2. 熟悉河道植物种类选择的原则
3. 会根据河道的自然条件及治理要求选择植物种类

导师说道：职业守则解读（一）

河流生态系统是包括水体、土壤、生物等相互作用、相互联系的复杂生态系统，兼具水体和陆地的综合特征，生境复杂多样，是各种生物的重要栖息地。采用植物措施对河道进行生态修复治理，对于重建河道生态环境，恢复河流健康，实现人与自然和谐等具有十分重要的现实意义。

1.4.1 河道植物资源

河岸带是水域与陆域间的过渡带，是两种生境交汇的区域，由于异质性高，适宜多种生物生长发育，显著优于陆地或单纯水域。从水体到河岸以层状结构依次分布着沉水植物、浮水植物、挺水植物、湿生植物、中生植物等河道植被。另外，河口地区分布着滨海盐生沼泽，热带及亚热带地区有红树林植被等。河道植被类型有木本植被和草本植被，以草本植被为主。植被类型分布受自然条件的影响和自然分布规律控制，在植被起源上，多为自然起源；在河道生态建设寒温带、温带湿润半湿润地区，以苔草、芦苇植被为主；在暖温带、亚热带湿润半湿润地区有多种河道植被，如枫杨林、江南桤木林、水杉林、柳林、杨林、芦苇、水烛、苔草、荻、狗牙根、菱群落等；在滇西南山区和东南沿海平原的热带湿润气候区，以热带植物组成的河道植被为主。

我国地域广阔，河道类型多样、生境复杂，河道植物种类相对丰富。目前，我国河道植物以禾本科、莎草科、菊科、唇形科、蓼科、毛茛科、藜科、蔷薇科、豆科种类居多。河道植物区系的性质为温带特性，植物生态类型有中生植物、湿生植物、水生植物、旱生植物等，其中旱生植物主要分布在我国荒漠地区的河道。

以浙江省为例，该省气候温和、降水丰富，立地类型复杂，形成了多样性的河道生境，蕴藏着丰富的植物资源。据浙江省河道植物资源系统调研，共有维管束植物1178种（包括种下分类等级），隶属153科，其中蕨类植物19科29属40种，裸子植物4科6属9种，被子植物130科536属1129种。根据植物适应特性分类，分别有中生植物832种、湿生植物214种、水生植物132种。河道植被类型多样，共划分为针叶林河道植被型组、阔叶林河道植被型组、竹林河道植被型组、灌丛河道植被型组、草本河道植被型组、水域河道植被型组等6个植被型组，13个植被型，75个群系。

1.4.2 河道植被的主要功能

河道植被作为河流生态系统的一个重要组成部分，在固土护坡、保持水土、水质净化、塑造河流景观等方面具有极其重要的功能。

1. 固土护坡、保持水土，防治水流和波浪对河岸（堤防）的冲刷

在满足河岸整体稳定要求的前提下，导致河岸水土流失的主要自然因素有雨滴击溅、坡面径流、风力侵蚀和波浪冲刷。河道堤岸采用植物措施防护，植被及其凋落物可以吸收雨滴的能量，减少地表土壤飞溅侵蚀；植物位于地表的部分可过滤地表径流中的沉积物，同时植物的茎、叶部分可增加地表粗糙度，从而延缓地表径流速度，降低坡面径流的侵蚀能力；植物及其凋落物可提高土壤的孔隙率和渗透性，增加降雨入渗量，从而涵养水源和延缓径流产生洪峰的时间；植物及其凋落物通过蓄水作用而增加土壤湿度，从而降低了风力对土壤表面的侵蚀影响。

2. 缓冲过滤、水质净化，改善河道水环境

河道植被在缓冲过滤和水质净化方面具有十分重要的作用。河道植被通过过滤、渗透吸收、滞留、沉积等作用使陆地生态系统流向河流的污染物毒性减弱及污染程度降低。研究表明，河道植被可有效减少农药、化肥等面源污染物。

3. 修复生态、改善环境，为生物多样性恢复奠定基础

生态河道图片

河道植被在修复生态、改善环境方面同样具有十分重要的作用。河岸植物带能够降低直射到水面的太阳辐射从而使水体保持在一个较低的温度，水中的溶解氧在一个较高的水平上，创建一个有利于水生生物生长发育的环境。植物措施护岸，河道岸坡植物生长茂盛，郁郁葱葱，昆虫、鸟类、鱼类等明显增多。因此，河道生态建设中植物措施的应用，不仅在河流两岸形成一条绿色廊道，也为生物多样性创造了条件。

4. 调节气候、美化景观，为人水和谐创造条件

景观河道照片

平原区生态河道视频

河道植被在调节小气候、美化河道景观方面也具有十分重要的作用。在炎热的夏季，一棵树就像一把遮阳伞，一片绿地就像一个空调，植被调节小气候的功能非常明显。同样，河道缓冲带植物不仅为动物、微生物提供了生存繁衍的栖息地，其气候调节功能也为人类生活提供了更为舒适的环境。河道是人类生活空间的重要部分，是人类亲水用水的主要平台。河流景观由河流的水域景观、过渡域景观和岸边陆域景观构成。河流过渡域和岸边陆域是营造河道景观的主要区段，它起着居高临下的控制作用。

在河道两岸构建植物群落，形成类型多样的植被类型，增添了人与自然和谐相处的自然河流景观，改变传统钢筋水泥、浆砌块石硬化河岸的单调景象。河岸缓冲带平坦的地形和周围优美的环境，为人类提供了户外休闲、健身、旅游不可缺少的场所，丰富多彩的植物，沿河而行就能实现"步移景异"的效果，使人赏心悦目，给人带来视觉享受。

1.4.3 植物护坡措施

在河道植被满足不了河道生态系统要求时，可考虑采取植物护坡措施对河道进行生态修复治理，如图 1.26 所示。植物护坡措施可分为单纯植物护坡和植物工程复合两类。在河岸或堤防土坡相对稳定的河段，应首选植物措施技术进行护坡护岸。如果河岸或堤防以及河床边坡稳定性较差，须采取植物措施与工程措施相结合的堤岸综合防护。

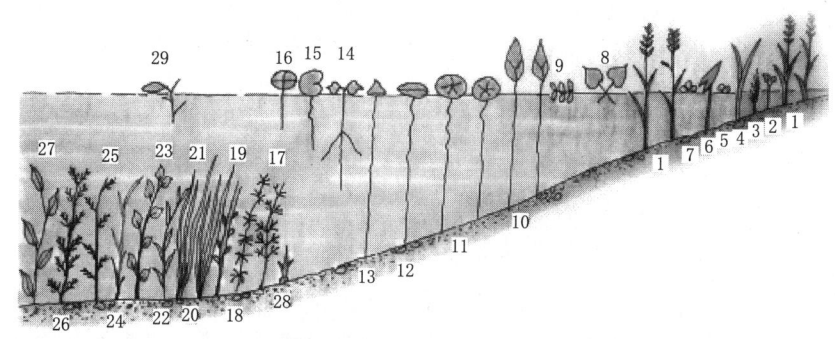

图 1.26 植物护坡措施示意图

1—芦苇；2—花蔺；3—香蒲；4—菰；5—青萍；6—慈姑；7—紫萍；8—水鳖；9—槐叶萍；10—莲；11—芡实；
12—两栖蓼；13—茶菱；14—菱；15—睡莲；16—荇菜；17—金鱼藻；18—黑藻；19—小茨藻；20、21—苦草；
22—竹叶眼子草；23—光叶眼子草；24—龙须眼子草；25—沮草；26—狐尾藻；
27—大茨藻；28—矮苦草；29—凤眼莲

1. 单纯植物护坡

单纯植物护坡技术是指从河道堤岸坡脚至坡顶依次种植沉水植物、浮叶植物、挺水植物、湿生和中生植物（乔灌草）等一系列护坡植物，形成多层次生态防护，兼顾生态功能和景观功能的堤岸防护技术，能有效减缓波浪对堤岸水位变动区的侵蚀和船行波及水流的冲刷。主要用于河道堤岸坡度相对较缓、稳定性较好、土层深厚且种植层与地下层连接的河道堤岸防护。

植被稀少、品种单一、景观环境要求较高的河段，在坡面常水位以上种植耐湿性且固土能力强的草本、灌木及乔木，共同构成完善的生态护坡系统，既能有效地防治土壤侵蚀、固土护坡，又能改善生态、美化河岸景观。

除了种植乔灌草进行堤岸防护外，还可利用以能生根的植物茎枝等进行护坡技术，如活枝扦插技术、活枝柴笼技术、活枝层栽技术等。

在采用单纯植物护坡技术进行河道生态建设时，需要根据河流所在区域的土壤特征、水文条件、气候状况等选用适宜的植物配置模式。

单纯植物护坡图片

2. 植物工程复合护坡

植物工程复合技术是生物技术与工程技术相结合的复合式生态护坡形式。这种生态护坡强调活体植物与工程措施相结合，核心是植生基质材料，依靠锚杆、植生基质、复合材料网和植被的共同作用，达到对河道堤岸进行防护的目的。主要用于河道堤岸坡度较陡、岸坡稳定性差、水流冲刷严重的河段。垂直方向上最适用于常水位与设计洪水位之间的水位变动区，也可用于常水位以下的坡脚防护。植物工程复合护坡常见的有土工格栅-灌木层插和石笼-灌丛层插。

（1）土工格栅-灌木层插。土工格栅是水利工程建设中常用的建筑材料，每一层土工格栅都固定一层土壤，将可生根的灌木柳枝栽插在两层土工格栅之间的土坡中，就形成了土工格栅-灌木常水位层插的复合式土壤生物工程固坡结构。此方法的种植技术较简单灌丛层插要复杂，成本较高；但可构造一个全新结构、具有很好固土效果、抗冲刷性能强的生态岸坡，恢复冲蚀比较严重的河道凹岸生态环境。

植物工程复合护坡技术图片

（2）石笼-灌丛层插。石笼是将石块装入金属丝网内（通常为镀锌铁丝）形成的一种固坡结构；将可生根的灌木柳枝栽插在石笼之间或之中的土坡中，就形成了石笼-灌丛层插复合的土壤生物工程固坡结构。这种护坡以"点、线、面"的基本种植形式，全方位立体式构建抗冲刷性强的生态岸坡系统，固坡效果好，且结合多种土壤生物工程技术的组合式生态护坡通常比任何单一的土壤生物工程护坡技术都有效。

3. 植被型生态混凝土护坡

植被型生态混凝土护坡

植被型生态混凝土由多孔混凝土、保水材料、难溶性肥料和表层土组成。多孔混凝土由粗骨料、水泥、适量的细掺和料组成，是典型生态混凝土的骨架；保水材料以有机质保水剂为主，并掺入无机保水剂混合使用，为植物供必需的水分；表层土多铺设在多孔混凝土表面，形成植被发芽空间，减少土中水分蒸发，供植被发芽初期的养分和防止植物生长初期混凝土表面过热。根据工程实践经验，很多草本植物在植被型生态混凝土上生长良好，紫花苜蓿、羊毛草、无芒雀麦等表现出较好的耐碱性和耐旱性。另外，植被型生态混凝土具有较好的抗冲刷性能，上面的覆草具有缓冲功能，由于草根的锚固作用，抗滑力增加，草生根后，草、土、混凝土形成一体，提高了堤防边坡的稳定性。

1.4.4 河道植物种类选择

1.4.4.1 河道植物种类选择的原则

河道治理植物措施的应用要充分考虑河道特点和植物的生物生态学特性，并把两者有机地结合起来。植物种类的选择，应在确保河道主导功能正常发挥的前提下，遵循生态适应性、生态功能优先、乡土植物为主、抗逆性、物种多样性、经济适用性等基本原则。

（1）生态适应性原则。植物的生态习性必须与立地条件相适应。植物种类不同，其生态习性必然存在着差异。因此，应根据河道的立地条件，遵循生态适应性原则，选择适宜生长的植物种类。比如，滨海河口地区的河道土壤含盐量较高，应选用耐盐性的植物种类才能生存，如木麻黄、柽柳、盐地碱蓬等，否则植物不易成活或生长不良。河道常水位附近土壤含水量较高，应选择耐水湿的植物种类，如水松、银叶柳、蒲苇等。

（2）生态功能优先原则。从生态适应性的角度看，在同条河道内应该有多种适宜的植物。河道生态建设植物措施的应用主要是基于植物固土护坡、保持水土、缓冲过滤、净化水质、改善环境等生态功能，因此，植物种类选择应把植物的生态功能作为首要考虑的因素，根据实际需要优先选择在某些生态功能方面优良的植物种类，如南川、狗牙根等具有良好的固土护坡效果。其次，根据河道的主导功能和所处的区域不同，兼顾植物种类的经济功能等，如山区河道可以选用生态经济植物杨梅、油桐等。

（3）乡土植物为主原则。乡土植物是指当地固有的、自然分布于本地的植物。与外来植物相比，乡土植物最能适应当地的气候环境。因此，在河道生态建设中，应用乡土植物有利于提高植物的成活率，减少病虫害，降低植物管护成本。另外，乡土植物能代表当地的植被文化并体现地域风情，在突出地方景观特色方面具有外来植物不可替代的作用。乡土植物在河道建设中不仅具有一般植物的防护功能，而且具有很高的生态价值，有利于保护生物多样性和维持当地生态平衡。外来植物往往不能适应本地的气候环境，成活率低，抗性差，管护成本较高，不宜大量应用。有些外来植物的种类生态适应性和竞争力特别强，又缺少天敌，如凤眼莲、喜旱莲子草等，如果使用不当，可能会带来一系列生态问题，应严禁引入。只有那些被实践证明不会引起生态入侵的优良外来植物种类，才允许采用。

(4) 抗逆性原则。平原区河道，雨季水位下降缓慢，植物遭受水淹的时间较长，因此应选用耐水淹的植物，如水杉、池杉等；山丘区河道雨季洪水暴涨暴落、土层薄、砾石多、土壤贫瘠、保水保肥能力差，故需要选择耐贫瘠的植物，如构树盐肤木、马棘等；沿海区河道土壤含盐量高，尤其是新围垦区开挖的河道，应选择耐盐性强的植物，如木麻黄、海滨木槿等。另外，河道岸顶和堤防坡顶区域往往长期受干旱影响，要选择耐干旱的植物，如合欢、野桐、黑麦草等。总之，要根据各地河道的具体实际情况，选用具有较强抗逆性的植物种类，否则植物很难生长或生长不良。采用抗病虫害能力强的植物种类，能降低管护成本。

(5) 物种多样性原则。稳定健康的植物群落往往具有丰富的物种多样性，因此，要使河道植物群落健康、稳定，就必须提高河道的物种多样性。物种多样性能增强群落的抗逆性，有利于保持群落的稳定，避免外来生物的入侵。多样的植物可为更多的动物提供食物和栖息场所，有利于食物链的延伸。不同生活型的植物及其组合，为河流生态系统创造多样的异质空间，从而可容纳更多的生物。只有丰富的植物种类才能形成丰富多彩的群落景观，满足人们不同的审美要求；也只有多样性的植物种类，才能构建不同生态功能的植物群落，更好地发挥植物群落的生态作用，取得更好的景观效果。

(6) 经济适用性原则。与传统护坡技术相比，采用植物措施进行河道生态建设不仅具有改善环境、恢复生态、有利于河流健康等优点，还具有降低工程投资、增加收益之优势。为此，应选用种子、苗木来源充足，发芽力强，容易育苗并能大量繁殖的植物种类，同时选用耐贫瘠、抗病虫害和其他恶劣环境的植物种类，以减少植物对养护的需求，达到种植初期少养护或生长期免养护的目的。在景观上没有特别要求的河道或河段，应多选用当地常见、廉价的植物种类，这样可以降低工程建设投资和工程管理养护费用。同时，在河道边坡较缓处或护岸护堤地内，尽量选择能产生经济效益的植物种类，增加工程收益。

1.4.4.2 河道植物种类选择的技术要点

1. 不同类型河道的植物选择

(1) 山丘区河道。山丘区河道的主要特点是坡降大、流速快、洪水位高、水位变幅大、冲刷力强、岸坡砾石多、土壤贫瘠且保水性差，往往需要砌筑浆砌石、混凝土等硬质基础、挡土墙等，以确保堤防（岸坡）的整体稳定。因此，应选用耐贫瘠、抗冲刷的植物种类，如美丽胡枝子、细叶水团花、硕苞蔷薇等。应选用须根发达、主根不粗壮的植物，否则粗壮的树根过快生长或枯死都会对堤防（护岸）、挡墙的稳定与安全造成威胁。

(2) 平原区河道。平原区河道具有坡降小、汛期高水位持续时间较长、水流缓慢、水质较差、岸坡较陡等特点。通航河道，船行波淘刷作用强，河岸易坍塌。因此，平原区河道应选用耐水淹、净化水质能力强的植物种类，如池杉、芦苇、美人蕉等。

(3) 滨区河道。滨区河道土壤含盐量高，土壤有机质、N、P等营养物含量低，岸坡易受风力引起的水浪冲刷，植物生长受台风影响很大。因此，要选用耐盐碱、耐瘠薄、枝条柔软的中小型植物种类，如柽柳、夹竹桃、海滨木槿等。否则，冠幅大，承受的风压大，在植物倒伏的同时，河岸也可随之剥离坍塌。在河岸迎水坡应多选用根系发达的灌木和草本植物。

2. 不同功能河道的植物选择

一般来说，河道具有行洪排涝、交通航运、灌溉供水、生态景观等多项功能。但因每条河流所处的区域不同，其主导功能也有差异，所采取的植物措施也应有所不同。

(1) 行洪排涝河道。在设计洪水位以下选种的植物，应以不阻碍河道泄洪、不影响水流速度、抗冲性强的中小型植物为主。由于行洪排涝河道在汛期水流较急，为防止植被阻流及植物连根拔起，引起岸坡局部失稳坍塌，选用的植物的茎秆、枝条等还应具有一定的柔韧性。例如，选用南川柳、木芙蓉、水团花等植物种类。

(2) 交通航运河道。当船舶在河道中航行，由于船体附近的水体受到船体的排挤，过水断面发生变形，因引起流速的变化而形成波浪，这种波浪称为船行波。当船行波传播到岸边时，波浪沿岸坡爬升破碎，岸坡受到很大的动水压力的作用。在船行波的频繁作用下，常常导致岸坡淘刷、崩裂和坍塌。因此在通航河道岸边常水位附近和常水位以下应选用耐水湿的树种和水生草本植物，如池杉、水松薇香等，利用植物的消浪作用削减船行波对岸坡的直接冲击，保护岸坡稳定。

(3) 灌溉供水河道。为防止土壤和农产品污染，我国对灌溉用水专门制定了《农田灌溉水质标准》（GB 5084—2021）。为保护和改善灌溉供水河道的水质，应避免选用释放有毒有害的植物种类，同时还应注重植物的水质净化功能，选用具有去除易污染物能力强的植物，如池杉、薏苡、水葱、芦竹。

3. 不同河段的植物选择

一条河流流经乡村、城镇等不同区域时，要考虑流经区域和人居环境对河道建设的要求，进行分段选择植物。

(1) 城镇河段。流经城市和城镇规划区范围内的河段，除满足行洪排涝要求外，通常有景观休闲方面的要求。因此，应多选用具有较高观赏价值的植物种类。如垂柳、紫荆、鸡爪槭、萱草等，使河道达到"水清可游、流畅可安、岸绿可闲、景美可赏"。另外，节点区域的河段，如公路桥附近、经济开发区、交通要道两侧等局部河段，对景观要求较高。可结合景观建设需要，多选用一些观赏植物，如香港四照花、玉兰、紫薇、山茶花等。

(2) 乡村河段。流经村庄的河段，一般不宜进行大规模人工景观建设。可根据乡村的规模和经济条件，结合美丽乡村建设，适当考虑景观和环境美化。因此，应多采用常见价格便宜的优良水土保持植物，如苦楝、榔榆、桑等。

植物措施景观河道图片

(3) 其他河段。流经的区域周边没有城镇、乡村的山区河段，如果能够满足行洪排涝等基本要求，应维持原有的河流形态和面貌。流经田间的其他河段，主要采取疏浚治理措施达到行洪排涝、供水灌溉的要求，应按照生态适用性原则，选用当地土生土长的植物进行河道堤（岸）防护，如枫杨、朴树、美丽胡枝子、狗牙根等。

4. 河道不同坡位的植物选择

从堤顶（岸顶）到常水位，堤防土壤含水量呈现逐渐递增的规律性变化，直至饱和。因此，应根据堤坡土壤含水量变化，选择相应的植物种类。

（1）常水位以下。常水位以下区域土壤水分长期处于饱和状态，是植物发挥净化水体作用的重点区域。种植在常水位以下的植物不仅起到固岸护坡的作用，而且还应充分发挥植物的水质净化作用。因此，应选用具有良好净化水体作用的水生植物和耐水湿的中生植物，如水松、菖蒲、苦草等。另外，通航河段，为了减缓船行波对岸坡的淘刷，可以选用容易形成屏障的植物，如菰、芦苇等。而对于有景观需求的河段，可以栽种观叶、观花植物，如黄菖蒲、水葱、窄叶泽泻等。

常水位以下植物护岸图片

（2）常水位至设计洪水位。常水位至设计洪水位区域是河岸水土保持、植物措施应用的重点区域。在汛期，岸坡会遭受洪水的浸泡和水流冲刷；枯水期，岸坡干旱，含水量低，山区河道尤其如此。此区域的植物应有固岸护坡和美化堤岸的作用。因此，应选择根系发达、抗冲性强的植物种类，如枫杨、细叶水团花、荻、假俭草等。对于有行洪要求的河道，设计洪水位以下应避免种植阻碍行洪的高大乔木。有挡墙的河岸，在挡墙附近区域不宜种植侧根粗壮的大乔木。

常水位至设计洪水位植物护岸

（3）设计洪水位至堤（岸）顶。设计洪水位至堤（岸）顶区域是河道景观建设的主要区域，起着居高临下的控制作用。土壤含水量相对较低，种植在该区域的植物夏季可能会受到干旱的胁迫。因此，选用的植物应具有良好景观效果和一定的耐旱性，如樟树、栾树、构骨冬青等。

设计洪水位至堤（岸）顶植物护岸

（4）硬化堤（岸）坡的覆盖。在工程实践中，为了满足高标准防洪要求、节约土地资源等原因，有些河段或岸坡不得已要进行硬化处理。为减轻硬化处理对河道景观效果带来的负面影响，可以选用一些藤本植物对硬化的区域进行覆盖或隐蔽，以增加河岸的"柔性"感觉。常用的藤本植物有云南黄馨、中华常春藤、紫藤、凌霄等。

【任务巩固】
【应知】

应知训练

【应会】

1. 简述（视频）图 1.27 中河道两岸依次分布着哪些植物，试分析这些植物的生态类型。

题1视频

图 1.27 题 1 图

2. 针对所给图片资料（图 1.28）中河道堤岸的特点，简述应如何选择固岸护坡植物。

图 1.28 题 2 图

【项目训练】

登录"河道管护虚拟仿真实训平台"完成河道堤防认知模块的虚拟仿真训练与考评。

答案解析

项目 2 堤 防 工 程 设 计

【知识目标】
1. 了解堤防工程设计的内容及主要依据
2. 熟悉堤防工程设计现行相关技术规程
3. 掌握堤防工程设计的基本理论和方法、步骤

【能力目标】
1. 会根据堤防工程设计要求收集基础资料
2. 能根据规范要求完成河道堤防工程的设计
3. 会堤防工程的分析计算
4. 能利用 CAD 软件绘制设计图
5. 会根据设计成果编制初步设计报告

项目导学 2

任务 2.1 堤防设计的内容及依据

【任务目标】
1. 了解堤防工程设计的内容
2. 熟悉堤防工程设计的依据和要求

导师说道：
职业守则
解读（二）

2.1.1 堤防工程设计的主要内容和步骤

堤防工程设计的主要内容和步骤如下：

（1）了解工程背景及河道主要功能。

（2）现场勘查及收集相关资料。重点勘查河堤工程现状、周边已有建筑物、现有设施等情况。

（3）工程地质评价。

（4）水文水利计算。

（5）工程任务与规模确定。

（6）堤线布置及堤型选择。

（7）堤基处理（主要针对平原河道软土地基上的河道堤防工程）。

（8）堤身设计（含堤防稳定计算）。

（9）堤岸设计。

（10）穿堤、跨堤建（构）筑物设计。

（11）安全监测设计。

（12）堤防工程管理设计。

2.1.2 堤防工程设计的依据和要求

堤防工程设计应参照现行有关规范及《水利水电工程初步设计报告编制规程》（SL 619—2021）规定的内容和深度要求进行编制。在设计时应注意以下方面的要求：

（1）应加强基础资料的收集、整理和分析，认真开展必要的现场调查和勘测等工作；重视水文分析、河流冲淤演变及河势变化分析，加强整治河宽和堤距的分析论证；优化施工组织设计方案，做好土方挖填平衡，减少弃渣占地，择优确定施工工期。

（2）工程建设内容要避免与市政园林建设相混淆，生态措施只能用于护岸、护坡、堤防等河道治理工程上，不能用于绿化、靓化等市政园林工程。河道治理工程与市政、园林工程结合实施的项目，应分别列出其工程量和投资。

（3）涉及的占地和移民安置、交通桥梁、环境影响等问题，应按照相关规定并结合各县（市、区）具体情况，做好相应的衔接工作。

【任务巩固】

【应知】

应知训练

【应会】

试述河道堤防工程设计的主要内容及现行的主要规范。

答案解析

任务2.2 基础资料收集

导师说道：职业守则解读（三）

【任务目标】
1. 熟悉河道堤防工程设计对基础资料的要求
2. 掌握河道堤防工程设计中各类基础资料的主要内容及作用
3. 会根据堤防工程设计要求收集基础资料

2.2.1 气象、水文资料

堤防工程设计应具备气温、风况、蒸发、降水、水位、流量、流速、泥沙、潮汐、波浪、冰情、地下水等气象水文资料。对收集到的气象、水文资料要充分分析，对实测水文资料进行可靠性、一致性、代表性审查。对于上游建有调蓄水库的测站资料及河道拓宽、缩窄、改道、建堤归槽后的测站资料，应根据具体情况进行还原。除了前述资料外，还应有与工程有关地区的水系分布、水域分布、河势演变和冲淤变化等河流基本资料。

2.2.2 社会经济资料

社会经济资料主要是指堤防保护区及堤防工程区的社会经济资料。

堤防保护区的社会经济资料是堤防工程设计中确定堤防级别的重要依据，也是进行堤防工程经济效益分析和环境影响评价所需要的基本资料，包括：

(1) 面积、人口、耕地、城镇分布等社会概况。

(2) 农业、工矿企业、交通、能源、通信等行业的规模、资产、产量、产值等国民经济概况。

(3) 生态环境概况。

(4) 历史洪、涝、潮灾害情况。

(5) 相关社会经济发展规划。

堤防工程区的社会经济资料是堤防工程设计时进行堤线比选、工程投资估算、挖压土地、房屋拆迁及移民安置的基本资料，包括：

(1) 土地、耕地面积、人口、房屋、固定资产等。

(2) 农林牧副渔业、工矿企业、交通、通信、文化教育等设施。

(3) 文物古迹、旅游设施等。

2.2.3 工程地形资料

堤防工程在不同设计阶段的地形资料要求不同，详见表2.1。其中，新建堤防工程应提供堤中心线的纵断面图，加固、扩建工程应同时提高堤顶及临水、背水堤脚线的纵断面图。

堤防工程设计基础资料

表 2.1　　　　堤防工程在不同设计阶段的地形资料要求

图例	工作阶段或设计阶段	比例尺	图幅范围及断面间距	备 注
地形图	规划	1∶10000～1∶50000	横向自堤中心线向两侧带状展开各100～300m，纵向应闭合至自然高地或已建堤防、路、渠堤	砂基及双层地基背水侧应适当加宽，以涵盖压、盖重范围如临水侧为侵蚀性滩岸时，宜扩至深泓或侵蚀线外
	可行性研究、初步设计	1∶1000～1∶10000		
纵断面图		竖向 1∶100～1∶200	—	初步设计比例尺取大比例尺。堤线长度超过100km时，横向比例尺可采用 1∶25000～1∶50000
		横向 1∶1000～1∶10000	—	
横断面图		竖向 1∶100	新建堤防每100～200m测一断面，测宽200～500m。加固堤防及护岸每50～100m测一个断面，测宽200～600m	初步设计断面间隔宜取大比例尺。曲线段断面间距宜缩小。横断面宽度超过500m时，横向比例尺可采用 1∶2000。老堤加固横比例尺亦可采用 1∶200
		横向 1∶500～1∶1000		

2.2.4 工程地质资料

3级及以上堤防工程设计的工程地质及筑堤材料资料，应符合现行行业标准《堤防工程地质勘察规程》(SL 188—2005)的有关规定。4级、5级堤防工程设计的工程地质及筑堤材料资料可适当简化。

堤防工程设计应充分利用已有堤防工程及堤线上修建工程的地质勘测资料，并应收集险工地段的历史和现状险情资料，同时应查明历史险工段和决口堤段的范围、地层结构、防汛抢险和堵口采用的材料等情况。

2.2.5 工程所在流域或区域防洪规划

工程所在流域或区域防洪规划包括防洪规划方案、规划推荐工程、河道治理标准及与本工程有关的工程方案布局和堤距控制要求等。

2.2.6 河道生物状况

河道综合治理工程设计应充分了解河道内生物状况，以便在河道断面结构设计、施工工艺及手段选择等方案设计时充分考虑生物的生活习性，更好地保护河道生态系统。生物状况包括各类河道内动物、植物及微生物的种类、名称、数量、生活（长）环境、生存状况等，一般应进行专门的河道生物调查和分析工作。

【任务巩固】

【应知】

应知训练

【应会】

1. 结合对河道堤防工程设计中各类基础资料的主要内容及作用的理解，补充完成表2.2。

表2.2　　　　　　　　　　堤防工程设计基础资料统计表

资料类别	资料具体内容	主要作用	重要程度
气象水文资料			
社会经济资料			
工程地形资料			
工程地质资料			
工程所在流域或区域防洪规划			
河道生物状况			
其他			

2. 某县位于浙江西部，该县城现状防洪标准仅为5～10年一遇，县城常住人口约15万人，计划治理县城段河道长10km，河道宽100m，沿线分布的交叉建筑物为水闸、堰坝等。根据题干，回答以下问题。

(1) 该河道治理工程初步设计前需要收集的基本资料包含哪些？
(2) 根据堤防工程设计规范，该工程初步设计阶段的测图要求如何？
(3) 根据已知条件该工程的防洪标准如何确定？

答案解析

任务2.3 工程地质评价

【任务目标】
1. 了解堤防工程设计中工程地质评价的目的及地质勘探的有关要求
2. 掌握工程地质评价的内容和要求
3. 会根据基础资料进行堤防工程地质评价

导师述典——
汉武治河

2.3.1 工程地质评价的目的

工程地质评价是工程建筑物设计的基础，目的是根据地质勘探资料对工程建设内容进行分析评价，提出工程建设的工程地质状况及工程措施建议，确保建筑物设计安全可靠。

2.3.2 工程地质评价的内容和要求

河道堤防工程设计中地质评价的主要工作内容及要求如下。

1. 区域地质环境情况说明

区域地质环境情况，可以参照区域地质志和区域地质图做出简略概述。

2. 堤防工程地质条件与评价

应根据地质勘探资料，按加固堤防和新建堤防工程分类及各堤段地质条件情况分段进行工程地质评价，明确主要工程地质问题，提出处理措施的建议。老堤的加固堤段，应评价老堤堤身状况（包括结构、填筑土料组成、存在的问题隐患等）及建议的处理措施；新建堤防的堤段，应评价各土层抗滑稳定、渗透变形、沉降变形、抗冲能力等工程地质问题，并提出对应的工程措施建议。

堤基工程地质条件一般说来较为简单，但工程线路较长，所遇地质条件可能变化较大，因此，一般按"线性"工程进行分段分类评价；岩相变化大、地质条件复杂区段应加密勘探，以达到有效控制的要求。岩土体物理力学地质建议参数可结合本工程区的地质特点、代表性试验和已建工程经验，采用工程类比法分段提出。

存在堤基渗漏问题的堤段，应通过工程地质勘察（已建堤防工程的勘察重点在险工险段区），明确堤基渗漏的性质，分析研究正常运行工况下堤基是否产生渗透破坏。

3. 护岸工程地质条件与评价

护岸工程应根据护岸型式，从岸坡地质结构、河势水流状态、岸坡地下水等条件进行工程地质勘察和评价。重力式护岸工程的重点在地基稳定性评价，斜坡式护岸工程的重点在岸坡地质结构的稳定性评价；两类护岸工程均应根据河势水流条件考虑冲刷深度。

4. 穿堤建筑物地质条件与评价

穿堤建筑物地质评价的重点是地基渗透破坏和沉降变形等问题评价，规模较小的穿堤建筑物可结合堤防工程一并勘察，规模较大（如 $50m^3/s$ 以上）的涵闸工程应按单项工程实施工程地质勘察。

5. 天然建筑材料的调查与评价

堤防工程填筑料一般按就地取材的原则考虑，应重点勘察评价料源的质量和储量。混凝土骨料可根据当地条件自选料场开采或者采购、外运，地质上均应明确料源的质量和储量评价。

6. 河道疏浚工程地质评价

河道疏浚工程地质评价的重点是河道挖深或拓宽后改变了原始河道岸坡稳定条件，在水流冲刷浪蚀作用下可能存在岸坡稳定和岸坡再造问题。应根据岸坡岩土体性质、地质结构、抗冲性能等，并参考现状稳定边坡坡比值，提出地质结构上的稳定岸坡坡度。当不能保证稳定岸坡成型时，宜适当考虑相应的工程措施。

对地震动参数大于等于 $0.10g$ 且存在可液化土层的工程地基，应根据实际地质条件评价地震液化的可能性并提出处理措施的建议。

2.3.3 工程地质勘探的有关要求

地质勘探成果是工程地质评价的依据。堤防工程基本上属于"线性"工程，地质勘探的工作量和内容应依据《堤防工程地质勘察规程》(SL 188—2005) 和《中小型水利水电工程地质勘察规范》(SL 55—2005) 中的相关要求确定。工程区地震动参数及相应的地震基本烈度应根据《中国地震动参数区划图》(GB 18306—2015) 查图获取。

中小河流分布在平原、山区、丘陵等不同区域，其工程地质条件相差较大，河道治理工程的侧重点也有所不同。因此，河道治理工程的地质勘察需要结合工程实际区别对待，并可结合工程周边桥梁、道路及其他水利工程建设的勘探成果和施工资料对工程地质进行评价。

原则上所有的河道治理工程设计必须进行工程地质勘探。但由于时间、经费等原因导致地质勘探有困难时，对以下几种情况可视工程实际情况适当减少地勘工作量，但工程地质评价内容和深度却不能减少。

(1) 堤防工程沿线道路、桥梁、房屋建筑已有地勘资料的。

(2) 平原地区地质条件变化不大，地层情况基本一致的。

(3) 山区河道覆盖层很浅，甚至岩基出露，堤防基础置于岩基的。

2.3.4 工程地质勘察的工程实例

2.3.4.1 基础资料

某平原河道工程位于浙南沿海，为Ⅲ等工程，主要建筑物有河道堤防、水闸等，建筑物为3级。

根据河道地理位置、等别及主要建筑物等制定地质勘察方案如下。

2.3.4.2 工程地质勘察方案

1. 勘察任务和内容

该工程的主要勘察任务是查明沿线地基土层的工程地质与水文地质条件，为该工程设计提供基础资料。勘察主要内容有：

(1) 评价区域构造稳定性，确定地震动参数。

(2) 基本查明堤防沿线的地形、地貌、地质和微地貌特征。

(3) 基本查明各岩土层的物质组成、结构、成因、埋藏条件及分布情况，提供各地基土物理力学性质指标。

(4) 对场地工程地质条件进行评价，通过不同堤线工程地质及水文地质条件比选，建议合适堤线。

(5) 对堤基沿线软土层的稳定性进行评价，建议合适的地基加固处理方案，并提供各地基土承载力和强度及变形计算的设计地质参数。

(6) 基本查明水闸闸基岩土层分布及其性质，对闸址区工程地质条件进行评价。

(7) 基本查明场地水文地质条件，并对环境水的影响作出评价。

(8) 对天然建筑材料进行初查。

2. 技术要求

根据本工程区域地层特征及堤防设计要求，依据《堤防工程地质勘察规程》（SL 188—2005）有关规定，勘察技术要求如下：

(1) 堤防技术钻孔深度 40m，水闸技术钻孔深度 50m，鉴别孔深度为 40m，静探孔孔深为 40m，十字板孔深 25m。

(2) 钻孔取芯率应满足地质分层和相关规范要求，每层土取原状样不少于 6 件，变层加密，相邻钻孔起始取样位置应错开。

(3) 十字板测试探头使用前应率定。试验每隔 1m 测定原状土的 Cu（原装土的强度）值及重塑土的 Cu'（重塑土的强度）值，当试验深度处有硬夹层时，应穿过硬夹层再进行试验，若发现异常，应分析原因，重新测试。

(4) 静力触探试验采用双桥探头并率定，对设备进行检查，只有率定和检查合格后方可使用，测试时发现异常，排除故障后重新测试。

(5) 室内土工试验依据《土工试验方法标准》（GB/T 50123—2019）进行，各土样须进行含水率、密度、土粒比重、液限、塑限、压缩固结（垂直）、直剪（固快和快剪）、渗透（水平与垂直）及非黏性土的颗分试验等，并提供各级垂直荷载下的固结系数。

(6) 提交技术成果包括：工程地质勘察报告、勘察布置平面图、堤基工程地质纵横剖面图、钻孔柱状图、十字板斜率图、静探试验曲线图、分层 $e-p$ 曲线和土工试验成果表等。

3. 勘察方法

本工程勘察采用地质测绘、地质钻探、原位测试（静力触探和十字板剪切试验）和室内试验等勘察方法。

(1) 地质测绘目的是调查工程区不良地质现象，渊、塘、沟的宽度及岸坡形态等地貌及微地貌类型；块石料场山体覆盖层厚度及岩体风化情况。

(2) 地质钻探目的探明场地岩土层的分布规律、结构特征、厚度、物理状态等，并通过钻孔采取原状和扰动样品。

(3) 原位测试目的是获取各土层的原状土力学参数及土层状态，提供各土层的侧壁摩阻力、锥尖阻力和原状不排水抗剪强度等指标。

(4) 室内试验主要是对现场采取的原状和扰动样品在室内进行各项试验,为岩土体的各项物理力学指标数理统计、分析和评价提供准确依据。

4. 勘察布置

本工程勘察布置按照《堤防工程地质勘察规程》(SL 188—2005)阶段勘察要求进行,并针对地质条件复杂堤段适当加密勘探。勘探布置说明如下:

(1) 地质测绘:采用比例尺1:1000的测量图作为手图,其中海堤地质测绘沿设计堤轴线进行,为带状地质测绘,宽度以堤中心线向两侧各延伸200m;料场采用地质调查和测绘相结合。

(2) 勘探布置:沿推荐堤线及比较堤线综合布孔,并结合水闸建筑物布置。

2.3.4.3 工程地质勘察结果分析

1. 土层分布情况

根据勘察得本工程的地质分布如图2.1所示,钻孔柱状图如图2.2所示,工程区50m以内浅堤基土层可分为4个地质层、7个亚层,分别为1层淤泥、2层淤泥、3层淤泥质粉质黏土及粉质黏土,4层粉质黏土。

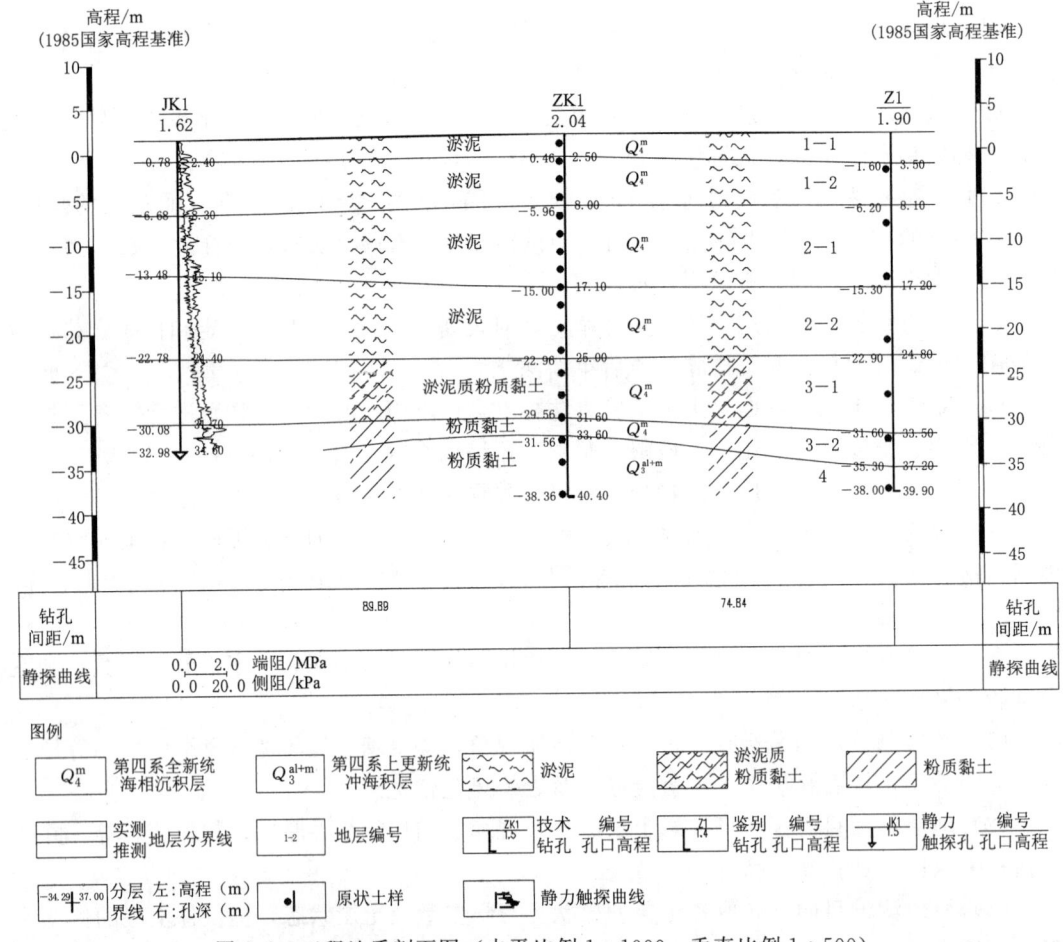

图 2.1 工程地质剖面图(水平比例1:1000,垂直比例1:500)

工程名称							
工程编号	YCWK1006			钻孔编号	ZK1		
孔口高程/m	1.04	坐标	X=	开工日期	2010.05.14	稳定水位深度/m	
孔口直径/m	107.00		Y=	竣工日期	2010.05.14	测量水位日期	

地层编号	时代成因	层底高程/m	层底深度/m	分层厚度/m	柱状图	岩土名称及其特征	取样
1-1		0.46	2.50	2.50		淤泥：灰-灰黄色，饱和，流塑，高压塑性，局部含贝壳和云母，夹粉土、粉砂薄层。	1 0.70～1.00 2 2.70～3.00
1-2		−5.96	8.00	5.50		淤泥：灰-灰黄色，饱和，流塑，高压塑性，稍具粉质感，夹粉土、粉砂薄层，偶夹贝壳和云母。局部夹淤泥质黏土。	3 4.70～5.00 4 6.70～7.00
2-1		−15.00	17.10	9.10		淤泥：青灰色，饱和，流塑，手感湿滑，切面光滑，土质均匀，局部含少量贝壳和云母碎片，高压缩性。	5 8.70～9.00 6 10.70～11.00 7 12.70～13.00 8 14.70～15.00 9 16.70～17.00
2-2		−22.96	25.00	7.90		淤泥：青灰色，饱和，流塑，手感湿滑，切面光滑，土质均匀，局部含少量贝壳和云母碎片，高压缩性。	10 18.70～19.00 11 21.20～21.50 12 23.70～24.00
3-1		−29.56	31.60	6.60		淤泥质粉质黏土：灰-青灰色，饱和，流塑，手感湿滑，稍具粉质感，含少量贝壳和云母碎片，高压缩性。	13 26.20～26.50 14 28.70～29.00 15 31.20～31.50
3-2		−31.56	33.60	2.00		粉质黏土：灰色，软型，稍具粉质感，含较多贝壳和少量云母碎片，干强度中等，中-高压缩性。	16 33.70～34.00
4		−38.36	40.40	6.80		粉质黏土：灰黄色，可塑、局部硬塑，切面光滑，稍具粉质感，干强度高，部性中等，中等压缩。	17 36.20～35.50 18 39.70～40.00

工程名称							
工程编号	YCWK1006			钻孔编号	ZK2		
孔口高程/m	0.15	坐标	X=3109697.37	开工日期	2010.05.15	稳定水位深度/m	
孔口直径/m	127.00		Y=502020.79	竣工日期	2010.05.15	测量水位日期	

地层编号	时代成因	层底高程/m	层底深度/m	分层厚度/m	柱状图	岩土名称及其特征	取样
1-1		−3.35	3.50	3.50		淤泥：灰-灰黄色，饱和，流塑，高压塑性，局部含贝壳和云母，夹粉土、粉砂薄层。	1 0.70～1.00 2 2.70～3.00
1-2		−6.45	6.60	3.10		淤泥：灰-灰黄色，饱和，流塑，高压塑性，稍具粉质感，夹粉土、粉砂薄层，偶夹贝壳和云母。局部夹淤泥质黏土。	3 4.70～5.00 4 6.70～7.00
2-1		−17.85	18.00	11.40		淤泥：青灰色，饱和，流塑，手感湿滑，切面光滑，土质均匀，局部含少量贝壳和云母碎片，高压缩性。	5 8.70～9.00 6 10.70～11.00 7 12.70～13.00 8 14.70～15.00 9 16.70～17.00
2-2		−22.95	23.10	5.10		淤泥：青灰色，饱和，流塑，手感湿滑，切面光滑，土质均匀；局部含少量贝壳和云母碎片，高压缩性。	10 18.70～19.00 11 21.20～21.50
3-1		−30.85	31.00	7.90		淤泥质粉质黏土：灰-青灰色，饱和，流塑，手感湿滑，稍具粉质感，含少量贝壳和云母碎片，高压缩性。	12 23.70～24.00 13 26.20～26.50 14 28.70～29.00
3-2		−34.65	35.00	4.00		粉质黏土：灰色，软型，稍具粉质感，含较多贝壳和少量云母碎片，干强度中等，中-高压缩性。	15 32.20～32.50
4		−40.25	40.40	5.40		粉质黏土：灰黄色，可塑、局部硬塑，切面光滑，稍具粉质感，干强度高，部性中等，中等压缩。	16 35.20～35.50 17 40.00～40.30

核定		审查		校核		制图		图号	

图2.2 钻孔柱状图

【任务巩固】
【应知】

应知训练

【应会】

某工程位于浙南沿海，该工程已完成并由相关单位出具了地质勘察报告，该工程现状地形较低，土石方回填量较多。

满足后期工程稳定计算需要哪些土力学指标？

答案解析

任务 2.4 水 文 水 利 计 算

导师述典——
都江堰

【任务目标】
1. 了解河道治理工程设计中水文水利计算的目的和要求
2. 掌握河道设计洪水流量和水面线的计算方法
3. 会根据基础资料计算设计洪水流量和水面线

2.4.1 水文水利计算的目的

水文水利计算的目的是为河道治理工程设计提供河道设计洪水流量、水位及最大流速。有排涝功能的，还需根据排涝标准，提供排涝流量、水量及地面最大淹没水深（水位）和淹没时间。水利计算的方法、范围、边界条件决定了水文分析的内容和方法。

2.4.2 设计洪水流量的计算

设计洪水流量根据河道流域水文分析计算得到。应收集和整理本流域和相邻流域的水文站、雨量站的实测系列资料，收集省区的暴雨查算手册或水文图集，收集以往河道治理规划设计中设计洪水的计算方法和成果，并加强河道特征和洪水特性分析。参照《水利水电工程设计洪水计算规范》（SL 44—2006），结合具体资料情况，选择合适的设计洪水计算方法。

当工程地址及上、下游附近有较长实测洪水流量资料时，可优先采用频率分析计算方法，直接推求设计洪水。

当工程地址及上、下游实测洪水资料短缺时，可根据经审批的省区的暴雨洪水计算方法（公式推理法或瞬时单位线法推求），由设计暴雨推求设计洪水。平原地区可直接利用整个流域的规划成果。

设计暴雨计算首先需分析流域内的降雨成因及其特性,并根据水文计算要求确定是否需计算分区设计暴雨。设计暴雨可以通过实测降雨资料排频分析推求,也可采用图集法推求。引用附近工程或规划成果的,需简述其审批情况和计算方法等内容。

采用类似地区或相邻河流的设计洪水成果,以及治理河段的历史洪水调查分析成果等资料时,需对其进行合理性分析。

2.4.3 河道水面线计算

河道水面线是确定堤顶高程的依据,有历史实测资料时,可直接采用实测水位资料排频计算得到,也可采用水力计算得到。天然河道蜿蜒曲折,过水断面极不规则,河床起伏不平且不断发生冲淤变化、河道糙率还常随水位变化。这些因素使得天然河道的水力要素变化复杂,一般情况下天然河道水流都是非均匀流。因此,河道水面曲线可根据河道过水断面形状、底部糙率大致相同的原则,并结合河道地形及纵横剖面把河道分为若干计算流段,采用分段求和法进行计算。

计算时,先根据设计河段上边界断面的设计洪水量(水文计算所得),采用明渠恒定均匀流公式计算设计河段下边界的设计洪水位,然后,从设计河段下边界的设计洪水位开始,用明渠恒定非均匀流公式[式(2.1)],分段推求各计算河段的水位值,从而得到设计标准下的河道水面线。计算过程中考虑区间设计标准洪峰流量。

$$Z_u + (a+\xi) \cdot \frac{v_u^2}{2g} - \frac{\Delta s}{2} \cdot \frac{Q^2}{K_u^2} = Z_d + (a+\xi) \cdot \frac{v_d^2}{2g} + \frac{\Delta s}{2} \cdot \frac{Q^2}{K_d^2} \tag{2.1}$$

式中 Z_u——河段上断面水位,m;

Z_d——河段下断面水位,m;

v_u——河段上断面处流速,m/s;

v_d——河段下断面处流速,m/s;

Δs——河段计算长度,m;

Q——通过断面的流量,m³/s;

K_u、K_d——上、下断面处的流量模数;

a——动能修正系数,天然河道取 1.15~1.50;

ξ——局部阻力系数,对逐渐扩展段取 -0.5~-0.33。

若用非恒定流计算,则根据水文分析计算范围内上游各边界的设计洪水流量过程线和下游各边界的设计洪水位过程线或流量过程线,以及上下游边界之间汇入的各支流、各区块的洪水流量过程线进行推求。

涉及排涝工程的,应根据相关规划和涝区自然地理条件、经济社会情况合理确定排涝原则和标准,划分排涝分区,进行排涝水文计算。

2.4.4 注意事项

(1)由于下边界水位一般采用水位-流量关系推求或选用某个堰的堰上游水位(自由出流推求而得),为了消除下边界水位不准对水利计算精度的影响,水利计算范围不能仅限于工程河段,应将下边界下延一定距离,扩大计算范围,并作敏感性分析。

(2)对多泥沙河流,应进行泥沙分析计算,分析河床淤积演变情况。

(3)设计河宽可通过分析实测资料得出的经验公式或平均数值确定,可将造床流量下的平均河宽作为中水河槽设计河宽，或参考满足泄洪要求的主槽宽度确定中水河槽设计河宽。

2.4.5 根据基础资料进行堤防工程设计水文水利计算的工程案例

2.4.5.1 基础资料

某河道流域位于浙江省中南部，有梅雨和台风雨两种雨型，流域内设有8个雨量站。现状防洪体系缺乏完整性，存在防洪缺口。个别堤段的堤身断面单薄、堤顶高度不达标、坡面偏陡；堤防材料大多为砂砾料填筑，表面采取浆砌块石或干砌块石护面，护面结构较为松散，堤脚防冲结构薄弱。流域内有丰富的自然景观资源，且总体生态环境较好。但由于受建设理念和认识的限制，早年建设的堤段大多以硬质防护为主，生态性差，两岸杂草丛生，亲水性较差；沿线部分堰坝已出现破损，部分堰坝功能已不能满足周边社会的需要，需对部分交叉建筑物进行拆除或改造提升。沿线河畔自然风貌较好，部分滩地因近年来无序的砂石开采行为，导致生物多样性较少，生态系统薄弱，急需通过生态林草带修复及水上森林修复为鸟类及野生动植物提供生存与栖息场所。河道沿线生态绿色品位不高，流域水文化、水景观资源丰富，但未形成一个统一明确的总体建设主题，功能定位不够明确，缺少景观节点，对周边区域的生态环境改善、水文化提升、居民生活环境改善及促进经济发展的作用未能充分发挥。

该河流域总面积 $1340km^2$，干流长 $129km$。该河上游有一中型Q水库。A溪是该流域内的一条支流，其流域总面积 $13.9km^2$，干流长 $10.81km$，河道平均比降 $34.41‰$。

堤防沿线共划分为四个岩土工程地质层，自上而下描述如下：

①素填土。灰黄、灰色，由碎石、黏土、块石等组成，主要为人工修建简易的防洪堤填土。层厚 $0.50\sim4.00m$。

②粉质黏土。黄褐色，可塑状，韧性中等，强度中等，分布在 ZK1～ZK6 地段。层厚 $0.90\sim3.20m$。

②-1 粉质黏土。黑灰色，软塑状，仅 ZK2 孔有分布。层厚 $1.00m$。

③细砂。灰黄色，饱和状，成分以长石、云母微粒为主，分布在出口段某溪河漫滩地段。其层顶高 $192.90\sim194.45m$，层厚 $1.00\sim1.50m$。

④卵石。除 ZK7 孔，河床两岸全有分布，且厚薄不等。灰、灰白色，湿，稍密状，卵石含量 $50\%\sim70\%$ 不等，呈圆状、次圆状。粒径大小不一，以 $2\sim6cm$ 为主，卵石成分以花岗岩、凝灰岩等为主，较坚硬。卵石间多为砂砾充填，含少部分黏土，胶结程度一般—较差。层厚 $0.90\sim3.60m$。

⑤-1 强风化粉砂岩。黄褐、紫红色，岩体呈碎裂结构，岩石风化强烈，芯呈碎块状。层厚 $1.10\sim2.20m$。

⑤-2 中风化粉砂岩。紫红色，泥质粉砂结构，中厚层构造，岩层层理清晰产状平缓，节理不发育，孔隙率低，透水性差，属软岩石，易软化，岩体较完整，$RQD=70\%\sim80\%$。岩体基本质量等级为Ⅳ级。最大揭露层厚 $5.00m$。

工程等别为Ⅴ等，工程区流域防洪标准为20年一遇。

2.4.5.2 水文水利计算

1. 设计暴雨

根据该流域情况，分别计算水库坝址以上、水库坝址—工程区间设计暴雨。

水库坝址以上设计暴雨采用其集水范围内的1号、2号两个雨量站资料计算，两站权重分别为0.6、0.4。

水库坝址—工程区间只有3号雨量站，由于该河道的暴雨中心一般在工程区上游，因而选择区间上游的2号雨量站作为参证站之一，两站仪器高程仅相差55m，权重分别为0.7（3号）、0.3（2号）。

设计暴雨成果见表2.3。

表2.3　　　　　　　　　　　　　设计暴雨成果表

分区	分期	历时	均值/mm	C_v	C_s/C_v	频率/%						
						1	2	3.33	5	10	20	33.3
						设计暴雨/mm						
水库坝址以上	年最大	1d	94	0.55	4	286	248	220	198	160	124	
		24h	$H_{24h}=1.13H_{1d}$			323	280	249	224	181	140	
		3d	139	0.50	4	390	341	306	278	230	181	
	非汛期	1d	42	0.60	4				96	73	55	43
		24h	$H_{24h}=1.13H_{1d}$						109	83	62	49
		3d	67	0.55	4				141	114	88	69
水库—工程区间	年最大	1d	85	0.54	4	254	221	196	177	144	112	
		24h	$H_{24h}=1.13H_{1d}$			287	250	221	200	163	127	
		3d	127	0.47	4	338	299	269	246	205	165	

工程区支流流域内无流量资料，因此采用暴雨资料推求设计洪水。设计暴雨采用暴雨图集和适线法两种方法推求。

根据《浙江省短历时暴雨》，查图得各时段点雨量均值和变差系数，计算本流域的设计暴雨。

设计暴雨采用3号雨量站资料计算。首先，统计各年份最大1d、3d雨量系列，按经验频率排频，P-Ⅲ型线型适线，得到工程区站最大1d、3d暴雨频率曲线图，如图2.3所示。将适线法与暴雨图集法结果相比较（表2.4）。

均方差、变差系数、偏差系数基本知识

表2.4　　　　支流流域适线法与暴雨图集法计算的设计暴雨成果比较表

方法	时段	均值	C_v	C_s/C_v	各频率/%					
					1	2	3.33	5	10	20
					设计暴雨/mm					
暴雨图集	24h	95	0.52	3.5	268.4	236.0	212.1	193.0	160.0	126.6
	3d	130	0.50	3.5	355.7	314.1	283.2	258.5	215.9	172.3
适线法	1d	85	0.54	3.5	247.8	217.1	194.4	176.3	145.2	113.8
	24h	$H_{24h}=1.13H_{1d}$			280	245.3	219.7	199.2	164.1	128.6
	3d	127	0.47	3.5	330.8	293.9	266.4	244.4	206.2	166.9
相对差/%	24h				4.1	3.8	3.5	3.1	2.5	2
	3d				-7.5	-6.9	-6.3	-5.8	-4.7	-3.3

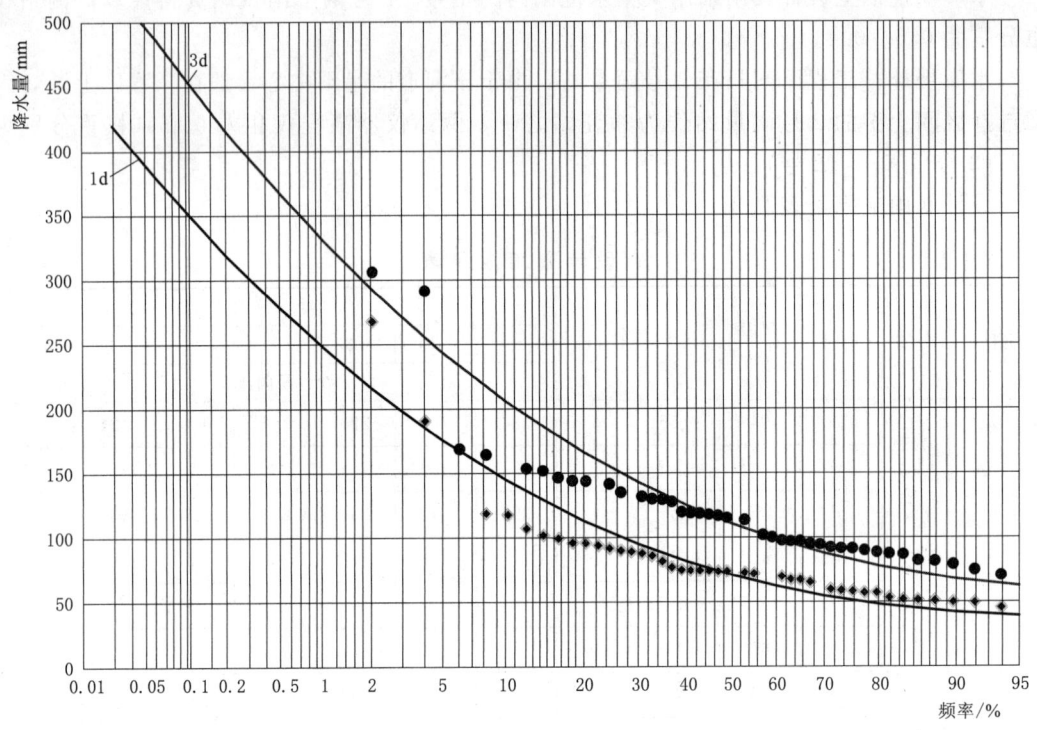

图 2.3 工程区站年最大 1d、3d 暴雨频率曲线图

由表 2.4 可知，查图法与适线法计算结果相差不大。各频率的最大 24h 暴雨，适线法计算结果均比查图法大，相对差在 5% 以内；3d 暴雨适线法计算结果均比查图法小，相对差在 10% 以内。考虑到该流域范围较小，洪水汇流速度快，最大 24h 暴雨量为形成洪峰的主要因素；适线法采用的实测资料系列较长，代表性好，能全面地反映地区水文特征，因此，采用适线法计算成果。

2. 设计雨型

(1) 日程分配。根据《浙江省短历时暴雨》，最大 1d 排在第二天，暴雨量为 H_{24h}，第一天为 $(H_{3d}-H_{24h})$ 的 60%，第三天为 $(H_{3d}-H_{24h})$ 的 40%。

(2) 时程分配。根据《浙江省短历时暴雨》，时程分配计算步骤为：①由各历时设计面暴雨求得暴雨衰减指数；②根据暴雨衰减指数求得各历时总暴雨量 H_i，相邻历时总暴雨量之差值，即为从大到小排列的时段雨量；③对时段雨量排序，最大 1d 24h 雨型按下列规则排列：时段雨量老大项末时刻排在 18:00—21:00，时段雨量老二项排在老大项的左边；其余项从大到小奇数项排列在左边，偶数项排列在右边，当右边排满 24:00 后，余下各项时段雨量从大到小都排列在左边；其余 2d 24h 雨型同样按上述规则排列。

暴雨衰减指数、各历时总暴雨量计算公式如下：

当 t_i 为 1~6h：$n_{1,6}=1+1.285\lg(H_1/H_6)$，$H_i=H_6(t_i/6)^{1-n_{1,6}}$；

当 t_i 为 6~24h：$n_{6,24}=1+1.661\lg(H_6/H_{24})$，$H_i=H_{24}(t_i/24)^{1-n_{6,24}}$。

3. 设计洪水

(1) 洪水特性。该河道流域山地面积占 90% 左右，支流流域山地面积占 80% 左右，沿溪两岸高山相对，仅在中游分布有少量的河谷平地，一旦降大暴雨，地表迅速产汇流，流入河槽，形成峰高但历时较短的暴雨洪水。

支流流域洪水的主要特点是：峰高量大，水量集中，暴涨暴落，一次洪水过程一般在 3d 之内。

(2) 产流计算。该河道所在区域属南方湿润地区，主要产流方式是蓄满产流，即在包气带含水量达到田间持水量以前不产流，所有的降水都被土壤吸收；而在包气带含水量达到田间持水量后，所有的降水在减去同期的蒸散发后都产流。在设计情况下，产流计算采用初损稳损法，土壤最大含水量为 100mm，土壤前期含水量为 75mm，则初损为 25mm/h，后损（降雨期间蒸发量）为 1mm/h，潜流部分水量按净雨开始后扣稳渗 1.5mm/h 计。

(3) 汇流计算。

1) 计算范围与流域特征值。支流流域特征值见表 2.5。

2) 计算方法。对于流域面积小于 50km² 的流域，采用浙江省推理公式法计算设计洪水。对于流域面积大于 50km² 的，采用浙江省瞬时单位线法计算设计洪水。

表 2.5 支流流域特征值统计表

支流名称	流域面积/km²	河道长度/km	河道坡降/‰
A 流	13.9	10.8	34.4

上游水库其工程任务是以防洪、供水（灌溉）为主，结合发电，兼顾改善水环境等，其流域面积 304km²，防洪库容 2220 万 m³，削峰作用大，因而不但要计算其入库洪水，还要计算其出库洪水。

3) 推理公式法。计算公式为

$$Q_m = 0.278 \frac{h_t}{\tau} \cdot F \tag{2.2}$$

$$\tau = \frac{0.278 \cdot L}{v_\tau} = \frac{0.278 \cdot L}{m \cdot J^{\frac{1}{3}} \cdot Q_m^{\frac{1}{4}}} \tag{2.3}$$

式中 Q_m——某时段洪峰流量，m³/s；

h_t——某时段净雨量，mm；

τ——汇流时间，h；

m——汇流参数；

F——水库积雨面积，km²；

v_τ——汇流速度，m/s；

L——干流长度，km；

J——干流坡度。

汇流参数 m 与流域的几何特征和植被条件有关。该流域植被条件一般，采用浙江省水电勘测设计院的Ⅲ类下垫面公式计算：

$$m=0.46\times\theta^{0.154}, \theta=L/J^{1/3} \tag{2.4}$$

将式（2.2）、式（2.3）两式联立试算得 τ、Q_m。

瞬时单位线法基本概念

4）瞬时单位线法。瞬时单位线法认为流域对净雨的调节作用等效于 n 个串联的线性水库的调节作用，一个单位的瞬时入流通过 n 个水库演进，其模式建立在三个基本假定上：①流域入流集中于调节中心；②流域对净雨的调蓄作用可以看作为几个串联水库的调节；③前后洪水互不影响，符合叠加原理。瞬时单位线公式如下：

$$u(t)=\frac{(t/K)^{(n-1)}\times e^{-t/k}}{K\times\Gamma(n)} \tag{2.5}$$

式中 $u(t)$——t 时刻的瞬时单位线纵高；

t——时间；

n——调节次数，即串联水库的个数；

K——反映流域汇流时间的参数；

$\Gamma(n)$——n 阶不完全伽玛函数。

由水库流域特征值，根据 $n-F$、$M_{1(10)}-L/J^{1/3}$、$b-J^{1/3}F^{-1/4}$ 关系式，分别查得汇流参数 n、a、b。根据瞬时单位线汇流参数，代入式（2.5）即可推得设计洪水。计算时段取 1h，瞬时单位线临界雨强采用 35mm/h。

5）设计洪水成果。根据计算，设计洪水成果见表 2.6。

表 2.6　　　　　　　　　　　流域设计洪水成果表

干、支流名称	项　目	频　率/%			
		2	5	10	20
		设计值			
水库坝址入库	洪峰流量/(m³/s)	2290	1720	1300	910
	3d 洪量/万 m³	8660	6670	5200	3740
	洪峰模数/[m³/(s·km²)]	7.53	5.66	4.28	2.99
水库坝址出库	洪峰流量/(m³/s)	1700	1250	1020	770
3号站	洪峰流量（Q 水库未建）/(m³/s)	2450	1850	1400	987
	洪峰流量（Q 水库已建）/(m³/s)	1790	1330	1080	816
工程区	洪峰流量/(m³/s)	158	124	99	75
	3d 洪量/万 m³	332	273	203	152
	洪峰模数/[m³/(s·km²)]	11.4	8.9	7.1	5.4

（4）干、支流洪水组合。各支流洪水位除受自身洪水影响外，还受下一级河流洪水位顶托影响。因此，在进行水利计算时，考虑组合洪水计算，取外包线作为设计洪水位。干、支流洪水组合见表 2.7。

表 2.7　　　　　　　　　　　干支流洪水组合表

组合工况	支流防洪标准重现期	组　合　洪　水
一	20	支流 5 年一遇流量、主河道 20 年一遇水位，与支流 20 年一遇流量、主河 5 年一遇水位组合外包线
二	10	支流 5 年一遇流量、主河 10 年一遇水位，与支流 10 年一遇流量、主河 5 年一遇水位组合外包线
三	5	支河 5 年一遇流量、主河 5 年一遇水位

【任务巩固】

【应知】

应知训练

【应会】

1. 工程区支流流域内无流量资料，设计暴雨采用哪种方法推求？
2. 设计暴雨计算的主要步骤是什么？
3. 某支流防洪标准为 20 年一遇，其洪水位除受自身洪水影响外，还受下游河流洪水位顶托影响。在进行水利计算时，需要考虑组合洪水计算，其干支流洪水组合工况如何？
4. 浙中某山区性河道其流域总面积 82.2km²，干流长 17.5km，河道平均比降 17.1‰。工程区流域山区面积占 95% 左右，沿岸两岸高山相对，仅在中游分布有少量的河谷平地，一旦降大暴雨，地表迅速产汇流，流入河槽，形成峰高但历时不很长的暴雨洪水。流域内设有气象观测站，当地多年平均气温为 16.9℃，多年平均水汽压 16.7hPa，多年平均相对湿度 78%，多年平均降水量 1450.9mm，多年平均蒸发量 1402.2mm（20cm 蒸发皿观测值），多年平均风速 1.3m/s，实测最大风速 19.3m/s，相应风向 W。工程区无水文站，但周边设有雨量站。工程区流域内无流量资料，设计采用暴雨资料推求设计洪水。设计暴雨采用适线法和暴雨图集两种方法推求。相关计算成果见表 2.8~表 2.11。

表 2.8　　　　　　　　　　　设计暴雨成果表

方法	时段	均值	C_v	C_s/C_v	频　率/%			
					2	5	10	20
					设　计　值			
暴雨图集	24h	101	0.52	3.5	252	206	171	135
	3d	137	0.52	3.5	340	278	231	182
适线法	1d	91	0.52	3.5	226	185	153	121
	24h	\multicolumn{3}{c}{$H_{24h}=1.13H_{1d}$}		255	209	173	137
	3d	134	0.52	3.5	333	272	225	178
相对差	24h				1.4	1.3	1.3	1.3
	3d				−2.1	−2.3	−2.3	−2.3

表2.9　　　　　　　　　　　流域特征值表

河段	流域面积/km²	主流长度/km	平均坡降/%
1地点以上	40.1	14.2	4.2
2地点以上	70.0	16.8	3.6
汇合口	81.2	17.2	3.3

表2.10　　　　　　　　　　设计洪水成果表

河段	流域面积/km²	计算方法	项目	各频率洪峰流量及模数		
				5%	10%	20%
沈宅以上	40.16	推理公式	洪峰流量/(m³/s)	289	236	192
			洪峰模数/[m³/(s·km²)]	7.2	5.9	4.8
		瞬时单位线	洪峰流量/(m³/s)	278	227	183
			洪峰模数/[m³/(s·km²)]	6.9	5.7	4.6
观坛庙以上	70.03	瞬时单位线	洪峰流量/(m³/s)	478	390	307
			洪峰模数/[m³/(s·km²)]	6.8	5.6	4.4
汇合口以上	81.25	瞬时单位线	洪峰流量/(m³/s)	553	451	341
			洪峰模数/[m³/(s·km²)]	6.7	5.5	4.2

表2.11　　　　　　　　　　设计洪水成果比较表

集水面积/km²	方法	频率/%		
		5	10	20
		设计值		
81.2	本题	553	451	341
	规划报告	577	459	342
	相对差/%	−4.16	−1.74	−0.29

本次采用适线法计算成果。

设计洪水由设计暴雨推求。产流采用简易扣损法，汇流根据集水面积，小于50km²河段采用推理公式法计算，大于50km²河段采用瞬时单位线法计算。

问题

（1）根据已知资料设计暴雨采用适线法计算成果是否合理？

（2）简要说明在设计雨型时要考虑的时程分配计算步骤？

（3）设计洪水由设计暴雨推求。其计算方案采用瞬时单位线法计算，根据以上成果，说明本次设计洪水计算方法及成果的合理性？

答案解析

任务 2.5　工程任务及规模确定

导师述典——
红旗渠

【任务目标】
1. 熟悉工程建设规模与建设内容的有关要求
2. 会根据防护对象的等别、作用和重要性确定堤防工程的防洪标准及级别

2.5.1　工程建设的必要性分析

在河道治理设计中，要根据工程防护区的自然和社会经济现状及发展规划，对工程建设的必要性进行深入分析。分析时可考虑从区域发生的洪涝灾害情况、河道现状情况及存在的问题（如无堤防或堤顶不满足要求，已建堤防但堤脚淘空不满足防冲要求等）、区域社会经济发展对水利提出的新要求等方面入手，论述工程建设的必要性。

2.5.2　工程建设任务的确定

河道治理设计要在分析河道工程现状及存在的主要问题的基础上，根据流域规划、防洪规划、河流治理规划等有关专业规划，分析防洪、排涝、灌溉、供水、航运、水力发电、文化景观、生态环境、河势控制和岸线利用等各项开发、利用和保护对河道整治的要求，明确工程建设任务、治理原则、治理范围和治理内容。工程建设任务一般有防洪、排涝、灌溉、改善区域水环境等。

在分析河道及堤防工程现状以及存在的主要问题时，要分析说明河道现状安全泄量及其标准。

在说明工程规划依据时，要有针对性：首先，要论述工程建设是否属于规划工程或属规划的治理措施，介绍工程所在流域或区域防洪规划编制和审批情况，防洪规划的主要内容和成果以及规划实施情况。其次，要说明防洪规划确定的规划方案、规划推荐工程、河道治理标准及与工程有关的工程方案布局和堤距控制要求。

2.5.3　防洪标准及级别的确定

治理河段的设计标准关系到工程安全和公共利益，对合理利用水资源、节约投资、提高经济效益和社会效益有重大影响。因此，堤防工程的防洪标准主要根据防护区防护对象的防洪标准和经审批的流域防洪规划、区域防洪规划综合研究确定。

防护对象的防洪标准可根据防护对象的等别、作用和重要性确定，见表 2.12。堤防工程的级别应根据其保护对象的防洪标准确定，见表 2.13。

表 2.12　　防护对象的等别和防洪标准

	防护对象的等别	Ⅰ	Ⅱ	Ⅲ	Ⅳ
	重要性	特别重要的城市	重要城市	中等城市	一般城市
城镇	非农业人口/万人	≥150	50~150	20~50	≤20
	防洪标准（重现期）/年	≥200	100~200	50~100	20~50

续表

防护对象的等别		Ⅰ	Ⅱ	Ⅲ	Ⅳ
乡村	防护区人口/万人	≥150	50~150	20~50	≤20
	防护区耕地/万亩	≥300	100~300	30~100	≤30
	防洪标准（重现期）/年	50~100	30~50	20~30	10~20
工矿企业	工矿企业规模	特大型	大型	中型	小型
	防洪标准（重现期）/年	100~200	50~100	20~50	10~20
铁路路基	重要程度	骨干铁路	次要骨干铁路	地区铁路	
	运输能力/(×10⁴t/年)	≥1500	750~1500	≤750	
	防洪标准（重现期）/年	100	100	50	
汽车专用公路路基	等级	高速、Ⅰ	Ⅱ		
	防洪标准（重现期）/年	100	50		
一般公路路基	等级	Ⅱ	Ⅲ	Ⅳ	
	防洪标准（重现期）/年		50	25	按具体情况定
江河港口	重要性	重要城市港区	中等城市港区	一般城市港区	
	防洪标准（重现期）/年	50~100	20~50	10~20	
海港	重要性	重要港区	中等港区	一般港区	
	防风暴潮标准	100~200	50~100	20~50	
民用机场	重要程度	重要国际机场	重要国内机场	一般国内机场	
	防洪标准（重现期）/年	100~200	50~100	20~50	
油气管道	工程规模	大型	中型	小型	
	防洪标准（重现期）/年	100	50	20	
火电厂	电厂规模	特大型	大型	中型	小型
	装机容量/(×10⁴kW)	≥300	100~300	25~120	≤25
	防洪标准（重现期）/年	≥100	100	50~100	50
高压输配电设施	电压/kV	≥500	110~500	35~110	≤35
	防洪标准（重现期）/年	≥100	100	50~100	50
通信设施	重要程度	国际、省际重要线路	省际、省地间	地县间	
	防洪标准（重现期）/年	100	50	30	
文物古迹	保护等级	国家级	省级	县级	
	防洪标准（重现期）/年	≥100	50~100	20~50	

表 2.13　　　　　　　堤防工程的级别和防洪标准

保护对象的防洪标准（重现期）/年	≥100	<100，且≥50	<50，且≥30	<30，且≥20	<20，且≥10
堤防工程的级别	1	2	3	4	5

遭受洪灾或失事后损失巨大、影响十分严重的堤防工程，其级别可适当提高；遭受洪灾或失事后损失及影响较小或使用期限较短的临时堤防工程，其级别可适当降低。采用高

于或低于规定级别的堤防工程应报行业主管部门批准;当影响公共防洪安全时,尚应同时报水行政主管部门批准。

蓄、滞洪区是江河防洪工程体系的重要组成部分,其堤防的防洪标准是由它所在防洪工程体系中承担的防洪任务来决定的。因此,蓄、滞洪区堤防工程的防洪标准应根据批准的流域防洪规划或区域防洪规划的要求专门确定。

堤防工程上的闸、涵、泵站等建筑物及其他构筑物的设计防洪标准,不应低于堤防工程的防洪标准,并应留有适当的安全裕度,其级别不应低于所在堤防工程级别。防洪墙的建筑物级别应与相应堤防级别相同。

具有通航、交通等功能的建筑物,应同时满足相关行业标准。

对于流域面积在 $200\sim3000km^2$ 的中小河流,防洪标准、堤线布局等主要内容必须符合该河流防洪(治理)相关规划的要求,如确需调整标准、堤线的治理项目,需进行专门论证,并按照规定的程序审批。中小河流治理工程的防洪标准一般为10~20年一遇。排涝标准一般为5~10年一遇。在我国经济较发达地区,堤防工程的防洪标准往往取高值,一般县城取50年一遇,乡镇取20年一遇,行政村和大片农田或成片效益农业取10年一遇,其余自然村和一般农田取5年一遇。

2.5.4 工程规模与建设内容的确定

河道治理工程的规模一般包括河道规模、堰坝规模、两岸排水涵管规模、排涝闸站规模等。河道规模是指河道的过水断面面积、河宽(堤距)、水深等;堰坝、两岸排水涵管及排涝闸站规模是指堰坝的设计水位、流量和排水涵管及排涝闸站的排水排涝流量。

工程建设内容主要指河道治理长度,新建或加固堤防(护岸)长度,河道疏浚长度,桥梁、河埠、闸站等主要建筑物或其他工程措施及其数量。

确定河道治理工程规模与建设内容时,应注意以下几个方面的问题:

(1)设计河道的工程规模要与规划相符,河道、堤距宜宽则宽,不能束窄原有河道。

(2)以不侵占河道行洪通道为原则,合理确定治理河段的治导线(河岸线、防洪堤线等)。

(3)应明确河道设计水面线推算的方法、采用参数和主要成果。对干支流洪水、河湖洪水相互顶托的河段,应分析洪水组合和遭遇情况,进行不同遭遇组合的水面线推算,以外包线作为设计的依据。应重视历史洪水水面线及常遇水面线的调查与测量,作为水面线计算的主要依据之一。

(4)经复核河道断面不能满足行洪能力要求时,应综合考虑流域特点、地形地质条件、施工条件、环境影响、工程占地、工程量及投资等因素,兼顾水资源利用、环境保护,对新建(改建)堤防、现有堤防加固扩建、河道清淤疏浚、堤防与疏浚工程结合等河道整治方案进行技术经济比选,提出经济合理的河道整治方案。山区河道治理一般不宜新建堤防。

(5)在河道断面满足行洪能力要求的情况下,堤防工程原则上以原有堤防除险加固为主,尽量维持原堤线及堤距。原堤距不满足河道行洪要求的,经分析论证后堤防可适当退建;现有堤防不得向河滩地进建,不得缩窄河道行洪断面。

确需新建（改建）堤防的，堤线选择应按照治导线要求，综合考虑堤线顺直、与上下游协调、与原有堤防平顺衔接等因素，尽量兼顾两岸城乡规划、生产布局和群众利益，经技术经济比选确定。不得将近岸河滩地和低洼地纳入堤防保护范围，维护好现有行洪通道和洪水滞蓄场所。

（6）新建堤防应统筹考虑防护区的排水要求，根据排涝分区和排涝标准，在排水方案论证的基础上，合理确定穿堤建筑物的布置、型式和规模；加固堤防涉及的穿堤建筑物，应根据建筑物现状情况，可采取接长加固、拆除重建等处理措施。

（7）对迎流顶冲可能发生冲刷破坏的堤岸，可采取护坡护岸措施。护岸工程原则上应采取平顺护岸形式，并与周围环境相协调，安全实用，便于维护，生态亲水，应避免对河道自然面貌和生态环境的破坏。

2.5.5 根据基础资料进行工程任务及规模确定的工程案例

基础资料详见第2.4.5节。

1. 工程任务的确定

该工程的建设任务是为以防洪排涝为主、兼顾生态修复与保护、水文化提升等，从而促进区域经济社会的可持续发展。具体包括：

（1）水安全工程。主要包括干流及支流的堤防护岸工程。

（2）水管理工程。主要包括巡查通道工程、桥梁工程。

（3）水生态及水文化提升工程。主要包括生态堰坝工程、滩林湿地整治工程。

2. 工程规模的确定

（1）防洪水利计算。本工程的支流上中游属山丘区河道、下游属平原区河道，故采用HEC-RAS（hydrologic engineering center's river analysis system）计算软件构建一维恒定非均匀流模型进行防洪水利计算。

HEC-RAS软件能够对急流（$F_r>1$）、缓流（$F_r<1$）和临界流（$F_r=1$）三种流态进行水面线计算。计算原理基于一维能量方程，采用标准逐步推算法（standard step method，SSM）求解。一维恒定非均匀流计算公式如下：

$$Z_2+H_2+\frac{\alpha_2 v_2^2}{2g}=Z_1+H_1+\frac{\alpha_1 v_1^2}{2g}+h_e \tag{2.6}$$

式中 Z_1、Z_2——上、下断面河底高程，m；

H_1、H_2——上、下断面水深，m；

v_1、v_2——上、下断面平均流速，m/s；

α_1、α_2——上、下断面动能校正系数；

h_e——水头损失，m。

水头损失包括摩阻损失与局部损失两部分，由式（2.7）计算。

$$h_e=L\overline{S}_f+C\left|\frac{\alpha_2 v_2^2}{2g}-\frac{\alpha_1 v_1^2}{2g}\right| \tag{2.7}$$

式中 L——按流量加权长度；

$\overline{S}_f$——摩阻坡度；

C——断面扩张或收缩系数。

模型计算考虑河道主槽和河滩地的调蓄作用,也考虑河道上的堰坝、桥梁等建筑物的影响。现状工况水利计算时,考虑低矮堤防堤内的蓄洪过洪作用;规划工况水利计算时,考虑规划工程布局方案,以尽可能模拟河道实际情况为原则。

(2) 洪水计算概化。计算的支流上下边界之间全长 1500m,天然工况下计算断面 21 个,断面平均间距 75m;规划断面工况下计算断面 15 个,断面平均间距 106m。

(3) 现状洪水水利计算。现状洪水水利计算主要考虑支流防洪工程未实施情况下的洪水演算,在支流河道为现状状态的情况下,根据洪水演算,求得工程区及周边范围各断面的现状洪水位见表 2.14。

表 2.14   工程区及周边范围各断面的现状洪水位计算成果表

断面号	桩号	右岸现状高程/m	左岸现状高程/m	20 年一遇洪水水位/m	10 年一遇洪水水位/m
1	0+000	201.70	200.94	200.73	200.39
2	0+024.2	198.57	200.59	200.42	200.10
3	0+124.2	199.28	199.59	200.13	199.84
4	0+223.5	198.59	198.65	199.80	199.44
5	0+294.4	198.01	198.75	199.52	199.18
6	0+316.2	198.00	197.08	199.30	198.96
7	0+388.3	198.04	197.54	199.09	198.80
8	0+402.1	197.34	197.64	198.89	198.53
9	0+441.5	197.81	198.71	198.57	198.33
10	0+460.4	197.66	198.46	198.30	198.06
11	0+566.5	198.12	197.72	198.03	197.85
12	0+618.3	196.96	196.96	197.90	197.66
13	0+697.9	196.38	196.28	197.87	197.61
14	0+783.8	197.33	195.23	197.77	197.53
15	0+834.8	197.11	195.91	197.72	197.40
16	0+928.8	197.95	194.95	197.56	197.28
17	1+057.3	194.86	195.06	197.45	197.21
18	1+140.5	196.79	195.19	197.30	197.08
19	1+245.9	195.00	194.12	197.20	196.92
20	1+337.6	193.80	193.30	197.10	196.76
21	1+490.6	195.72	195.42	197.02	196.62

注 表中下边界水位采用干流现状水位。

由表 2.14 可知，现状洪水位计算成果表中 10 年一遇洪水水位、20 年一遇洪水水位在多个断面均高于左右岸高程，表明现状支流河道不能满足防洪要求。

（4）规划方案比较。支流规划方案下边界水位均采用干流规划工况设计洪水位（即考虑水库）。根据支流现状堤防、堤距及两岸堤后下垫面情况，对本工程的堤距及设计断面设 4 个方案进行比选。具体如下：

方案 1：设计河道堤距 8m，现状小于 8m 的河段拓宽至 8m，现状大于 8m 的河段堤线按现状布置。设计河道断面采用梯形断面，边坡为 1：0.2。

方案 2：设计河道堤距 10m，现状小于 10m 的河段拓宽至 10m，现状大于 10m 的河段堤线按现状布置。设计河道断面采用梯形断面，边坡为 1：0.2。

方案 3：堤线根据实地情况布置，堤距范围为 8～23m，设计断面在景观要求较高的河段采用复式断面（下部为直立挡墙，中间设宽 2.8m 的平台，上部为 1：2 的斜坡），其余河段采用梯形断面，梯形断面边坡为 1：0.2。

方案 4：堤线布置与方案 3 相同，断面全部采用梯形断面，边坡为 1：0.2。

四个方案的水利计算成果见表 2.15。

表 2.15　　　　　　　　　不同方案的水利计算成果表

桩号	20 年一遇洪水水位/m			
	方案 1	方案 2	方案 3	方案 4
0+000	200.64	199.85	200.45	200.45
0+124.2	200.33	199.59	200.19	200.19
0+223.5	200.02	199.23	199.79	199.79
0+294.4	199.69	198.83	199.36	199.36
0+402.1	199.51	198.51	198.98	198.78
0+460.4	199.33	198.17	198.65	198.32
0+618.3	199.26	198.06	198.52	198.3
0+697.9	199.03	197.95	198.29	198
0+783.8	198.93	197.71	198.12	197.8
0+928.8	198.35	197.45	197.62	197.46
1+057.3	198.21	197.37	197.27	197.02
1+140.5	197.09	197.01	196.64	196.59
1+245.9	196.84	196.65	196.45	196.43
1+337.6	196.41	196.41	196.12	196.12
1+490.6	195.86	195.86	195.86	195.86

由表 2.15 可知，方案 2 较方案 1 而言，在控制堤距拓宽 2m 后河道水位下降 0.09～0.86m，影响范围在 0～1+000 较大，下游段水位基本无影响，这主要是由于下游段水位受干流影响，拓宽堤距对水位降低作用有限。方案 3 较方案 2 而言，由于 0～700m 堤距缩窄 2m，因此水位上升 0.4～0.6m，下游段水位基本相同。方案 4 与方案 3 的区别主要为河道断面型式不同，梯形断面较复式断面过流面积增大，因此水位下降 0.1～0.3m。

根据上述分析，综合考虑拆迁及周边村镇对水体景观的要求等社会问题，部分断面根据地形及现状土地利用状况，推荐方案 3。

【任务巩固】
【应知】

应知训练

【应会】
1. 某河道现状防洪体系缺乏完整性，存在防洪缺口。个别堤防的堤身断面单薄、堤顶高度不达标、坡面偏陡；堤脚防冲结构薄弱。流域内总体生态环境较好，早年建设的堤防大多以硬质防护为主，生态性差，两岸杂草丛生，亲水性较差；沿线河畔自然风貌较好，乡村旅游与民宿经济的开发，对部分滩地有一定的破坏，需及时修复保护河床。部分滩地因近年来无序的砂石开采行为，导致生物多样性较少，生态系统薄弱。河道沿线生态绿色品位不高，流域水文化、水景观资源丰富，但未形成一个统一明确的总体建设主题，功能定位不够明确，缺少景观节点，对周边区域的生态环境改善、水文化提升、居民生活环境改善及促进经济发展的作用未能充分发挥。根据题干，回答以下问题。

（1）试对该河道现状的问题进行归纳评价。
（2）结合工程现状及社会需求说明该河道治理的重点与难点。
（3）结合以上资料说明本工程治理的主要任务。

2. 对于设计防洪标准为 20 年一遇的河道，其防洪水利计算中需要计算的成果一般有哪些？

3. 某保护区的防洪标准为 100 年一遇，按照流域防洪规划，发生 100 年一遇洪水时，由上游水库工程承担调洪、蓄洪任务，水库下泄流量相当于 30 年一遇洪水的洪峰流量。请问保护区堤防的级别是几级。

答案解析

任务 2.6　堤线布置及堤型选择

【任务目标】
1. 熟悉不同河道断面的特点及适用条件
2. 掌握堤线布置的原则
3. 会堤距设计、堤型选择

导师述典——
莆田木兰陂

2.6.1 堤线布置

堤线布置应根据防洪规划，地形、地质条件，河流变迁，结合现有及拟建建筑物的位置、施工条件、已有工程状况以及征地拆迁、文物保护、行政区划等因素，经技术经济比较后综合分析确定。河口堤防及其他重要堤段的堤线布置应与地区经济社会发展规划相协调，并应分析论证对生态环境和社会经济的影响。必要时应做模型试验。

堤线布置应遵循下列原则：

(1) 河堤堤线应与河势流向相适应，并与大洪水的主流线大致平行。

(2) 堤线应力求平顺，各堤段平缓连接，不得采用折线或急弯。

(3) 堤防工程尽可能利用现有堤防和有利地形，修筑在土质较好、比较稳定的滩岸上，留有适当宽度的滩地，尽可能避开软弱地基、深水地带、古河道、强透水地基。

(4) 堤线应布置在占压耕地、拆迁房屋等建筑物少的地带，避开文物遗址，利于防汛抢险和工程管理。

(5) 湖堤、海堤堤线布置宜避开强风或暴潮正面袭击。

(6) 城市防洪堤的堤线布置应与市政设施相协调。

2.6.2 堤距设计

河流的不同河段，设计洪水量往往有较大的差别，地质、地形、施工条件也不尽相同，因而堤距需要分河段进行设计。

在一定的设计洪水条件下，设计堤距与设计堤高是相互关联的。堤距越近，保护的范围越大，但堤身越高，工程量增加，而且水流流速增大，堤防易于发生险情，险地越长。所以需要比较研究。一般的方法如下：

(1) 假定若干个堤距，根据堤线选择的原则，在河道两岸进行堤线布置。

(2) 根据地形或断面资料，用水力学方法，分别计算设计条件下各控制断面的水位、流速等要素。

(3) 对于多沙河流还需考虑洪水过程中的河床冲淤及各设计水平年的淤积程度。

(4) 分别绘制不同堤距的沿程设计水面线。

(5) 根据规定的超高及计算的水面线，确定设计堤顶高程线。

(6) 根据地形资料和设计的堤防断面，计算工程量。

(7) 比较不同堤距的堤防工程技术经济指标，选定堤高及堤距。

河堤堤距应根据河道的地形、地质条件，水文泥沙特性，河床演变特点，冲淤变化规律，经济社会长远发展、生态环境保护要求和不同堤距的技术经济指标，并综合权衡有关自然因素和社会因素后分析确定。

在确定河堤堤距时，应遵循"宽处不缩窄、窄处要拓宽"的原则，给洪水以出路，处理好行洪、土地开发利用与生态保护的关系。在确保河道行洪安全的前提下，兼顾生态保护、土地开发利用等要求，尽可能保持一定的浅滩宽度和植被空间，为生物的生长发育提供栖息地，发挥河流的自然净化功能。在不设堤防的河段结合林地、湖泊、低洼地、滩涂、沙洲、形成湿地、河湾。建堤的河段可在堤后设置城市休闲广场、公共绿地等，以满足超标准洪水时洪水的淹没。

对于平原河道，一般要求河道上下游宽度大体一致，不允许存在"卡口"；对于山区河道应保留自然弯曲,并保留原来的"卡口"和"宽肚子",即有宽有窄,不允许河宽上下游相等的"管道型"河道堤线布置。对于河道宽处,允许河滩地存在,如有必要,可对高滩地作适当防护。

新建或改建河堤的堤距应根据流域防洪规划分河段确定,上下游、左右岸应统筹兼顾。

受山嘴、矶头或其他建筑物、构筑物等影响,排洪能力明显小于上、下游的窄河段,应采取清除障碍或展宽堤距的措施。

2.6.3 河道断面型式

河道断面按其形成原因可以分为天然河道断面和人工河道断面。

天然河道的纵、横断面,浅滩与深潭相间,高低起伏,呈现多样性和非规则化的形态,是河流生物群落多样性的基础。因此,应尽可能维持断面原有的自然形态和断面型式,尤其是山区河道和平原河道的乡村河段,宜维持天然河道的自然形态和断面型式。对洪、枯季节流量变幅较大、常水位与两岸地面高差较大、河滩开阔的河段,应保持原有的边滩与江心洲,滩地和河流主槽过水断面面积应与流量变幅相适应。

人工河道断面可分为复式、梯形、矩形、双层和混合型断面。

1. 复式断面

如图 2.4 所示,适用于河滩地开阔的山溪性河道。山溪性河道洪水暴涨暴落,汛期和非汛期流量差别较大,对河道断面需求也差别较大。因此,河道断面尽量采用复式断面,主槽与滩地相结合,设置不同高程的亲水平台,充分满足人们亲水的要求,增加人同自然沟通的空间。

复式断面效果图

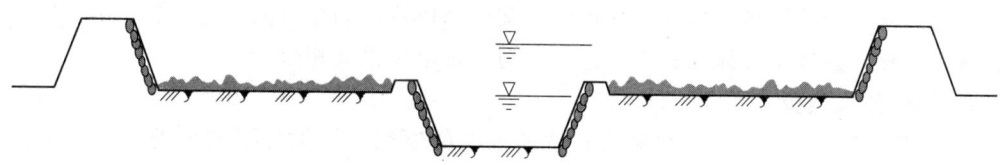

图 2.4 复式断面示意图

2. 梯形断面

如图 2.5 所示,梯形断面相对复式断面占地较少,是农村中小河道常用的断面形式。为防止冲刷,基础可采用混凝土或浆砌石大方脚,一般采用土坡,或常水位以下采用砌石等护坡,常水位以上以草皮护坡。有利于两栖动物的生存繁衍。

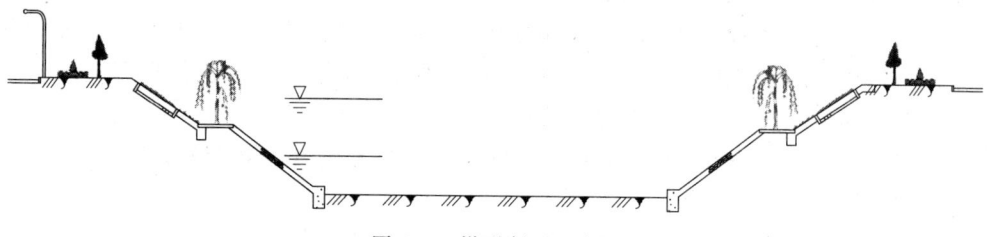

图 2.5 梯形断面示意图

3. 矩形断面

如图 2.6 所示,**城镇等人口密集地**,为节省土地或受地形所限河段常采用此断面。常水位以下采用砌石、块石等护坡，常水位以上以草皮护坡，以增加水生动物的生存空间，有利于堤防保护和生态环境改善。

河道断面型式应按照因地制宜，满足功能要求的原则进行选择，保持河道形态的多样性和与环境的协调性，提供生物种群的适应环境。

梯形断面效果图

矩形断面效果图

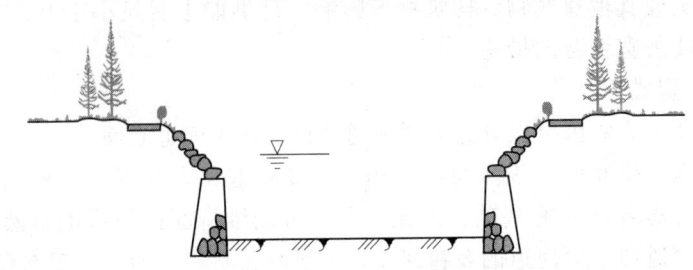

图2.6 矩形断面示意图

采用人工河道或对天然河道断面进行整治时，在满足河道主导功能的前提下，结合土地利用和其他需要，选择合适的河道断面型式，确定断面设计的基本参数，包括主槽河底高程、滩地高程、不同设计水位对应的河宽、水深和过水断面面积等。根据其不同综合功能、设计流量、工程地形、地质情况，确定不同类型的断面形式，宽窄不一，深浅变化。尽量做到河床的非平坦化，采用非规则断面。避免河道断面的规则化和型式的均一化，导致流场的均一化。

乡村河段的人工河道断面，岸坡宜采用梯级分层、路堤结合的方式。城市（镇）河段的人工河道断面型式选择，应注重保护历史文化和体现不同城市的特色风貌，结合城市建设、城市绿化，兼顾市民休闲、近水亲水，与城市沿岸景观相融合。

2.6.4 堤防型式选择

堤防工程的型式应按照因地制宜、就地取材的原则，根据堤段的地理位置、重要程度、堤址地质、筑堤材料、水流及风浪特性、施工条件、运用和管理要求、环境景观、工程造价等因素，经过技术经济比较综合确定。加固、改建、扩建的堤防，应结合原有堤型、筑堤材料等因素选择堤型。同一堤线的各堤段可根据具体条件采用不同的堤型。但不同堤型的接合部易出现质量问题，危及防洪安全，在堤型变换处应做好连接处理，必要时应设过渡段。

堤防型式选择时应考虑以下因素：

（1）必须满足河道的主要功能，并且符合河道定位，与周边环境、历史文化相协调。

（2）应确保现状河势稳定，尽量不破坏河道现有的生态系统，包括现有的植被、滩地，充分利用现有结构，进行适当加固及美化。

（3）应考虑地质、地形条件，采用利于安全稳定，无需地基处理或者少采取地基处理的结构型式，以节省投资。

（4）应注意生态性、亲水性、休闲性、美观性，并且要多样化、立体化、结合河道周边环境创造一河多景，尽量避免型式单一。尽量采用当地材料和缓坡，重视生态价值，绿岸清水，为植被生长创造条件，保护河流的侧向连通性。

（5）应考虑政策处理、工程造价、交通要求以及运行维护管理等方面的因素。

我国江河、湖、海的防洪堤防大多采用土堤或土石混合堤。土堤具有就近取材、便于施工、能适应堤基变形、便于加修改建、投资较少等特点，因此，在堤防设计中被作为首选堤型。就堤型结构来看，目前我国多数堤防采用均质土堤，但是它体积大、占地多，易受水流、风浪破坏，因而有一些重要海堤和城镇防洪堤，采用了其他堤型。

2.6.5 根据基础资料进行堤线布置及堤型选择的工程案例

基础资料详见第 2.4.5 节。

2.6.5.1 堤线布置

1. 工程总体布置原则

(1) 工程布置符合相关规划要求，基本以沿现状岸线布置堤岸。

(2) 尊重河流自然走势，充分利用现有河岸线，保持河流的自然风貌，总体走向与现有溪流基本一致。

(3) 岸线布置与相关规划、道路规划及巡查通道建设有机结合，充分尊重现状岸线走向，满足防洪规划要求，尽量不人为改变河势，并要做好两岸堤防与现状道路、巡查通道、堰坝、桥梁等交叉建筑物的衔接。

(4) 以人为本、可持续发展的设计原则。本工程的布置秉持人与自然和谐相处的设计理念，通过建设生态护岸，恢复和强化河道综合功能，改善水质，美化滨水环境，在满足河道功能和稳定安全前提下，尽可能为区域的综合发展提供有利的环境空间，以适应当地社会经济可持续发展的要求。

2. 堤线布置技术要求

(1) 通过投资比较，体现经济性。

(2) 施工难易程度，要满足施工要求。

(3) 工程占地，尽可能减少政策处理。

(4) 运行管理，管理更加方便。

(5) 其他。如抵抗超标准涝水能力、调蓄区作用等。

2.6.5.2 堤型选择

1. 堤防基本断面型式比选

堤防设计断面受地形、地质、水流条件、周围环境等多种条件因素的影响，并与安全、生态、景观、亲水、水文化等各河道功能定位的重要程度有关，不同的功能定位对河道断面的要求有所不同。综合分析工程现状条件及建设目标要求，对目前常用堤防断面的基本形式进行比选，主要包括自然断面、人工非规则断面、直立式断面、斜坡式断面及复式断面。结合河道建设的要求，对各种断面型式的优缺点及适用条件进行比较分析如下。

(1) 自然断面。自然断面是指经过人为工程措施治理过的自然稳定的河道断面。部分河道岸坡自然生态条件较好，并且能够满足河道安全等要求的，可保留河道原有护岸，即自然断面，仅对河道进行疏浚或局部加固等治理措施。

(2) 斜坡式断面。梯形断面河道多为单斜坡的护坡结构，护坡坡比根据地形条件及稳定要求变化，护坡材料及结构型式根据防冲及生态景观要求可选用不同的材料。该断面型式的优缺点分析如下：

1) 岸坡整体稳定性较好，生态性和景观性都较好。

2) 就本工程而言，原始堤防断面基本为斜坡式断面，斜坡式断面可以很好地与原断面形式相结合，其开挖和回填工程量都较小，可节约一定的工程量。

3) 护坡结构可直接在开挖边坡设置，施工难度小，工程量少，投资省。

4) 河岸坡占地较多，相同河宽的过水断面较小。

斜坡式断面主要适用于河道宽阔，堤岸范围广，空间足够的河段。

（3）直立式断面。直立式（矩形）断面是早期河道治理中较常见的断面型式，因地形条件因素或考虑河道安全等因素，河道护岸多为直立或接近直立的挡墙结构。该断面型式的优缺点分析：

1) 堤防减小了迎水面的岸坡占地，用地节约。

2) 一般采用砌石或混凝土挡墙护面，堤防的防护性和安全性也较高。

3) 同等河道断面条件下，过水断面大。

4) 人为隔离开河岸与河道直接的水、气连接，虽可采用生态砌块挡墙等改善其生态性，但总体而言，生态性差。

5) 防护的挡墙较高，工程量大，投资高。

直立式断面适用于用地紧张、空间狭小、河岸紧邻河道深槽的河段。

（4）复式断面。复式河道断面可主要分为上直下斜、上斜下直、双斜坡、双直立小挡墙等多种形式。其优缺点介于矩形断面与梯形断面两者之间，其占地和生态性都介于两者之间。对堤岸范围广、空间足够的河道可采用上斜下直的断面型式，在保证良好的生态性的同时，保证过水断面；对用地紧张、空间狭小的河段可采用上直下斜的断面型式，减小河岸占地和挡墙高度，降低工程投资，提高河道生态性，其适用范围广，适用性强。

根据对上述堤防基本断面型式的分析，堤防断面设计中，在满足河道功能的前提下，根据现状堤岸实际条件，尽量尊重自然，选用自然多样的断面型式，优先选用自然断面、复式断面及斜坡式断面，避免设计断面过于单一。另外，堤防断面还应结合土地利用和其他需要，注重保护历史文化和体现当地的特色风貌，因地制宜，结合城乡统筹，乡镇（街道）建设，实现休闲、娱乐、亲水相融合。河道断面较宽，水位变幅较大时，可结合景观、亲水要求考虑对河滩地的利用。

【任务巩固】

【应知】

应知训练

【应会】

某河道现状河宽约 65m，部分河段宽度 110m，沿线河畔自然风貌较好。根据该河道所在县的河道规划等相关报告，该河道的规划堤距为 80m。根据设计成果显示，该河道堤线布置沿现状河岸进行布置；其现状河段较宽的滩地段现被乡村旅游与民宿经济的开发属违章占用，此段堤距按 80cm 进行控制。河道治理工程区用地紧张、空间狭小，城镇规划布置亲水性采用亲水平台方案。根据题干，回答以下问题。

（1）堤线布置技术要求主要有哪些？

（2）根据以上已知材料说明该河道堤线布置的不妥之处并说明理由。

（3）河道治理工程中常用断面型式有哪几种，适合该工程的推荐断面为哪种型式？

答案解析

任务 2.7　堤身结构设计

【任务目标】

1. 熟悉堤身结构设计的原则与内容
2. 掌握筑堤材料的性能要求及填筑标准
3. 会堤顶结构、堤坡、防渗排水设施的设计
4. 会堤顶高程的计算
5. 会渗流分析及渗透稳定计算
6. 会堤防抗滑稳定计算和沉降量计算

导师述典——钱塘江海塘古建筑

2.7.1　堤身结构设计的原则和内容

堤身一般是指临、背水堤脚线之间地面以上修建的挡水体，其高度一般应从清基后的原地面算起。我国堤防工程堤身高度一般为 5~10m，最高者 15m 左右。

堤身设计总的原则是经济实用、就地取材，便于施工，并应满足防汛和管理要求。设计时应根据堤基条件、筑堤材料及运行要求逐段进行，且堤身各部位的结构与尺寸，应经过稳定计算和技术经济比较后确定。

土堤堤身结构设计包括堤身断面布置、填筑标准、堤顶高程、堤顶结构、堤坡与戗台、护坡与坡面排水、防渗与排水设施等。防洪墙设计应包括墙身结构型式、墙顶高程和基础轮廓尺寸及防渗、排水设施等。

通过古河道、堤防决口堵复、海堤港汊堵口等地段的堤身断面，应根据水流、堤基、施工方法及筑堤材料等条件，结合各地的实践经验，经专门研究后确定。

2.7.2　筑堤材料及填筑标准

1. 筑堤材料

我国的堤防工程大部分为土堤，少部分为土石复合堤，城镇防洪还有混凝土防洪墙，故筑堤材料主要是土料，其次是在复合堤的砌石墙、防浪墙、块石护坡用的石料，及护坡垫层或复合堤过渡层用的砂砾料。应优先考虑就地取材，在选择时材料的质量应符合下列规定：

（1）土料。均质土堤的土料宜选用黏粒含量为 10%~35%、塑性指数为 7~20 的黏性土，且不得含植物根茎、砖瓦垃圾等杂质；填筑土料含水率与最优含水率的允许偏差为±3%；铺盖、心墙、斜墙等防渗体宜选用防渗性能好的土料；堤后盖重宜选用砂性土。

（2）石料。砌墙及护坡的石料料应质地坚硬，冻融损失率小于1%；石料外形应规整，边长比直小于4；护坡石料粒径应满足抗冲要求，填筑石料最大粒径应满足施工要求。

（3）砂砾料。垫层和反滤层的砂砾料宜为连续级配、耐风化、水稳定性好。砂砾料用于反滤时含泥量宜小于10%。

淤泥类土、天然含水率不符合要求或黏粒含量过多的黏土、冻土块、杂填土，稳定性差的膨胀土、分散性土等不宜作为堤身填筑土料，当需要时，应采取相应的处理措施。

2. 填筑标准

黏性土土堤的填筑标准应按压实度［计算公式见式（2.8）］确定，压实度值应符合：1级堤防不应小于0.95；2级和堤身高度不低于6m的3级堤防不应小于0.93；堤身高度低于6m的3级及3级以下堤防不应小于0.91。

$$P_{ds}=\frac{\rho_{ds}}{\rho_{d,\max}} \tag{2.8}$$

式中 P_{ds}——设计压实度；

ρ_{ds}——设计压实干密度，kN/m^3；

$\rho_{d,\max}$——标准击实试验最大干密度，kN/m^3。

无黏性土土堤的填筑标准应按相对密度［计算公式见式（2.9）］确定，1级、2级和堤身高度不低于6m的3级堤防不应小于0.65；堤身高度低于6m的3级及3级以下堤防不应小于0.60。有抗震要求的堤防应按照国家现行标准《水工建筑物抗震设计标准》（GB 512247—2018）的有关规定执行。

$$D_{r,ds}=\frac{e_{\max}-e_{ds}}{e_{\max}-e_{\min}} \tag{2.9}$$

式中 $D_{r,ds}$——设计压实相对密度；

e_{ds}——设计压实孔隙比；

$e_{\max}$、$e_{\min}$——试验最大、最小孔隙比。

用石渣料作堤身填料时，其固体体积率宜大于76%，相对孔隙率不宜大于24%。

堵口堵复、港汊堵口、水中筑堤、软弱堤基上的土堤，设计填筑密度应根据采用的施工方法、土料性质等条件并结合已建成的类似堤防工程的填筑密度分析确定。

2.7.3 堤顶高程设计

堤顶高程应按设计洪水位或设计高潮位加堤顶安全超高值确定。设计洪水位应按现行行业标准《水利工程水利计算规范》（SL 104—2015）的有关规定计算。设计高潮位应按《堤防工程设计规范》（GB 50286—2013）附录B计算。当土堤临水侧堤肩设有稳定、坚固的防浪墙时，应以设计高水位或设计高潮位加堤顶超高的高程值作为防浪墙顶部高程，但土堤顶面高程应高出设计高水位0.5m以上。

堤顶超高值可按式（2.10）计算确定，一般不宜大于1.0m。

$$Y=R+e+A \tag{2.10}$$

式中 Y——堤顶超高，m；

R——设计波浪爬高值，m，可参照《堤防工程设计规范》（GB 50286—2013）附录C计算确定；

e——设计风壅水面高度，m，可参照《堤防工程设计规范》（GB 50286—2013）附录C计算确定；对于海堤，当设计高潮位中包括风壅增水高度时，不另外计算；

A——安全加高，m，可按表2.16确定。

表2.16　　　　　　　　　　　堤防工程的安全加高值

	堤防工程的级别	1	2	3	4	5
安全加高值/m	不允许越浪的堤防工程	1.0	0.8	0.7	0.6	0.5
	允许越浪的堤防工程	0.5	0.4	0.4	0.3	0.3

土堤应预留沉降值。沉降量可根据堤基地质、堤身土质及填筑密实度等因素分析确定，宜取堤身高的3%～5%。当有下列情况之一时，应专门进行沉降量计算：

(1) 土堤高度大于10m。

(2) 堤基为软弱土层。

(3) 因筑堤材料、施工条件等限制而导致压实度较低的土堤。

护岸顶高程应按设计洪水位加0.2～0.5m超高确定。通航河道的护岸顶高程不宜低于最高通航水位加0.8～1.5倍船行波高。

堤顶高程设计中，还应注意以下几点：

(1) 对设计洪水位由潮水控制的河段，防洪标准、堤防与护岸工程的级别、堤顶高程的确定、堤防和护岸工程的结构设计、堤顶宽度可以参照海塘工程的有关技术规定。

(2) 对于设计洪水位由洪水控制的河段，堤防和护岸工程的结构设计、堤顶宽度应按照《堤防工程设计规范》（GB 50286—2013）的规定执行。防洪标准应按照《防洪标准》（GB 50201—2014）和《城市防洪工程设计规范》（GB/T 50805—2012）执行，同时应考虑工程范围内规划的涉水建设工程项目对设计洪水位的影响。

(3) 对地下水超采区，在确定堤顶高程时应考虑地面沉降的影响。

(4) 对达到设计洪水位时仍有通航要求的河道，其堤顶高程的确定还应考虑船行波的影响。

(5) 在平原河网地区，堤顶高程的确定还应考虑圩区建设等工程对洪水位的影响。

2.7.4　堤顶结构设计

堤顶宽度应根据防汛、管理、施工、构造及其他要求确定，1级堤防不宜小于8m；2级堤防不宜小于6m；3级及以下堤防不宜小于3m。

根据防汛交通、存放料物等需要，应在堤顶设计宽度以外设置回车场、避车道、存料场，其具体布置及尺寸可根据需要确定。

堤顶结构图

根据防汛、管理和群众生产的需要，应设置上堤坡道。上堤坡道的位置、坡度、顶宽、结构等可根据需要确定。临水侧坡道，宜顺水流方向布置。

堤顶路面结构，应根据防汛、管理的要求，并结合堤身土质、气象等条件进行选择。

钱塘江大堤的反弧曲临水面

堤顶路面作为管理和防汛交通道路使用，我国各地一般情况是：黏性土堤路面铺砂石；砂性土或砂壤土路面要求覆盖黏性土，防止风雨剥蚀和流失。重要的堤段，可建沥青或混凝土路面，但要考虑堤防加高、扩建的可能性和技术措施。

堤顶应向一侧或两侧倾斜，坡度宜采用2%~3%。

因受筑堤土源及场地的限制，可修建防浪墙。防浪墙可采用浆砌石、混凝土等结构形式。防浪墙净高不宜超1.2m，埋置深度应满足稳定和抗冻要求。风浪大的海堤、湖堤的防浪墙临水侧可做成反弧曲面。防浪墙应设置变形缝，并应进行强度和稳定性核算。

【例2.1】 根据基础资料进行堤顶高程设计。

基础资料详见第2.4.5节。

根据《防洪标准》（GB 50201—2014）、《城市防洪工程设计规范》（GB/T 50805—2012）及《堤防工程设计规范》（GB 50286—2013）规定，结合项目区的实际情况，按防洪堤保护范围的大小、人口的多少和城市的重要性，以及遭受洪灾后损失程度，确定本次工程等别为Ⅴ等，工程区流域乡镇防洪标准为20年一遇；村庄防洪标准为10年一遇。

根据《堤防工程设计规范》（GB 50286—2013），堤顶超高值可按式（2.10）计算确定。为此，需先计算波浪要素，可按莆田试验站公式计算。

$$\frac{g\overline{h}}{V^2}=0.13\text{th}\left[0.7\left(\frac{gd}{V^2}\right)^{0.7}\right]\text{th}\left[\frac{0.0018\left(\frac{gF}{V^2}\right)^{0.45}}{0.13\text{th}\left[0.7\left(\frac{gd}{V^2}\right)^{0.7}\right]}\right]$$

$$\frac{g\overline{T}}{V}=13.9\left(\frac{g\overline{h}}{V^2}\right)^{0.5}$$

$$L=\frac{g\overline{T^2}}{2\pi}\text{th}\left(\frac{2\pi d}{L}\right)$$

式中　g——重力加速度，m/s^2；
　　　V——设计风速，m/s；
　　　F——风区长度，km；
　　　d——风区平均水深，m；
　　　$\overline{h}$——平均波高，m；
　　　$\overline{T}$——平均周期，s；
　　　L——平均波长。

1. 波浪爬高

设计爬高按单斜坡堤防计算：

$$R=\frac{K_\Delta K_v K_p}{\sqrt{1+m^2}}\sqrt{\overline{H}L}$$

式中　R——波浪爬高，m；
　　　K_Δ——与护面结构型式有关的斜坡糙率及渗透性系数；
　　　K_v——与风速v及水深有关的经验系数；

K_p——爬高累计频率换算系数；

m——斜坡坡率；

$\overline{H}$——设计平均波高，m；

L——堤前波浪波长，m。

经计算，$R_{5\%}=0.40\sim0.46\text{m}$，取值 0.5m。

2. 设计风壅增水高度 e

$$e=\frac{KV^2F}{2gd}\cos\beta$$

式中 K——综合摩阻系数，计算取值 $K=3.6\times10^{-6}$；

β——风向与坝轴线法线方向夹角，(°)，取 $\beta=0°$。

经计算 e 皆小于 0.003m，忽略不计。

3. 安全超高 A

防洪堤的等级为 4 级，按允许越浪考虑，查表 2.16 取 0.3m。

选取 0+000、0+294.4、0+460.4、1+057.3、1+490.6 五个典型断面进行堤顶超高设计计算，成果见表 2.17。

表 2.17　　　　　　　　五个典型断面的堤顶超高设计计算成果表

断面号	桩号	洪水标准	计算风区长度/km	波浪爬高+风壅高度/m	安全超高 A/m	计算堤顶超高/m	设计堤顶超高/m
1	0+000	5%	100	0.394	0.3	0.69	0.70
2	0+294.4	5%	170	0.440	0.3	0.74	0.80
3	0+460.4	5%	150	0.443	0.3	0.74	0.80
4	1+057.3	5%	130	0.431	0.3	0.73	0.80
5	1+490.6	5%	200	0.505	0.3	0.81	0.85

堤顶高程设计的原则：对于现状堤顶高程高于计算堤顶高程的，设计时按照不降低现状堤顶高程并考虑节约投资、上下游顺接的原则，确定设计堤顶高程；对于局部现状堤顶高程不满足计算堤顶高程要求的堤段进行加高处理。五个典型断面的堤顶高程设计成果见表 2.18。

表 2.18　　　　　　　　五个典型断面的堤顶高程设计成果表

断面号	桩号	设计洪水位(5%)/m	计算堤顶高程/m	现状堤顶高程/m	设计堤顶高程/m	设计堤顶加高/m
1	0+000	200.45	201.15	201.70	201.70	按现状
2	0+294.4	199.36	200.16	199.52	200.16	加高 0.64
3	0+460.4	198.65	199.45	198.30	199.45	加高 1.15
4	1+057.3	197.27	198.07	197.72	198.07	加高 0.35
5	1+490.6	197.02	197.87	197.02	198.87	加高 0.85

2.7.5 堤坡与戗台设计

堤坡应根据堤防等级、堤身结构、堤基、筑堤土质、风浪情况、护坡型式、堤高、施工及运用条件，经稳定计算确定。堤坡一般为1：3.0～1：2.5。1级、2级土堤的堤坡不宜陡于1：3。

戗台是为适应堤防施工、观测、检修和交通的需要而在堤坡适当部位设置的具有一定宽度的平台。一般在堤高超过6m时，在背水侧设置戗台（图2.7），一般在堤顶以下2～3m以下设置戗台。戗台的宽度不宜小于1.5m。

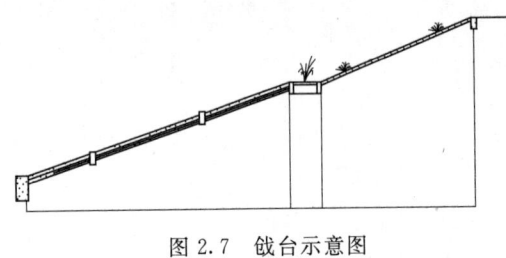

图2.7 戗台示意图

风浪大的堤段临水侧宜设置消浪平台，其宽度可为设计浪高的1～2倍，且不宜小于3m。消浪平台应采用浆砌大块石、竖砌条石、混凝土等进行防护。

2.7.6 护坡与坡面设计

1. 护坡的结构与构造

护坡的结构型式应安全实用、便于施工和维护。对不同堤段或同一坡面的不同部位可选用不同的护坡型式。

临水侧护坡的型式应根据风浪大小、近堤水流、潮流情况，结合堤防级别、堤高、堤身与堤基土质等因素确定。通航河流船行波作用较强烈的堤段应分析船行波的作用和影响。背水侧护坡的型式应根据当地的暴雨强度、越浪要求，并结合堤高和土质情况确定。土堤堤坡宜采用草皮等生态护坡；受水流冲刷或风浪作用强烈的堤段，临水侧坡面可采用砌石、混凝土等护坡型式。

护坡的结构尺寸可按《堤防工程设计规范》（GB 50286—2013）附录D进行计算。高度低于3m的堤防，其护坡结构尺寸可按已建同类堤防选定。

砌石、混凝土等护坡与土体之间应设置垫层。垫层可采用砂、砾石或碎石、石渣和土工织物，砂石垫层厚度不应小于0.1m。风浪大的堤段的护坡垫层可适当加厚。

砌石、混凝土护坡在堤脚、戗台或消浪平台两侧或改变坡度处，均应设置基座，堤脚处基座埋深不宜小于0.5m，护坡与堤顶相交处应牢固封顶，封顶宽度可为0.5～1.0m。

浆砌石、混凝土等护坡应设置排水孔，孔径可为50～100mm，孔距可为2～3m，宜呈梅花形布置。浆砌石、混凝土护坡应设置变形缝。

砌石与混凝土护坡在堤脚、戗台或消浪平台两侧或改变坡度处，均应设置基座，堤脚处基座埋深不宜小于0.5m，护坡与堤顶相交处应牢固封顶，封顶宽度可为0.5～1.0m。

2. 坡面排水

高于6m的土堤受雨水冲刷严重时，宜在堤顶、堤坡、堤脚以及堤坡与山坡或其他建筑物结合部设置排水设施。

平行堤轴线的排水沟可设在戗台内侧或近堤脚处。坡面竖向排水沟可每隔50～100m设置一条，并应与平行堤轴向的排水沟连通。排水沟可采用预制混凝土或块石砌筑，其尺寸与底坡坡度应由计算或结合已有工程的经验确定。

【例2.2】 根据基础资料进行护坡及坝面排水设计。

基础资料详见2.4.5节。

任务2.7 堤身结构设计

河道治理设计应在安全、可靠的前提下,充分考虑河道的多样性、生态性等自然属性,注重保持和营造河道的自然状态,保护、创造和维持多样的生物生存环境。在护坡材料和方式的选择上,尽可能地采用生态材料和措施进行保护。

本工程河道为山区性河道,流速相对较大(沿线最大流速可达 3~4m/s),洪水期水位涨落起伏较大,但高水位延续时间短。结合本工程实际情况,并根据《浙江省河道建设标准》(DB33/T 614—2006)和当地工程经验,选取干(浆)砌块石护坡、生态格网护垫(土工格栅)、雷诺护垫、加筋麦克垫护坡、缓坡植物护坡混凝土框格护坡、预制混凝土连锁块护坡等多种护岸材料进行比选。

(1)干(浆)砌块石护坡。常见的护坡型式,利用块石整体较重的重量达到护坡抗冲刷的作用。与浆砌石相比,干砌石的石块砌筑缝隙保证了水体与土体间的连通,与浆砌块石护坡相比更加生态,且造价低,施工工艺传统,简单易行,施工质量容易控制。缺点是其生态景观性较差。

(2)生态格网护垫(土工格栅)。利用土工格栅网垫材料将松散的卵石等材料形成一个整体进行坡面防护,其上覆盖种植土种植植物,植物根系与护垫相互缠绕,抗冲能力强,坡面生态效果好。

(3)雷诺护垫。利用网垫材料将松散的卵石等材料形成一个整体进行坡面防护,填料可就地取材、抗冲刷能力强,由于充填物颗粒小,孔隙大,在运行中容易淤积泥土,达到植物生长的目的。

(4)加筋麦克垫护坡。用于植草固土用的一种三维结构的似丝瓜网络样的网垫,质地疏松、柔韧,留有90%的空间可充填土壤、砂砾和细石,植物根系可以穿过其间舒适、整齐、均衡的生长,长成后的草皮使网垫、草皮、泥土表面牢固地结合在一起,但耐久性和抗冲刷性能较弱。

(5)缓坡植物护坡。充分利用现状地形条件进行地形重塑,营造自然生态的缓坡,坡面铺设种植土种植植物绿化。其造价较低,施工速度快,自然生态;但其相对抗冲能力较弱,适用于缓坡和水流流态简单的高水位区。

(6)混凝土框格护坡。采用在堤坡面上设置混凝土框格梁进行坡面加固,增强坡面固土及防冲能力,混凝土框格梁常采用矩形或菱形布置,框格内可种植植物绿化,因绿化范围受框格大小的限制,其护面的生态性、景观性相对不如植物护坡,但其抗冲性能比纯植物护坡强。

各种护坡型式

(7)预制混凝土连锁块护坡。预制连锁块护坡取材方便,抗冲流速大,且植物可在预制连锁块的空心孔洞位置生长,但受孔洞尺寸的约束,其护面景观性相对较差。

各种护坡方案优缺点比较分析,见表2.19。

根据以上比选,因工程治理范围较大,各条河流的形态、流速、现状植被条件等都有所不同,本次设计根据不同河段的情况采用多种不同的护坡结构。

本工程堤防护坡方案以植物护坡为主,在保留现状岸坡植被的基础上,根据地形调整进行岸坡整理及地形重塑后补种植物绿化,局部顶冲及深槽河段采用雷诺护垫结构,增强护面结构的防冲安全性,上覆盖50cm厚耕植土进行植物绿化,并设置M10浆砌块石格

表 2.19 各种护坡方案优缺点比较分析表

护坡方案	优 点	缺 点	参考价格（时价）/(元/m²)
干（浆）砌块石	投资较经济，工艺相对较简单，抗冲能力较强，可根据抗冲要求选择调整块体大小	生态景观性差，合格的砌筑工人少，对块石开采要求高	干砌：50，浆砌：75（厚40cm）
生态格网垫护坡（土工格栅）	填料可就地取材、抗冲刷能力强，抗冲流速可达 3.5~5.0m/s	造价相对较高	117（厚30cm）
雷诺护垫	填料可就地取材、抗冲刷能力强、造价相对经济	造价相对较高	116.74
加筋麦克垫	单层网面结构、施工便捷，造价相对经济	造价较高、耐久性和抗冲刷性能较弱	111
缓坡植物护坡	造价最低，施工速度快，自然生态	抗冲能力相对弱，适用于缓坡和水流流态简单的河段	25
混凝土框格护坡	造价较低，可调整框格大小及平面形态，生态性较好	框格施工相对复杂，抗冲能力相对植物护坡好	60
预制混凝土连锁块护坡	施工方便，抗冲能力相对强	坡面较平整，形态单一，生态性景观性相对差	150

埂，确保堤防的生态性和景观性（"土包金"形式）。植物护坡在保留现状河岸树木的基础上，补种灌木和草本植物为主，避免了草皮绿化的单一性。由于草本植物生长速度快，护面结构初期即可形成一定的抗冲刷能力，以保护种植土层；同时草本植物作为原生植物，可为低矮灌木和小乔木的生长创造有利的生境条件，当度过一个汛期后，植物经一定时间的生长达到基本郁闭状态时，可提高护坡结构的防冲能力，可实现堤防护坡安全与生态的有效结合。

2.7.7 防渗与排水设计

土堤防渗排水设计的主要目的在于控制渗透比降，不发生渗透变形，确保堤身和堤基的渗透稳定。

2.7.7.1 渗流及渗透稳定计算

1. 渗流及渗透稳定计算的目的

渗流及渗透稳定计算的目的是，计算求得渗流场内的水头、压力、比降、渗流量等水力要素，进行渗透稳定分析，作为选择经济合理的防渗、排水设计方案或加固补强方案的依据。对于渗流量，只要不影响安全，一般无特别要求。

2. 渗流计算的内容

渗流计算应选取具有代表性的断面进行计算，计算内容应符合下列规定：

（1）设计洪水位或设计高潮持续时间内浸润线的位置，当在背水侧堤坡逸出时，应计算出逸点的位置、逸出段与背水侧堤基表面的出逸比降。

（2）当堤身、堤基土渗透系数 $K \geq 10^{-3}$ cm/s 时，应计算渗流量。

（3）洪水或潮水水位降落时临水侧堤身内的自由水位。

3. 渗流计算的水位组合

河、湖的堤防渗流计算应计算下列水位的组合：

(1) 临水侧为设计洪水位,背水侧为相应水位。
(2) 临水侧为设计洪水位,背水侧为低水位或无水。
(3) 洪水降落时对临水侧堤坡稳定最不利的情况。

感潮河流河口段的堤防渗流计算应计算下列水位的组合:
(1) 以设计潮水位或台风期大潮平均高潮位作为临海侧水位,背海侧水位为相应的水位、低位或无水等情况。
(2) 以大潮平均高潮位计算渗流浸润线。
(3) 以平均潮位计算渗流量。
(4) 潮位降落时对临侧堤坡稳定最不利的情况。

4. 渗流计算时对复杂地基的简化

进行渗流计算时,对比较复杂的地基情况可作适当简化:
(1) 对于渗透系数相差 5 倍以内的相邻薄土层可视为一层,采用加权平均的渗透系数作为计算依据。
(2) 双层结构地基,当下卧土层的渗透系数比上层土层的渗透系数小 10^{-2} 及以上时,可将下卧土层视为不透水层,表层为弱透水层时,可按双层地基计算。
(3) 当直接与堤底连接的地基土层的渗透系数大于堤身的渗透系数 100 倍及以上时,可视为堤身不透水,可仅对堤基进行渗流计算。

5. 渗流计算方法

堤防渗流常用的方法有水力学解析法和数值计算法两种。水力学解析法的计算公式见《堤防工程设计规范》(GB 50286—2013)附录 E 渗流计算部分,数值计算法可采用相关的有限元渗流分析软件。

对一般季节性中小型河堤和海堤,挡水时间比较短暂,不一定能形成稳定的渗流浸润线,宜按照不稳定渗流计算。

6. 渗透稳定分析

堤防渗透稳定分析包括局部渗透稳定性和整体稳定性两个方面。

堤防局部渗透稳定性分析主要是判别背水侧堤坡及地基表面逸出段的渗流比降是否小于允许渗透比降;当出逸比降大于允许渗透比降,应设置反滤层、压重等保护措施,以防止出现管涌或流土等渗透变形。

允许渗透比降由土的临界比降值除以安全系数确定,土的临界比降值可根据土工试验确定,无黏性土的安全系数应为 1.5～2.0,黏性土的安全系数不应小于 2.0,无试验资料时,无黏性土的允许渗透比降可按表 2.20 选用,有滤层时可适当提高。特别重要的堤段,其允许水力比降应根据试验的临界比降确定。

表 2.20 无黏性土的允许渗透比降

渗透变形型式	流 土 型			过渡型	管 涌 型	
	$Cu<3$	$3 \leqslant Cu \leqslant 5$	$Cu>5$		级配连续	级配不连续
允许比降	0.25～0.35	0.35～0.50	0.50～0.80	0.25～0.40	0.15～0.25	0.10～0.15

注 Cu 为土的不均匀系数。

土的渗透变形类型的判定，应按现行国家标准《水利水电工程地质勘察规范》(GB 50487—2008) 的有关规定执行。

堤防整体渗透稳定性分析主要是判别堤身和堤基在渗流作用下的抗滑稳定性。

2.7.7.2 防渗与排水设施

堤身一般尽可能选取均质断面，只有当筑堤土料渗透性较强，不能满足渗流稳定要求时，才考虑设防渗与排水设施。渗流控制的基本准则是"防渗和排渗相结合，反滤层保护渗流出口"。防渗与排水设施主要包括防渗设施、反滤设施和排渗设施。堤身的防渗与排水体的布设应与堤基防渗与排水设施统筹布置，并应使堤身防渗和堤基防渗紧密结合。

1. 防渗设施

防渗设施主要起到延长渗径，减小渗流出口渗透比降的作用。防渗设施的选用需结合堤基地质条件、地形条件以及渗透破坏危害程度等进行综合考虑，通过技术、经济和施工可行性比较确定。堤身防渗常用的有黏土、混凝土、沥青混凝土、复合土工膜等；堤基防渗常用的有水平铺盖、混凝土防渗墙、帷幕灌浆、模袋混凝土等。

堤身的防渗体应满足渗透稳定以及施工与构造的要求。防渗体的顶部应高出设计水位 0.5m。土质防渗体的断面应自上而下逐渐加厚。顶部的水平宽度不宜小于 1m，底部厚度不宜小于堤前设计水深的 1/4。土质防渗体的顶部和斜墙的临水侧应设置保护层。保护层的厚度不应小于当地冻结深度。采用土工膜作为堤身防渗材料时，可用斜向或垂直铺塑形式，土工膜与土工织物的使用应符合现行国家标准《土工合成材料应用技术规范》(GB/T 50290—2014) 的有关规定。

2. 反滤设施

堤身和堤基的渗透安全主要取决于渗流出口的渗透稳定性。反滤层的设置实际上是提高了土的抗渗强度并将渗流出口移至无压的反滤层中，只要渗流出口不产生渗透破坏，堤防的渗透稳定就可以保证。因此，反滤层保护渗流出口比单纯的防渗更直接、更有效。对反滤层的基本要求为：①满足一定的级配要求，避免因被保护料流失而影响结构稳定；②应具有足够的透水性，以满足可以排水的要求，滤层材料可采用砂、砾料或土工织物等材料。反滤层一般由 1~3 层不同粒径的非黏性土铺筑而成，其粒径要随渗流方向而逐渐增大，层面与渗流方向基本垂直。

3. 排渗设施

当堤身浸润线很低和堤身背水侧无水时，可采用贴坡排水。贴坡排水构造简单、节省材料、便于维修，但不能降低浸润线。当堤身背水侧有水时，可采用棱体排水。棱体排水可降低浸润线，防止渗透变形；但石料用量较大、费用较高，检修也较困难。此外，常见的排渗设施有设在背水坡堤脚排水沟和压渗盖重，及深入背水坡脚或贴坡滤层。排水沟设施是利用背水坡堤脚开挖排水沟，以消减承压水，在沟与堤基间需铺设反滤，再回填卵石块石。对排水沟的要求最重要的是不被管涌土淤堵，保持有足够的输水能力以便将水顺利地排走，不致产生水头的过多增长，而带来发生渗透破坏的危险。压渗盖重是利用自身的有效重量来平衡渗透水压力，从而避免地基管涌和流土发生，通常采用砂性土填筑。当地基中存在砂层透镜体时，盖重还可以增强砂层抗液化能力。

砂、砾石排水体的厚度或顶宽不宜小于 1m。堤身采用贴坡排水时，排水体的顶部应高出浸润线出逸点 0.5~1.0m。

【例 2.3】 根据基础资料进行防渗排水设计。

某河道的堤基土质结构从整体上可划分为双层结构和多层结构两类，其中双层结构类又可分两个亚类：

(1) 上薄层黏性土，下部砂性土类Ⅰ1，上部黏性土厚度一般 1~4m，下部砂性土层较厚，地基抗冲及抗渗性能均较差，汛期易发生管涌、渗漏险情，桩号为 2+998~3+450、3+900~5+265。

(2) 上厚层黏性土，下部砂性土类Ⅰ2，地基上部黏性土厚度大于 4m，下部为砂性土层，在上覆黏性土层未破坏时，地基抗渗性能较好，桩号为 3+450~3+900。

根据对地质报告的成果分析，该河道现状堤防存在堤身渗漏、堤基渗透稳定问题，具体为：2+998~3+450、3+900~4+000 堤段存在堤基渗透稳定问题；4+000~5+265 堤段存在堤身渗漏与堤基渗透稳定问题。

为此，在堤防断面设计中要统筹考虑防洪工程建设、城区环境等要求，对堤身渗漏、堤基存在渗透稳定问题堤段进行防渗处理。

1. 渗流计算

(1) 渗透变形类型判别。采用《水利水电工程地质勘察规范》(GB 50487—2008) 附录 G 的计算方法。计算判别公式为

流土： $$P_c \geq \frac{1}{4(1-n)} \times 100$$

管涌： $$P_c < \frac{1}{4(1-n)} \times 100$$

式中 n——土的孔隙率，%，据地质报告，该河道双层地基上覆盖层为中粉质壤土，孔隙比 $e=0.7670$，孔隙率 n 按 0.45 计算；

P_c——土的细粒含量，%，根据对 DY5-3、DM5-2 土号颗粒分析曲线（图 2.8）分析，工程区分布的中粉质壤土为不连续级配土，根据《水利水电工程地质勘察规范》(GB 50487—2008) 确定细粒含量 P_c 在 70%~80%之间。

则 $$\frac{1}{4(1-n)} \times 100 = \frac{1}{4(1-0.45)} \times 100 = 45 < P_c = 70 \sim 80$$

由此，判定该河道双层地基上中粉质壤土覆盖层渗透破坏类型为流土。

(2) 允许比降计算。根据《水利水电工程地质勘察规范》(GB 50487—2008) 和《碾压式土石坝设计规范》(SL 274—2020)，允许比降计算公式为

$$J_允 = \frac{(G_s-1)(1-n_1)}{K}$$

式中 $J_允$——表层土体允许比降；

G_s——表层土的土粒比重。根据地质资料，经计算取值 2.70；

n_1——表层土的孔隙率；

K——安全系数，取 2.0。

则该河防洪堤表层覆盖层中粉质壤土的允许比降为

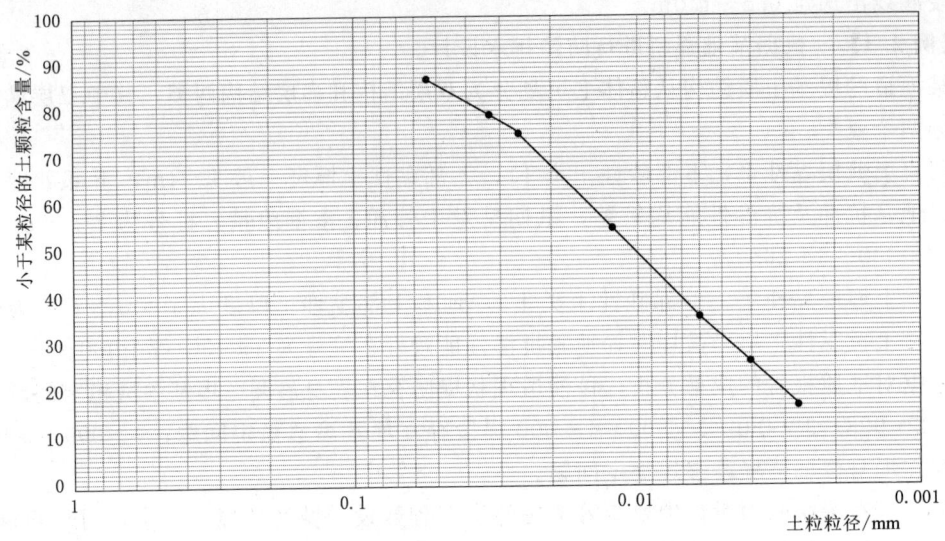

图 2.8 土颗粒分析曲线

$$J_{允} = \frac{(G_s-1)(1-n_1)}{K} = \frac{(2.70-1)\times(1-0.45)}{2} = 0.47$$

2. 堤身堤基渗透稳定分析

(1) 计算公式。堤身背水坡土体渗透稳定采用《堤防工程设计规范》(GB 50286—2013) 附录 E.5.2 的公式进行计算。

沿渗出段比降:
$$J = \frac{1}{\sqrt{1+m^2}}\left(\frac{h_0}{y}\right)^{0.25}$$

沿地基段:
$$J = \frac{1}{2\sqrt{m}}\sqrt{\frac{h_0}{x}}$$

式中 J——渗流比降;

m——坡比;

h_0——逸出高度,m;

x,y——坐标参数,m。

堤基土体渗透稳定采用《堤防工程设计规范》(GB 50286—2013) 附录 E.7.1 进行计算。

弱透水层底板承压水头计算公式:

$$h = \frac{H}{1+Ab+\text{th}Al}e^{-Ax}, \quad A = \sqrt{\frac{k_1}{k_0 T_1 T_0}}$$

式中 A——越流系数;

h——弱透水层底板承压水头,m;

$b、l、x$——相关计算参数,m;

k_1——弱透水层渗透系数,m/s;

T_1——弱透水层厚度，m；
k_0——透水层渗透系数，m/s；
T_0——透水层厚度，m。

根据地质报告，该工程河堤防渗透系数为：

堤身土：3.00×10^{-5} cm/s。

堤基土：中粉质壤土 5.00×10^{-6} cm/s，细砂 2.00×10^{-3} cm/s，砂卵砾石 5.00×10^{-2} cm/s，重粉质壤土 1.00×10^{-5} cm/s。

（2）渗透稳定计算。

1）堤身渗透稳定计算。计算断面选取范围为除去堤身渗漏堤段，选取 4+800 为典型断面，计算结果见表 2.21。

表 2.21　　　　　　　　　　堤身渗透稳定计算结果

断面桩号	计算项目					允许比降
	出逸点高度 h_0	渗出段出逸比降		堤基段出逸比降		
		$y=h_0$	$y=h_0/2$	$y=h_0$	$y=h_0/2$	
4+800	1.91	0.32	0.38	0.41	0.29	0.47

计算结果表明，背水坡渗流比降均小于允许比降，背水坡不存在渗透稳定问题。

2）堤基渗透稳定计算。根据各个堤段地质条件，选取 3+700、5+000 两个典型断面作为计算断面进行计算，计算结果见表 2.22。

表 2.22　　　　　　　　　　堤基渗透稳定计算结果

断面桩号	计算项目				备注		
	水力坡降	允许水力坡降	防渗盖重最小厚度 /m	防渗盖重计算长度 /m	透水地基厚度/m	弱透水覆盖层厚度/m	渗透稳定是否满足要求
3+700	0.23	0.47	—	—	7.5	7.7	是
5+000	1.79	0.47		220	5.1	3.2	否

注　河道设计水位按 50 年一遇标准，弱透水覆盖层厚度为内侧坡脚以下具有一定宽度、较为平坦的地表覆盖层厚度。

根据工程经验，对于双层地基结构，在强透水地基上弱透水覆盖层厚度较小（覆盖层小于 5m）的情况下，水力坡降均大于允许坡降，极易发生渗透破坏，须考虑盖重或垂直防渗进行处理。本工程计算结果表明，由于透水地层渗透系数较大（5.0×10^{-2} cm/s），在满足最小盖重厚度（5m）的情况下所需盖重长度大都较长，工程投资费用高、政策处理难度大，因此，对于不适宜盖重进行防渗处理堤段应考虑其他防渗处理措施。

根据以上计算以及对各个堤段地质条件进行分析，确定堤基存在渗透稳定问题的堤段为 2+998～3+450、3+900～5+265，需要进行防渗处理。结合地质报告资料，确定该河道防渗处理范围，详见表 2.23。

表 2.23　　　　　　　　　　　　河道防渗处理范围汇总表

河段	仅在堤基存在渗透稳定问题	同时存在堤身渗漏与堤基渗透稳定问题
河道	2+998～3+450 3+900～4+000	4+000～5+265

3. 防渗处理方案比选

为便于分析说明，将河道存在的渗透稳定问题分为两类问题：一类为仅在堤基存在渗透稳定问题，命名为Ⅰ型堤段；二类为同时存在堤身渗漏与堤基渗透稳定问题，命名为Ⅱ型堤段。

(1) Ⅰ型堤段防渗方案比选。Ⅰ型堤段范围为 2+998～3+450、3+900～4+000。此类堤段的堤身无渗漏，仅堤基存在渗透破坏问题，背水坡没有条件加盖重进行防渗处理，须通过垂直防渗进行处理。采用土工膜垂直铺塑、水泥黏土帷幕灌浆、高压喷射摆喷注浆、黏土截水槽四种防渗方案进行比选，选取 3+300 断面作为典型断面进行比较。

方案一：土工膜垂直铺塑防渗。

土工膜垂直铺塑的基本原理是利用开槽机在需要防渗土体中垂直开出槽孔，然后在槽孔中铺塑土工膜，从而形成防渗帷幕，达到防渗目的。该技术是 20 世纪 80 年代初开始发展起来的一项防渗技术，已广泛应用于水库、湖泊、江河堤坝加固工程。

土工膜垂直铺塑防渗处理的技术要求为：复合土工膜规格选用两布一膜（150/0.25/150），铺塑位置在迎水侧坡脚大方脚下，铺塑深度深入不透水堤基下1m，如图2.9所示。采用开槽机开槽，开槽宽度22cm，施工顺序为：开沟造槽→泥浆护壁→铺塑→焊接→黏土回填。

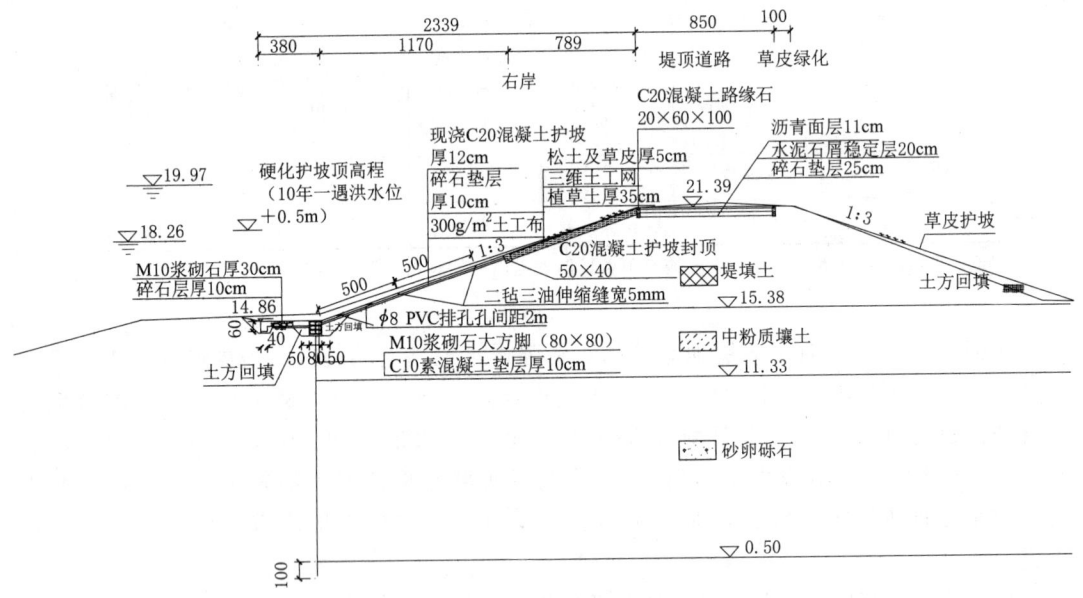

图 2.9　土工膜垂直铺塑防渗示意图

方案二：水泥黏土帷幕灌浆防渗。

水泥黏土帷幕灌浆技术是利用压力将能固结的浆液通过钻孔注入岩土孔隙或建筑物的裂隙中，使其物理力学性能获得改善的一种有效的防渗处理方法。水泥黏土帷幕灌浆具有工艺设备简单、操作方便、浆液材料来源丰富、土料可就地取材、工程造价低等优点，较单纯的水泥浆液在稳定性、抗渗性、结石率方面更加优越。因此，在砂砾石基础的防渗帷幕灌浆中，大多都是采用水泥黏土作为灌浆材料。

水泥黏土帷幕灌浆防渗处理的技术要求为：钻孔设两排，排距1m，钻孔间距1m，钻孔孔序1～6（图2.10），灌浆有效半径0.75m，帷幕厚度2.12m，灌浆浆液由42.5级普通硅酸盐水泥、黏土、淡水配制而成，配合比为1∶3∶(3.2～5)。为改善浆液性能，选择适宜的高效早强碱水剂掺入其中，掺入量约为水泥干料的2%。渗透系数约1×10^{-5}cm/s，允许比降约5.0。

方案三：高压喷射摆喷注浆防渗。

高压喷射摆喷注浆防渗是把带有喷嘴的注浆管下入到预定的位置后，以高压设备使浆液从喷嘴中喷射出来，与施工钻孔轴线成一定的角度斜向冲击破坏土体，使浆液与土体混合，待浆液凝固后，便在土体中形成具有长度和厚度的墙体。

高压喷射摆喷注浆防渗处理的技术要求为：钻孔中心线与坝体中心线走向夹角15°，摆动角度30°，成墙厚度0.3m，深入不透水层1.0m，水胶比1∶1，水泥中加入3%氯化钙作为速凝早强剂，如图2.11所示。

方案四：黏土截水槽防渗。

黏土截水槽防渗是在迎水侧坡脚开挖至砂砾石地基以下0.5m，将透水地基挖穿后采用黏土回填进行防渗处理。

黏土截水槽防渗处理的技术要求为：黏土槽底宽3m，开挖坡比1∶1，黏土截水槽回填粉质黏土要求渗透系数不大于1×10^{-5}cm/s，黏粒含量应为15%～35%，有机质含量小于2%，黏土槽顶部采用30cm浆砌块石保护，河道侧设大方脚防冲护底，如图2.12所示。

Ⅰ型堤段的四种防渗方案比选见表2.24。

综合以上分析比较，考虑工程投资、施工工艺、施工效率、防渗效果等因素，方案一优势明显，故对Ⅰ型堤段采用土工膜垂直铺塑防渗技术进行防渗处理。

（2）Ⅱ型堤段防渗方案比选。略。

2.7.8 抗滑稳定计算

1. 抗滑稳定计算的目的

堤防抗滑稳定计算的目的是分析堤身和堤基在不同工况下可能产生的滑动破坏面及抗滑稳定安全系数，校核其稳定性，并为优化设计堤身断面提供依据。

堤防的堤线很长，应根据不同堤段的防洪任务、工程等级、地形地质条件，结合堤身的结构型式、高度和填筑材料等因素，结合渗流计算情况，选择有代表性的断面进行抗滑和抗倾稳定计算。

2. 土堤抗滑稳定计算的工况和计算内容

土堤抗滑稳定计算可分为正常运用条件和非常运用条件两种工况。

正常运用条件是指在正常和持久的条件下工作，稳定计算应包括：设计洪水位下的稳定渗流期或不稳定渗流期的背水侧堤坡；设计洪水位骤降期的临水侧堤坡。

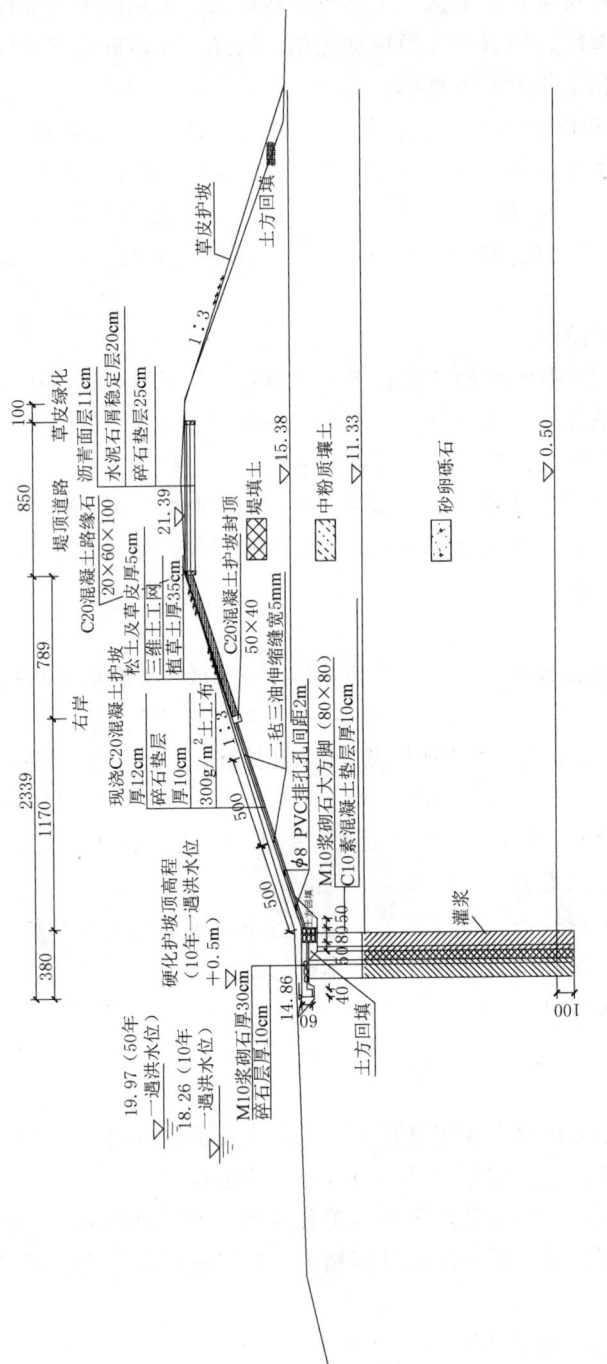
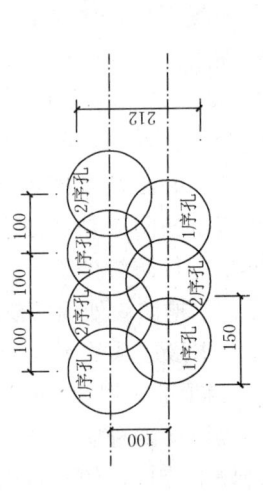

图 2.10 水泥黏土帷幕灌浆防渗示意图（单位：mm）

任务2.7 堤身结构设计

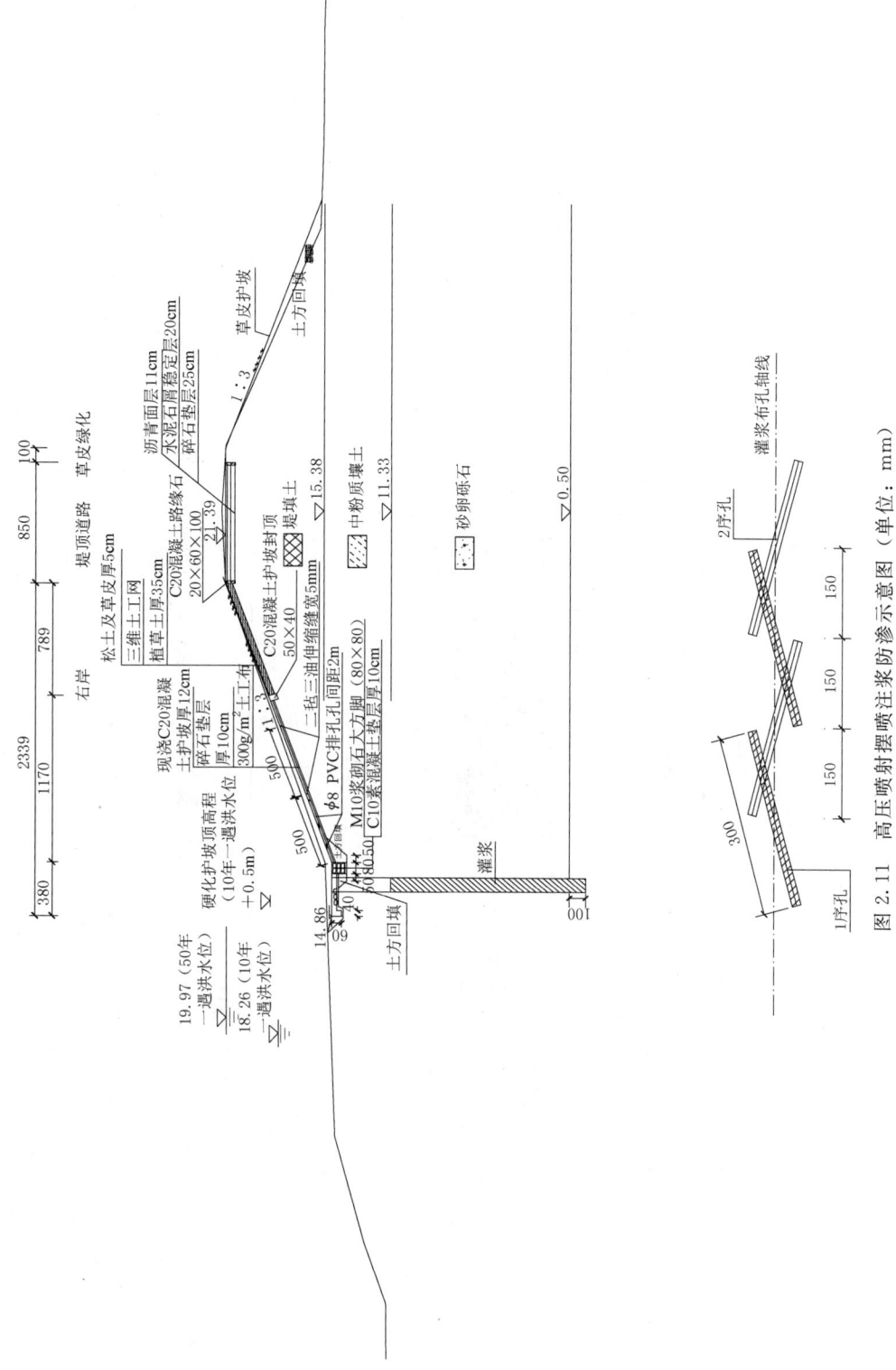

图2.11 高压喷射摆喷注浆防渗示意图（单位：mm）

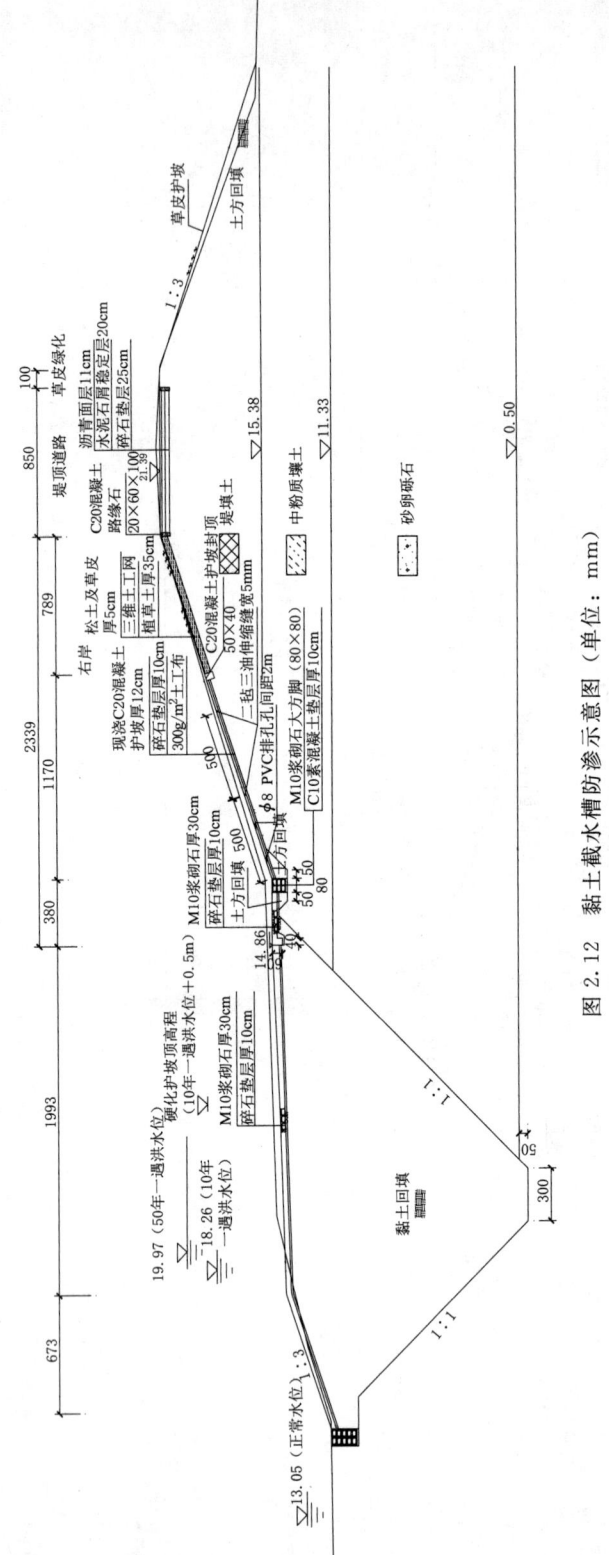

图 2.12 黏土截水槽防渗示意图（单位：mm）

表 2.24　　　　　　　　　　Ⅰ型堤段的四种防渗方案比选表

方　案	主　要　优　点	存　在　问　题	每延米堤防渗处理费用/元
方案一：土工膜垂直铺塑防渗	(1) 施工工艺成熟，运输施工方便，施工速度快。 (2) 交通、施工场地等施工技术要求低。 (3) 形成的防渗帷幕连续、均质整体性好，适应变形能力强。 (4) 造价最低	(1) 施工工艺要求高，施工需要焊接，焊接质量要求高。 (2) 需要机械开槽，易塌孔，需要泥浆护壁。 (3) 土工膜两侧需要保护层	2405
方案二：水泥黏土帷幕灌浆防渗	(1) 工艺设备简单、操作方便、浆液材料来源广泛，土料可就地取材。 (2) 根据需要可配制不同性能的浆液。灌浆可控性强。 (3) 防渗处理效果显著，且适宜处理砂砾石地层	(1) 制浆工序多，灌注稠浆需用较高压力，灌浆时须进行抬动和位移监测。 (2) 固结体耐久性相对较低。 (3) 允许比降相对小，帷幕厚度大，钻孔多。 (4) 造价最高	26466
方案三：高压喷射摆喷注浆防渗	(1) 机理明确，施工工艺简单。 (2) 固结体耐久性好。 (3) 允许比降大，防渗体厚度要求小。 (4) 一次性钻孔形成防渗范围大，钻孔少	(1) 在砂砾石地层中喷射注浆浆液易流失，应采取有关措施控制施工质量。 (2) 转折搭接处施工质量控制不严易造成渗漏。 (3) 造价较高	8188
方案四：黏土截水槽防渗	(1) 施工工艺简单，施工技术要求低。 (2) 质量易控制，防渗效果好。 (3) 形成的防渗帷幕连续、均质整体性好，适应变形能力强	(1) 开挖、回填量大，临时排水费用高。 (2) 黏土用量大。 (3) 汛期，水下施工需设临时围堰。 (4) 造价较高	15069

非常运用条件是指在非常或短暂的条件下工作，稳定计算应包括：施工期的临水、背水侧堤坡；多年平均水位时遭遇地震及其他稀避荷载的临水、背水侧堤坡。

多雨地区的土堤应根据填筑土的渗透和堤坡防护条件，核算长期降雨期堤坡的抗滑稳定性，其安全系数可按施工的临水、背水侧堤坡采用。

3. 土堤抗滑稳定计算方法

土堤抗滑稳定计算可采用瑞典圆弧滑动法或简化毕肖普法。当堤基存在较薄软弱层时，宜采用改良圆弧法。

瑞典圆弧滑动法的计算公式和土体抗剪强度选用详见《堤防工程设计规范》（GB 50286—2013）附录F抗滑稳定计算部分。

4. 土堤抗滑稳定分析

土堤的抗滑稳定安全系数应不小于表2.25规定允许值。

表 2.25　　　　　　　　　　　土堤的抗滑稳定安全系数

堤防工程的级别		1	2	3	4	5
瑞典圆弧法	正常运用条件	1.30	1.25	1.20	1.15	1.10
	非常运用条件Ⅰ	1.20	1.15	1.10	1.05	1.05
	非常运用条件Ⅱ	1.10	1.05	1.05	1.00	1.00
简化毕肖普法	正常运用条件	1.50	1.35	1.30	1.25	1.20
	非常运用条件Ⅰ	1.30	1.25	1.20	1.15	1.10
	非常运用条件Ⅱ	1.20	1.15	1.15	1.10	1.05

【例 2.4】 根据基础资料进行堤身稳定计算。

基础资料详见［例 2.3］。

本次选取该河道的 0+123、0+205 两个典型断面进行堤防整体抗滑稳定计算分析。堤防级别为 3 级。

1. 水位组合

(1) 正常运用条件稳定计算。

1) 工况 1。运行期，设计洪水位下稳定渗流期背水面的堤坡稳定。

2) 工况 2。水位骤降期，河道水位骤降时的迎水面的堤坡稳定。

(2) 非常运用条件稳定计算。

施工期。施工末期未通水情况下迎水面的堤坡稳定。

2. 地基土层物理力学指标

堤身砂砾石填土：$r=21kN/m^3$，$r'=11kN/m^3$，$f_{ak}=300kPa$，快剪 $c_q=0kPa$，$\varphi_q=32°$。

3. 稳定分析方法

稳定分析计算按《堤防工程设计规范》(GB 50286—2013) 附录 F 中瑞典圆弧滑动法计算公式。

计算抗滑力时，浸润线以下地下水位以上土体用浮容重；计算滑动时，浸润线以下地下水位以上土体用饱和容重；浸润线以上土体均为湿容重，地下水位以下土体的浮容重。

计算简图详如图 2.13、图 2.14 所示。

4. 计算成果

堤防稳定计算成果见表 2.26。

表 2.26　　　　　　　　　　　堤防稳定计算成果表

桩 号	抗滑稳定安全系数		
	正常运用条件工况 1	正常运用条件工况 2	非常运用条件
0+123	1.279	1.283	1.783
0+205	1.445	1.430	1.609

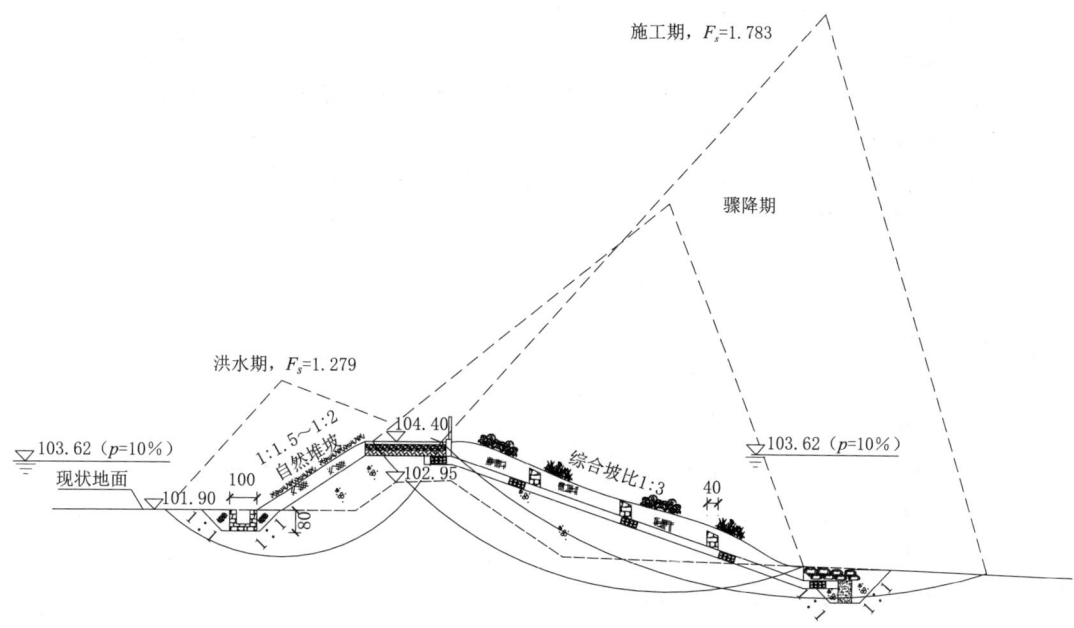

图 2.13 堤防稳定计算简图（桩号 0+123）

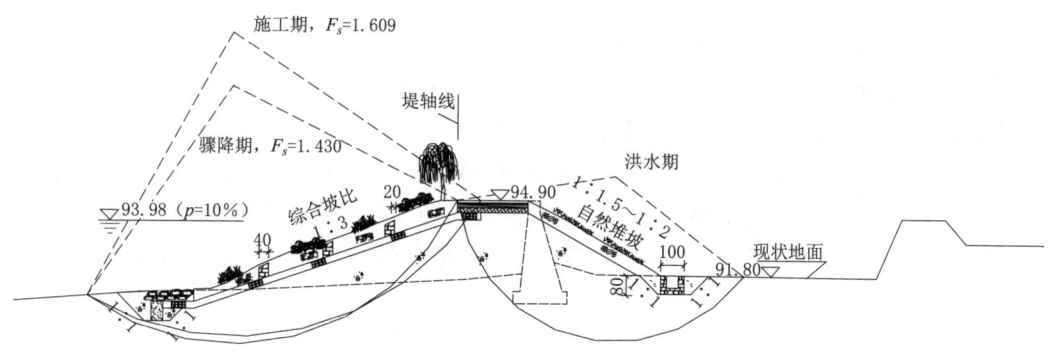

图 2.14 堤防稳定计算简图（桩号 0+205）

由表 2.21 查得，3 级堤防，正常运用条件下的抗滑稳定安全系数为 1.2，非常运用条件下的抗滑稳定安全系数为 1.1。由此可知，该河道堤防各计算断面的抗滑稳定安全系数满足要求。

2.7.9 沉降计算

堤基土多为黏土、壤土、砂壤土等压缩性较小的土层，在堤身荷载作用下不会产生很大的沉降量。然而，当堤基为软土层，或堤身较高，施工质量比较差，施工期短时，堤防在竣工以后还会继续发生较大的沉降。因此，在设计时，应计算沉降量，并根据实践经验，预留沉降超高，以保证在沉降终了时，堤顶高程能达到设计值。堤防沉降量计算应包括堤顶中心线处堤身和堤基的最终沉降量。

计算时可根据堤基的地质条件、土层的压缩性、堤身的断面尺寸和荷载，将堤防分为若干段，每段选取代表性断面进行沉降量计算。

软土地基在荷载作用下，总沉降包括瞬时沉降 S_d、主固结沉降 S_c 和次固结沉降 S_s 三部分组成，其中，瞬时沉降 S_d 和次固结沉降 S_s 较难通过理论计算，根据工程经验，瞬时沉降一般为主固结沉降的 20%~30%，次固结沉降一般为主固结沉降的 5%~20%。

主固结沉降是由于施工加荷后，土体排水固结而产生的沉降。常用层次总和法计算，堤身和堤基的最终沉降量，可按式（2.11）计算。

$$S = m \sum_{i=1}^{n} \frac{e_{1i} - e_{2i}}{1 + e_1} h_i \tag{2.11}$$

式中　S——最终沉降量，mm；
　　　n——压缩层范围的土层数；
　　　e_{1i}——第 i 土层在平均自重应力作用下的孔隙比；
　　　e_{2i}——第 i 土层在平均自重应力和平均附加应力共同作用下的孔隙比；
　　　h_i——第 i 土层的厚度，mm；
　　　m——修正系数，一般取 $m=1.0$，对于海堤软土地基可采用 1.3~1.6。

堤基压缩层的计算厚度，可按式（2.12）条件确定。

$$\frac{\sigma_Z}{\sigma_B} = 0.2 \tag{2.12}$$

式中　σ_Z——堤基计算层面处土的自重应力，kPa；
　　　σ_B——堤基计算层面处土的附加应力，kPa。

实际压缩层的厚度小于式（2.11）计算值时，应按实际压缩层的厚度计算其沉降量。

【例 2.5】　根据基础资料进行堤身沉降计算。

某平原型河道，其地质为淤泥层，堤基深度 15m 内主要分布：①层淤泥质粉质黏土；②-1 层淤泥质黏土；②-2 层淤泥，流塑，性质差，具高压缩性、高灵敏度，易流变、蠕变等特性。根据当地建设规划要求，需对某河道内侧进行回填，回填高程分别为 2.0m、5.0m。

1. 计算方法

本次仅计算考虑河道背水侧回填荷载后，新增荷载引起的堤防沉降量。采用软件计算。

2. 计算参数

（1）沉降修正系数。根据本工程地质条件及该工程地区软土地基上筑堤的经验，沉降修正系数取为 1.5。

（2）计算深度。计算深度算至附加应力为 0.1 倍自重应力处。

（3）计算水位。沉降计算时采用河道常水位作为计算水位，河道常水位以下取浮容重，河道常水位以上取湿容重。

3. 沉降量计算结果

计算结果见表 2.27。

由表 2.27 可知：考虑河道背水侧回填荷载后，河道堤顶新增沉降量为 43~54cm，河道背水坡坡脚新增沉降量为 11~88cm，河道迎水坡坡脚新增沉降量为 6~29cm。盆形沉降图如图 2.15、图 2.16 所示。

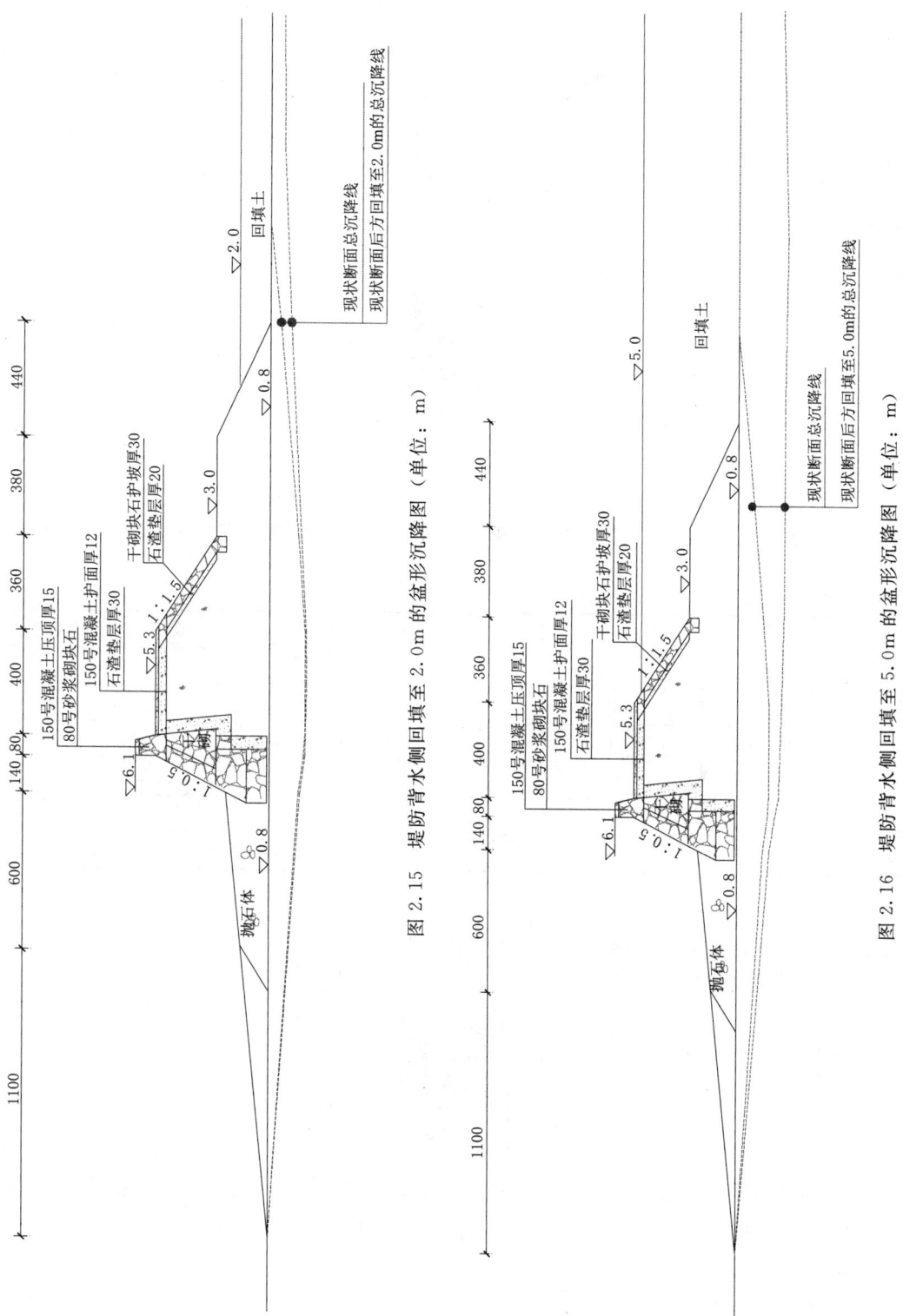

图 2.15 堤防背水侧回填至 2.0m 的盆形沉降图（单位：m）

图 2.16 堤防背水侧回填至 5.0m 的盆形沉降图（单位：m）

表 2.27　　　　　　　　　　　　堤防新增沉降量计算结果

位　　置	沉　降　量/cm				
	迎水坡坡脚	防浪墙	堤顶中间	堤顶右侧	背水坡坡脚
河道背水侧回填至2.0m	6	6	7	9	11
河道背水侧回填至5.0m	29	32	43	54	88

【任务巩固】
【应知】

应知训练

【应会】

1. 某河道治理工程，工程等别为Ⅳ等，按20年一遇洪水位进行设计，其水利计算成果及设计堤顶程见表2.28；该河道波浪爬高＋风壅高度值0.32m，安全超高值为0.4m。

表 2.28　　　　　　　　　　　堤顶程设计计算成果表

河道中心线桩号	20年一遇洪水水位/m	现状堤顶高程	设计堤顶高程取值
0+000	212.08	211.5	212.08
0+775	208.72	207.1	208.72
1+429	205.35	205.5	205.5
2+001	203.05	201.3	203.05
2+501	200.45	199.5	200.45
2+675	199.15	198.2	199.15

问题：

（1）指出该河道堤顶高程设计值合理性。

（2）计算该河道的堤顶高程。

答案解析

2. 某工程区石料丰富，经水利计算结果显示该河道流速达4.5m/s，水流流态比较复杂，建设单位对断面的生态化要求比较高，设计单位推荐了草皮护坡方案。

问题：

（1）根据以上资料分析设计方案的可行性。

（2）试说明既满足生态化要求，又满足工程安全的护坡方案。

任务 2.7 堤 身 结 构 设 计

答案解析

3. 某堤防工程根据地质资料显示第一层为砂砾、第二层为黏土，砂砾层厚度为 3～6m 不等，设计单位对根据现场调查发现 1 段背水侧分布有民房，其最近处与堤防相距 6m；2 段背水侧分布荒地，宽度有 50m。本次设计采用高压旋喷桩进行防渗设计。

问题：

(1) 根据本工程地质情况，说明本工程设计时应主要考虑问题。

(2) 根据现场查分析，从工程施工、经济等方面分析设计方案的合理性。

(3) 除了高压喷射摆喷注浆外，本工程的防渗处理还有哪些方案可以使用。

答案解析

4. 某县位于浙江南部，地质以淤泥质土为主，该县城现状防洪标准仅为 5～10 年一遇，县城常住人口约 35 万人，设计防洪标准为 50 年一遇。根据以上资料其堤防工程的边坡抗滑稳定采用简化毕肖普法进行计算，其正常运行条件下安全系数为 1.22。

问题：

(1) 堤防工程边坡抗滑稳定计算方法主要有（　　）。

A. 瑞典圆弧法　　B. 简化毕肖普法　　C. 沉降法　　D. 渗透变形

(2) 根据上述资料分析本工程稳定计算是否满足设计规范要求。

(3) 当稳定计算不能满足规范要求时，在不降低设计堤顶高程的情况下，可采取的措施有哪些？

答案解析

5. 某堤防工程地基为深厚淤泥层，设计堤顶高程为 5.6m，工程于 2016 年 1 月完工，并通过了完工验收。2020 年 2 月建设单位准备对其进行竣工验收，经实测堤顶高程才 5.1m，比设计高程低了 0.5m。

问题：

(1) 产生堤顶高程相差 0.5m 的原因是什么？

(2) 现状堤防防洪标准能满足防洪标准吗？

(3) 针对堤身沉降等实际问题，设计过程应采取的措施？

(4) 针对现状不能满足相应的防洪标准等问题，采取什么措施？

(5) 软土地基在荷载作用下,其总沉降包括(   )。
A. 瞬时沉降 S_d B. 主固结沉降 S_c C. 次固结沉降 S_s D. 以上都不

答案解析

任务 2.8　护 岸 及 防 洪 墙 设 计

导师述典——吉安槎滩陂

【任务目标】
1. 熟悉护岸结构设计的原则及有关要求
2. 熟悉防洪墙设计的主要内容及方法
3. 会防洪墙的稳定计算和地基承载力计算

2.8.1　护岸结构设计

1. 设计原则

护岸工程的结构、材料应符合下列要求:
(1) 应坚固耐久,抗冲刷、抗磨损性能应强。
(2) 适应河床变形能力强。
(3) 应便于施工、修复、加固。
(4) 应就地取材,并应经济合理。

因此,在满足工程安全的前提下,应尽量使用具有良好反滤和垫层结构的堆石、多孔混凝土构件和自然材质制成的柔性结构,尽可能避免使用硬质不透水材料,如混凝土、浆砌块石等,为植物生长、鱼类、两栖类动物和昆虫的栖息与繁殖创造条件。

易冲刷地基上的护岸,应采取护底设施,护底范围应根据波浪、水流、冲刷强度和床质条件确定。护底宜采用块石、软体排和石笼等结构。

2. 护岸结构型式选择

护岸结构型式选择应结合水文、地质、地形、河床形态、建筑材料、施工条件、工程造价、运行管理、生态、周围环境等条件进行综合考虑。

平原河道护砌以生态护砌为主,可采用预制混凝土网格、土工格栅、草皮结构,低矮灌木结合卵石游步路,使河道具有防洪、休闲和亲水功能。

山区河道洪水暴涨暴落,要考虑岸坡防冲的要求并结合生态要求,基础可采用灌砌石、干砌石等,岸坡常水位以下采用干砌石护坡、生态混凝土砌块护坡或挡墙等工程设施,常水位以上采用植物设施或植物工程复合技术等。

3. 护岸顶高程设计

护岸顶高程应按设计洪水位加 0.2～0.5m 超高确定。通航河道的护岸顶高程不宜低于最高通航水位加 0.8～1.5 倍船行波高。

护岸工程的设计应统筹兼顾、合理布局，并宜采用工程措施与生物措施相结合的方式进行防护。详见《堤防工程设计规范》(GB 50286—2013)。

【例 2.6】 根据基础资料设计河道治理方案。

某河流干流已大部分建成堤防，部分已达到防洪标准，其中，河道沿线农村段均建有堤防。已建堤防大部分无堤顶道路，防汛抢险车辆无法通行。部分堤防顶新建堤顶道路，迎水坡面水土流失严重。个别堤段的堤身断面单薄、堤顶高度不达标、坡面偏陡。堤防材料大多为砂砾料填筑，表面采取浆砌块石或干砌块石护面，护面结构较为松散，堤脚防冲结构薄弱。部分河段高滩占地，有蓄洪压力；两岸杂草丛生，亲水性和生态性较差。因无序的砂石开采行为，使得该河道内部分岩石裸露，破坏了河道的自然生态功能，部分滩地有不同程度的破坏，影响了水生动植物的栖息，自然生态系统的调控和平衡功能有些弱化，亟须进行保护和修复。

1. 总体设计方案

本工程为综合治理工程，堤线布置和堤防断面型式首先要满足行洪的需要，在满足了行洪和防洪需要的前提下，如何体现生态性和亲水性，如何与周边水文化、水景观设施有机结合是本工程堤线布置和堤防结构设计的重点。

河道堤防现状图片

该河道为山区性河道，河段坡降较陡，水量集中、涨落较快，受水流冲刷严重，因此确保堤防临水侧护坡、护脚的防冲安全，是本工程的一个重点内容。

本工程线路较长，沿线地形复杂，严格梳理河道沿线地形、地貌特征，对现状防洪能力进行逐段分析，合理设计堤顶高程及断面型式是本次工程设计的一个重点。

结合人的行走塑造集美观性、安全性、生态性还能带有亲水性的驳岸设计；摒弃生硬的混凝土结构，将景观设计融入到大自然中，通过植物绿化，照明系统，塑造一条生态且可持续发展的沿江生态绿化系统。

部分堤防需要退堤拓宽，设计时结合政策处理，使拆迁最少，降低工程政策处理费用。尽量考虑单侧退堤拓宽，以减少房屋拆迁，岸线走向基本与对岸现状岸线一致，保持弯弯曲曲的自然面貌。

2. 断面设计

(1) 现有堤防生态改造。堤防现状迎水面为单斜坡式干砌块石护面，护面坡度不大于 1:2.5，坡面结构功能良好，但坡面硬化严重，景观效果较差。本次设计坡面采用地形重塑手段，自然堆积而成，综合坡比控制在 1:2～1:2.5。

改造后堤防断面效果图

对现有堤顶路面进行改造，堤顶设沥青混凝土路面，路面宽度 4m。路面层以下分别为 20cm 水泥碎石稳定层和 20cm 砂卵石垫层。道路两侧设 20cm×50cmC30 混凝土护肩。迎水坡现状为原有干砌块石护面，结构功能良好，现有干砌石表面铺设 300g/m² 无纺土工布，40cm 厚的种植黄土，种植土下 10cm 设三维土工网，表面植物绿化，坡脚处设置 C30 混凝土护脚防冲，上铺 M15 叠砌毛石，外不漏浆，背水坡景观植物绿化。

(2) 新建斜坡式堤防。现状堤顶高程不满足要求，坡面破坏严重；现状无堤防，以自然土坡为主。

新建堤防断面效果图

堤顶设 10cm 厚沥青混凝土路面，路面宽度 4m。路面层以下分别为 20cm 水泥碎石稳定层和 20cm 砂卵石垫层。道路背水侧设 20cm×50cm 混凝土护肩，迎水侧设 30cm×50cm 混凝土护肩，护肩上设青石栏杆。冲刷较严重堤段在设计洪水位以下部分采用金属生态网垫+大块景观石双层护坡，确保河道的岸坡防冲安全，洪水位以上采用植物绿化，确保堤防的生态性和景观性；坡脚处设置大块石护脚防冲，背水坡采用自然堆坡绿化的型式，综合坡比控制在 1∶2，坡脚设 50cm×50cm 的浆砌石排水沟。

(3) 直立式挡墙断面改造。现状为直立式挡墙，堤顶无防汛通道，现状挡墙外侧为一级混凝土平台，平台外侧杂草丛生，坡脚冲刷严重。

新建堤顶防汛通道，路面宽度 4m，铺设 10cm 厚沥青混凝土路面。路面层以下分别为 20cm 水泥碎石稳定层和 20cm 砂卵石垫层。拟在现状防浪墙顶设置 50cm 高浆砌石花坛，种植藤类植物，提升现有堤防的生态景观效果。挡墙外侧现有混凝土平台面层改造为彩色沥青混凝土路面，坡脚处设置 C30 混凝土护脚防冲，上铺 M15 叠砌毛石，外不漏浆，坡脚与平台间采用金属生态网垫+植物绿化双层护坡，种植黄土厚 40cm，种植土下 10cm 设三维土工网，表面植物绿化。

改造后的直立式挡墙断面效果图

2.8.2 防洪墙设计

在城市、工矿区等由于土地昂贵、拆迁占地或取土困难等原因，修建土堤受限制的地段，防洪墙更为经济合理。防洪墙宜采用钢筋混凝土结构，当高度不大时，可采用混凝土或浆砌石结构。

1. 防洪墙设计的主要内容

防洪墙设计包括墙身结构型式选择、墙顶高程计算、墙身稳定和地基承载力计算、墙身结构计算、防渗排水设计、基础设计等内容。

墙顶高程应按设计洪水位或设计高潮位加堤顶超高值确定，详见第 2.7.3 节。

防洪墙应进行抗倾、抗滑和地基承载力计算。地基应力应小于地基允许承载力，且底板不产生拉应力。地基承载不足时，应对地基进行加固。

防洪墙应满足强度和抗渗要求。结构强度计算应按现行国家标准《水工混凝土结构设计规范》(SL 191—2008) 的有关规定执行。基底渗流轮廓应满足地基渗透稳定要求。

防洪墙基础埋置深度应满足抗冲和冻结深度的要求。防洪墙应设置变形缝，钢筋混凝土墙缝距宜为 15~20m，混凝土及浆砌石墙宜为 10~15m。地基土质、墙高、外部荷载、墙倒断面结构变化处，应增设变形缝，变形缝应设止水。

2. 防洪墙的荷载及组合

(1) 防洪墙的荷载。作用在防洪墙上的荷载可分为基本荷载和特殊荷载两类。

基本荷载：应包括自重，设计洪水位时（或多年平均水位）的静水压力、扬压力及风浪压力、土压力、冰压力，其他出现机会较多的荷载。

特殊荷载：应包括地震荷载，以及其他出现机会较少的荷载。

(2)防洪墙设计的荷载组合。防洪墙设计的荷载组合可分为正常运用条件和非常运用条件两类。正常运用条件由基本荷载组合;非常运用条件由基本荷载和一种或几种特殊荷载组合。根据各种荷载同时出现的可能性,选择不利的情况进行计算。

3. 防洪墙的稳定计算

防洪墙稳定计算包括抗滑和抗倾稳定两个方面,应分别计算其稳定安全系数,进而分析判别其稳定性。

(1)防洪墙的抗滑稳定计算。防洪墙的抗滑稳定安全系数应按式(2.13)计算。

$$K_c = \frac{f\sum G}{\sum P} \tag{2.13}$$

式中 K_c——抗滑稳定安全系数;

$\sum G$——作用于墙体的全部垂直力的总和,kN;

$\sum P$——作用于墙体上的全部水平力的总和,kN;

f——底板与堤基之间的摩擦系数。

岩基上的防洪墙应计算堤身沿基底面的抗滑稳定性;土基上的防洪墙除计算堤身沿基底面的抗滑稳定性外,还应核算堤身与堤基整体的抗滑稳定性。防洪墙沿基底面的抗滑稳定安全系数不应小于表2.29的规定允许值。岩基上防洪墙采用抗剪断公式计算抗滑稳定时,防洪墙沿基底面的抗滑稳定安全系数正常运用条件不应小于3.00,非常运用条件Ⅰ不应小于2.50,非常运用条件Ⅱ不应小于2.30。

表 2.29   防洪墙沿基底面的抗滑稳定安全系数

地 基 性 质		岩 基				土 基			
堤防工程级别		1	2	3	4、5	1	2	3	4、5
安全系数	正常运用条件	1.15	1.10	1.08	1.08	1.35	1.30	1.25	1.20
	非常运用条件Ⅰ	1.05	1.05	1.03	1.00	1.20	1.15	1.10	1.05
	非常运用条件Ⅱ	1.03	1.03	1.00	1.00	1.10	1.05	1.05	1.00

(2)防洪墙的抗倾稳定计算。防洪墙的抗倾稳定安全系数应按式(2.14)计算。

$$K_0 = \frac{\sum M_V}{\sum M_H} \tag{2.14}$$

式中 K_0——抗倾稳定安全系数;

M_V——抗倾覆力矩,kN·m;

M_H——倾覆力矩,kN·m。

岩基上防洪墙的抗倾稳定安全系数应不小于表2.30的规定允许值。

4. 防洪墙的地基承载力计算

防洪墙地基承载力计算的目的是,分析判断防洪墙在各种荷载组合下,基底应力是否满足承载力要求。

表 2.30　　　　　　　　　　岩基上防洪墙的抗倾稳定安全系数

堤防工程的级别		1	2	3	4	5
安全系数	正常运用条件	1.60	1.55	1.50	1.45	1.40
	非常运用条件Ⅰ	1.50	1.45	1.40	1.35	1.30
	非常运用条件Ⅱ	1.40	1.35	1.30	1.25	1.20

防洪墙的基底压应力按式（2.15）计算。

$$\sigma_{\max,\min}=\frac{\sum G}{A}\pm\frac{\sum M}{\sum W} \tag{2.15}$$

式中　$\sigma_{\max,\min}$——基底的最大和最小压应力，kPa；

　　　$\sum G$——垂直荷载，kN；

　　　A——底板面积，m²；

　　　$\sum M$——荷载对底板形心轴的力矩，kN·m；

　　　$\sum W$——底板的截面系数，m³。

防洪墙的基底应力应满足以下要求：

(1) 防洪墙在各种荷载组合下，基底的最大压应力小于地基的允许承载力。

(2) 土基上防洪墙基底应力的最大值与最小值之比，不应大于表 2.31 的规定允许值。

(3) 岩基上的防洪墙基底不应出现拉应力。

表 2.31　　　　　　土基上防洪墙基底应力最大值与最小值之比的允许值

地基土质	荷载组合	
	基本组合	特殊组合
松软	1.50	2.00
中等坚硬	2.00	2.50
坚硬	2.50	3.00

【例 2.7】　根据基础资料完成防洪墙的稳定及地基承载力计算分析。

某河道堤防为 3 级建筑物，建在土质地基上，地基允许承载力为 500kPa，防洪墙高度为 4.0m，典型计算断面的基础底板宽度为 3.18m。

1. 计算工况

正常运用条件，外河水位 10 年一遇水位，内河水位较外河水位高 0.5m。

非常运用条件，施工期完成时情况，外河侧无水，内河水位较外河水位高 0.5m。

2. 土层物理力学参数

天然容重 $r=19\text{kN/m}^3$，$r'=9\text{kN/m}^3$，$f_{ak}=110\text{kPa}$，快剪 $c_q=0\text{kPa}$，$\phi_q=28°$，底板与基础的摩擦系数 f 取 0.45。

3. 计算断面参数

已知基础底板宽度 $B=3.18\text{m}$，则底板截面系数为：$B^2/6=3.18^2/6=1.685$。

4. 根据已知两种计算工况计算荷载值

正常运用条件：$\sum G=170.02\text{kN}$，偏心距 $e=0.037\text{m}$；$\sum P=22.50\text{kN}$，抗倾覆力矩 $M_V=284.34\text{kN·m}$，倾覆力矩 $M_H=20.24\text{kN·m}$。

非常运用条件：$\Sigma G=104.5\text{kN}$，偏心距 $e=0.138\text{m}$；$\Sigma P=16.27\text{kN}$，抗倾覆力矩 $M_V=354.65\text{kN·m}$，倾覆力矩 $M_H=202.90\text{kN·m}$。

将荷载计算值和有关参数代入式（2.13）、式（2.14）、式（2.15），得抗滑稳定安全系数、抗倾稳定安全系数及基底压应力，见表2.32。

表 2.32　　　　　　　　　　防洪墙稳定计算成果表

正常运用条件				非常运用条件			
抗滑稳定 K_c	抗倾稳定 K_0	σ_{max} /kPa	σ_{min} /kPa	抗滑稳定 K_c	抗倾稳定 K_0	σ_{max} /kPa	σ_{min} /kPa
3.40	14.05	57.19	49.73	2.89	1.75	41.42	24.30

根据表2.29、表2.30可知，3级堤防，土基，正常运用条件下，防洪墙的抗滑稳定安全系数应不小于1.25，抗倾稳定安全系数应不小于1.50；非常运用条件下，防洪墙的抗滑稳定安全系数应不小于1.10，抗倾稳定安全系数应不小于1.40。由表2.33的计算结果对比知，该防洪墙的抗滑稳定系数和抗倾稳定系数均匀满足要求。

正常运用条件：基底墙趾处压应力57.19kPa＜500kPa，基底墙踵处压应力49.73kPa＜500kPa；最大应力与最小应力之比为57.19/49.73＝1.15，小于表2.31中相应允许值2.0，地基承载力满足要求。

非常运用条件：基底墙趾处压应力41.42kPa＜500kPa，基底墙踵处压应力24.30kPa＜500kPa；最大应力与最小应力之比为41.42/24.30＝1.70，小于表2.31中相应允许值2.5，地基承载力满足要求。

【任务巩固】
【应知】

应知训练

【应会】

某平原河道的堤防采用防洪墙型式，地质报告显示为粉质黏土地基，地基土承载力为120kPa，工程等级为4级。经稳定计算可知，该防洪墙在正常运用条件下的最大应力为125kPa，最小应力为60kPa，抗倾覆安全系数为1.15。

问题：
（1）试分析该防洪墙的地基承载力是否满足要求。
（2）该防洪墙在正常运用条件下抗倾覆稳定是否满足设计要求。

答案解析

任务 2.9　堰坝及亲水工程设计

导师述典——姜席堰

【任务目标】
1. 熟悉堰坝设计的主要内容
2. 熟悉亲水设施布置的基本要求
3. 会堰坝设计计算

2.9.1　堰坝设计

拦河堰坝是河道治理工程中最为常见的挡水建筑物，用于拦蓄上游来水，汇聚水流，壅高水位，形成一定的水域，从而满足景观休闲、生态环境、引水灌溉等需求。

1. 堰坝位置的选择

堰坝位置选择时，应考虑以下几方面因素：

（1）堰址应在河道平直、堰底平坦和两岸地基较好的地方，在河流弯道上及其附近均不宜筑堰。

（2）堰址应在河面较窄的地方，以节省工程量，也方便施工。

（3）两溪汇流处不宜筑堰，因为两溪洪水流量常有变化，主流方向不固定，使堰体和两岸受力不平衡，不利于稳定，且容易坍塌或造成河流改道。

（4）堰址的地质要坚实。

2. 堰坝的布置

在河道布设堰坝不能影响河道行洪。在重要河道上设置堰坝需相应的防洪影响评价许可，若对行洪壅水影响较大，应配套设置调节闸或涵。堰坝的布置要从行洪和蓄水两个方面考虑确定，平面形状常布置成直线形、"人"字形、拱形等。

堰高取决于正常壅水水域面积及水量的大小，可根据堰型、孔数等边界条件水力计算确定。一般行洪期间过堰水头差不宜超过 0.3m。

3. 堰坝结构设计

堰坝可根据需要建成固定堰坝和活动式堰坝。固定堰坝多为重力式结构，断面型式有实用堰和宽顶堰两种；就筑坝材料来看，一般就地取材，常见的有干砌块石堰、浆砌块石堰、堆石堰等。活动堰坝常见的有橡胶坝。

（1）干砌块石堰。干砌块石堰的断面一般做成梯形，如图 2.17、图 2.18 所示。断面特征尺寸可参照表 2.33 拟定。

（2）浆砌块石堰。浆砌块石堰适合建造在岩基上，是用水泥砂浆将块石砌筑而成，整体性好，断面体积较小。一般在堰上游面筑成垂直或近乎垂直，下游面筑成斜坡，顶部做成宽 1~2m 的圆弧形，以改善水流条件，如图 2.19 所示。断面特征尺寸可参照表 2.34 拟定。

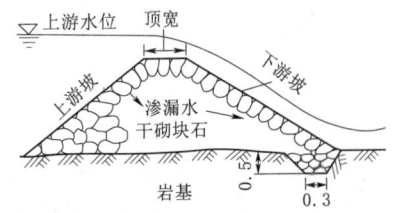

图 2.17　岩基上的干砌块石堰（单位：m）

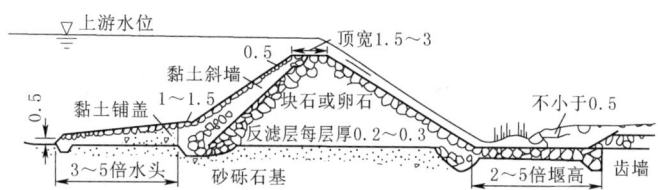

图 2.18　非岩基上的干砌块石堰（单位：m）

表 2.33　　　　　　　　　　　干砌块石堰断面尺寸参考表

地基	堰高/m	顶宽/m	上游坡	下游坡	备注
岩石	1～2.5	1.5～2	1:0.5～1:1	1:1.5～1:3	
	2.5～4	2～2.5	1:0.75～1:1.5	1:2～1:4	
	4～5	2～2.5	1:0.75～1:1.5	1:3～1:4	
砂卵石	1～2	1.5～2	1:0.75～1:1.5	1:2.5～1:4	护坦长约6m
	2～4	2～2.5	1:0.75～1:1.5	1:3～1:5	护坦长约9～12m

表 2.34　　　　　　　　　　　浆砌块石堰断面尺寸参考表

单宽流量/(m³/s)	堰高/m	顶宽/m	上游坡	下游坡
<5	<3	1.5～2.0	1:0	1:1～1:1.3
	3～6	2.0	1:0～1:0.3	1:1.3～1:1.5
5～10	<3	2.0	1:0	1:1.1～1:1.5
	3～6	2.0	1:0～1:0.3	1:1.5～1:1.8
10～15	<3	2.0	1:0	1:1.5～1:1.8
	3～6	2.0	1:0～1:0.3	1:1.8～1:2.0

（3）堆石堰。堆石堰适合建在砂砾石覆盖层较厚的河床上，用砂砾、卵石作为堆石体，用坚硬大块石作面层堆筑而成，如图2.20所示。这种堰可就地取材，施工简易，造价较低，透水性好，缺点是整体性差。堰高一般不超过3m，上游坡比1:2～1:3，下游坡比1:8～1:12。为了提高堰体的防渗效果，可在堰体每隔10～15m设置浆砌块石或混凝土隔水墙，如果河床覆盖较薄，可将堰顶位置隔水墙穿透透水层，直达不透水层。

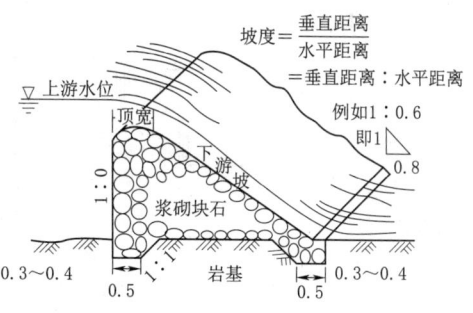

图 2.19　浆砌块石堰（单位：m）

（4）橡胶坝。橡胶坝是由高强度的织物合成纤维受力骨与合成橡胶构成，用螺栓锚固于基础底板上，形成密封袋形，坝袋内充入水或气体（图2.21），使之充胀形成坝体进行挡水。坝顶可以溢流，也可根据需要随时调节坝高，不需要挡水时，将坝袋内的水或气排空，坝袋就平铺于河床基础上，恢复原有的河床断面，使河水下泄无阻。与其他堰坝相比，具有调节灵活、造型优美、阻水影响小、止水效果好等优点，缺点是坚固性较差、易

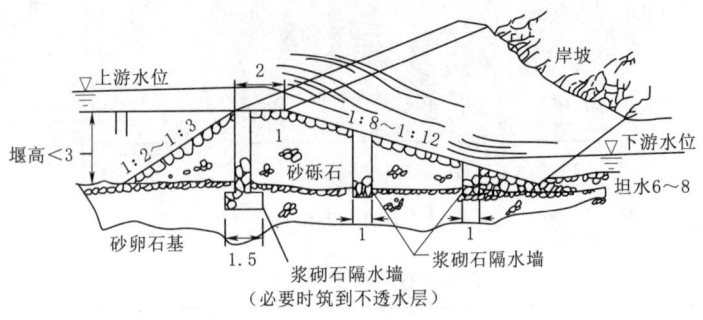

图 2.20 堆石堰（单位：m）

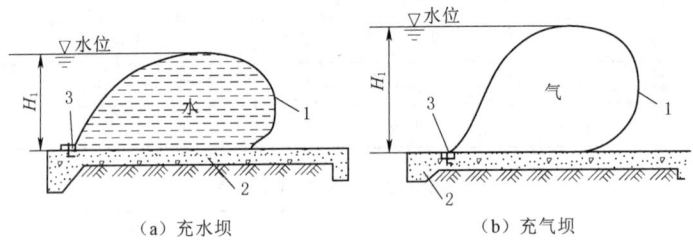

（a）充水坝　　　　　　　（b）充气坝

图 2.21 橡胶坝
1—坝袋；2—基础底板；3—锚固螺栓

老化、易损坏。橡胶坝适用于低水头、大跨度的堰坝工程，坝高一般不高于 6.0m，单跨长度一般为 50～100m，尤其是在平原河道、施工围堰或活动围堰、美化环境及生态保护工程更能发挥其优点。

橡胶坝由上下游连接段及基础部分、挡水坝段和控制系统等组成，如图 2.22 所示。

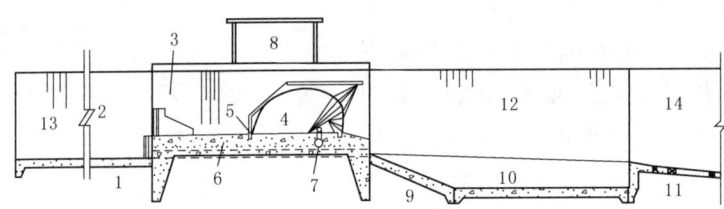

图 2.22 橡胶坝纵剖面图
1—铺盖；2—上游翼墙；3—岸墙；4—坝袋；5—锚固；6—基础底板；
7—充排管路；8—操作室；9—斜坡段；10—消力池；11—海漫；
12—下游翼墙；13—上游护坡；14—下游护坡

橡胶坝的设计内容主要有坝袋结构参数计算、坝袋材料选择、坝袋锚固设计、充排水系统设计、基础设计等，具体可参阅《橡胶坝技术规范》（SL 227—98）、《橡胶坝工程技术规范》（GB/T 50979—2014）等相关文献。

堰坝的消能防冲设计主要针对堰坝上、下游一定长度的河段进行。此外，还要上、下游连接设计。

固定堰坝还应进行坝体抗滑稳定分析和抗倾稳定分析，计算方法可参照堤身设计相应部分内容。

拦河堰坝的两岸为土质岸坡时，尚须修建护岸，用以防止水流冲刷岸坡引起崩坍、绕坝渗流掏空河岸及水流漫流两岸等。护岸又称岸墙，是拦河堰坝与两岸连接的建筑物。护岸的长度目前尚无理论计算，一般参考工程经验拟定。堰坝下游有护坦（又称坦水）时，则与护坦齐平或比护坦长 1~2m；堰坝下游没有护坦时，可取自堰坝轴线算起 8~12 倍堰高。堰坝上游的护岸长度，可取自堰顶中心线算起 3 倍堰高。堰坝护岸一般护岸均采用重力式的浆砌石挡土墙，设计方法与挡土墙设计相同。

4. 堰上游回水影响分析

河道筑堰后，堰上游水位将因回水影响而壅高，特别在洪水期可能淹没上游两岸的田地和村庄。因此，在工程设计时要分析筑堰后的壅水高度及其可能影响的范围，以便筑堤防护或采取其他措施。

（1）壅水高度。壅水高度为筑堰后与筑堰前的洪水位差，将堰高与设计洪水流量时的溢洪水深 H_0 相加，再减去堰址处原洪水深度即为筑堰壅水高度 h，如图 2.23 所示。

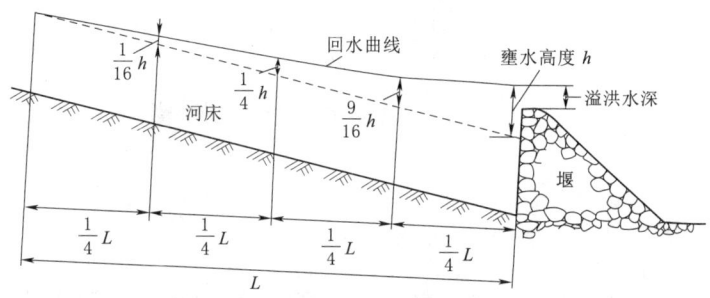

图 2.23 堰上游回水影响计算图
（图中虚线表示筑堰前的洪水水面线）

（2）回水距离。筑堰后的回水距离与壅水高度、河床坡降有关，可用式（2.16）计算。

$$L = 2 \times \frac{h}{i} \tag{2.16}$$

式中　L——回水距离，m；
　　　h——壅水高度，m；
　　　i——河床纵坡比。

（3）沿河回水高度的计算。回水曲线是一条抛物线，沿河各处的回水高度可简单地分为三处计算，即：距堰址至 $\frac{1}{4}L$ 处的回水高度等于 $\frac{9}{16}h$；在 $\frac{1}{2}L$ 处的回水高度等于 $\frac{1}{4}h$；在 $\frac{3}{4}L$ 处的回水高度等于 $\frac{1}{16}h$。

2.9.2 亲水设施设计

对常水位变幅小于0.5m的城市（镇）河段，宜布置亲水平台；常水位变幅在0.5以上的河段，宜布置亲水台阶。亲水平台和亲水台阶设置应充分考虑亲水过程中的安全因素。

1. 亲水平台

亲水平台是指从陆地延伸到水面上，使人们更方便接触所想到达水域，能够戏水玩耍的平台，如图2.24所示。

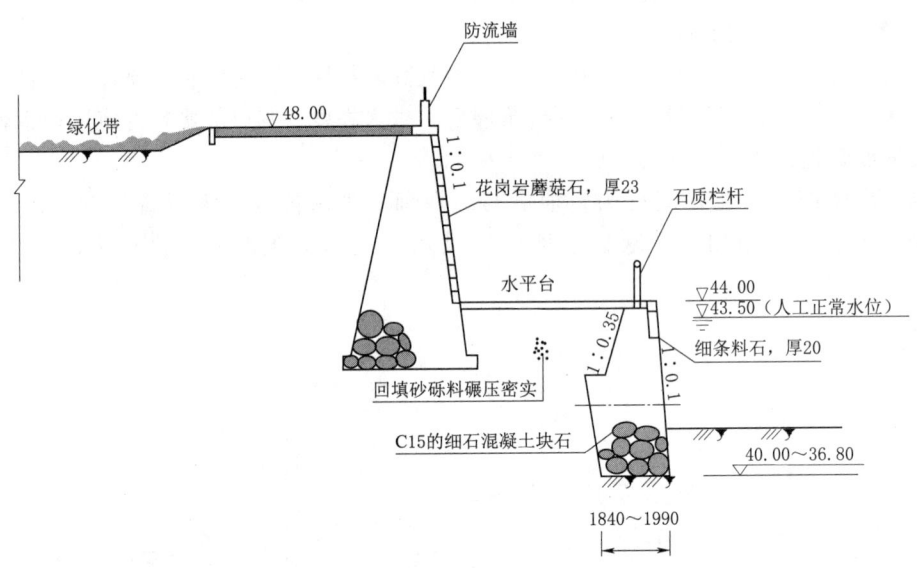

图2.24 休闲型护岸中的亲水平台断面示意图（图中高程单位：m，其余尺寸单位：mm）

在水位变幅较大的河道，为满足人们常年亲水戏水需求，用浮筒加木板搭建浮动式亲水平台这种亲水平台的位置可以根据水位的变化自由上升下降。

对亲水平台的设计，要符合水域本身水位变化。亲水平台高程宜略高于设计常水位高程，平台宽度宜在1.5m以上。当河道护岸用复式断面的台阶作为亲水平台时，平台顶高程可采用90%或95%的枯水位。

2. 亲水台阶

在采用矩形断面的城镇河段，常水位变幅大于2.0m以上时，可沿直立护墙设置亲水台阶。在采用梯形断面的城镇河段，每隔200~400m宜设置亲水台阶，作为行走、休闲便道。台阶边坡宜控制在1:5~1:1.75或者更缓，宽度宜大于2.0m。亲水台阶每级台阶的长度宜大于2.0m，宽度宜大于0.3m，高度宜控制在0.15m以内，其延伸范围应大于常水位变幅，最低台阶宜延伸至常水位以下一定深度。

【任务巩固】
【应知】

应知训练

任务 2.10 安全监测及工程管理设计

【任务目标】
1. 熟悉堤防安全监测项目及监测设施布设要求
2. 熟悉堤防工程管理设计的主要内容

导师述典
—灵渠

2.10.1 安全监测设计

安全监测设施是为了监视堤防工程及其附属建筑物运行安全，掌握工程各部位的工作情况和形态变化而设置的设施。通过安全监测设施可及时发现有不正常现象，采取防护措施，保证工程安全运行。同时，还可通过原形监测积累资料，检验设计的正确性和合理性，积累科研资料，以提高设计水平。

1. 安全监测设计的原则与内容

堤防工程设计应根据堤防工程的级别、水文气象、地形地质条件以及堤型及工程运用要求设置必要的安全监测设施。安全监测设施的设置应符合有效、可靠、牢固、方便及经济合理的原则。

堤防工程安全监测设计内容应包括设置监测项目、布置监测设施、拟定监测方法、提出整理分析监测资料的技术要求。

2. 安全监测项目

堤防工程安全监测分一般性监测和专门性监测。凡属工程一般性运用需要监测的项目列为一般性监测，侧重于科研、设计需要或特殊需要的监测项目列为专门性监测。

堤防工程的一般性安全监测项目包括：

(1) 堤身垂直位移、水平位移。

(2) 水位、潮位。

(3) 堤身浸润线。

(4) 堤基渗透压力、渗透流量。

(5) 表面观测，包括裂缝、滑坡、坍塌、隆起、渗透变形及表面侵蚀破坏等。

1级、2级堤防可根据工程安全和管理运行的需要，有选择地设置下列专门性安全监测项目：①近岸河床的冲淤变化；②护岸工程的变化；③河道水流形态及河势变化；④滩岸地下水的出逸情况；⑤冰情；⑥波浪。

3. 堤防安全监测设施

堤防安全监测设施应符合下列要求：

(1) 选定的监测项目和监测点的布设应能够反映工程运行的主要工作状况。

(2) 监测的断面和部位应选择有代表性的堤段，并应做到一种设施多种用途。

(3) 在特殊堤段或地形地质条件复杂的堤段，可根据需要适当增加监测项目和监测断面。

(4) 监测点应具有较好的交通、照明等条件，且应有安全保护措施。

(5) 应选择技术先进、实用方便的监测仪器、设备。

2.10.2 堤防工程管理设计的内容

堤防工程管理设计的目的是为堤防工程正常运用、工程安全和充分发挥工程效益创造条件，促进堤防工程管理规范化、现代化，提高管理水平。堤防工程管理设施应与主体工程同步建设，并应同时投入运用。

堤防工程管理设计应按工程级别、运行管理需要进行，应包括下列设计内容：

(1) 工程管理范围和保护范围。

(2) 根据管理体制、岗位设置和人员编制，明确管理设施要求。

(3) 交通通信设施。

(4) 其他维护管理设施。

(5) 管理单位生产、生活区建设。

大中型穿堤、跨堤交叉建筑物可单独进行管理设计，沿堤防的小型穿堤建筑物可按属地实行统一管理设计。

堤防工程运行期管理设计应根据工程任务提出调度运用原则，明确各项工程设施管理要求；应测算年运行费并说明资金来源。

2.10.3 交通与通信设施

建立必要的内外交通体系是保证堤防工程管理和抗洪抢险的必要条件，也是堤防工程管理设计的重要组成部分。因此，堤防工程设计应为管理单位配备必要的交通和通信设施。

1. 交通设施

堤防工程的交通设施应符合下列要求：

(1) 应充分利用现有的交通道路。远离交通干线和城镇的堤防工程应结合施工临时交通，统一规划和布置。

(2) 交通运输能力应满足正常管理和防洪抢险的物资运输和人员交通的需要。

(3) 应满足各管理区、段与生产管理、生活区之间的正常联系。

(4) 对内交通与对外交通应合理衔接。

(5) 当有水运条件时，应充分利用水运和水陆联运。堤防工程管理的专用码头、渡口、船只，应根据经常性管理及防汛抢险需要设置。

上堤道路

上堤防汛专用道路宜沿堤线每 10~15km 布置一条，并应与公路干线相连接。堤顶防汛道路的宽度，1级堤防工程应满足双车道行车要求，其他堤防工程应满足单车道行驶的最小宽度。当堤顶宽度小于 6m 时，应按一定距离设置坡道或错车段。交通道路应设置安全、维修、养护及管理等设施，路口应设置安全管理标志和限行设施。

2. 通信设施

工程实践证明，抗洪抢险的成败很大程度上取决于通信系统的效率，而效率又取决于通信系统的质量、标准。完善、高效的通信系统，能使防汛指挥中心及时获得信息，准确、迅速地处理各种险情。因此，管理单位应配置必要的通信设施。通信设施应满足管理单位与防汛指挥部门之间信息传输迅速、准确、可靠的要求。通信系统建设应以利用当地公共通信设施为主。

3. 其他管理维护设施

为了保护堤防安全和生态环境，除了观测、交通和通信设施外，宜在堤防的临、背水侧护堤地范围内设置防浪林带和防护林带。堤身和戗台范围内不宜种植树木。

为了保证抗洪抢险的顺利进行，在堤防背水侧设置堆料平台，储备一定数量的抗洪抢险所需的土、石料；在重要堤段和险工段配备照明设备；重要堤防管理单位配备必要的测量、探测仪器和交通工具。

堤防工程管理单位的生产管理和生活设施应包括生产办公设施、生产附属设施、生活设施、环境绿化设施等。地处偏僻乡村、交通闭塞的管理单位，可选择附近的城镇区建立后方生活基地。

3级及以上的堤防工程应沿堤线设置防汛屋，其间距、面积应按实际需要确定。

堤防工程应按行政区划和分段管理范围设立界碑和里程桩。堤防的管理范围应设立界标。

堤防标识牌图组

【任务巩固】
【应知】

应知训练

【项目训练】
【应会】

1. 根据下列材料，概述工程设计方案。

工程范围紧靠江苏省某城区，地处北亚热带温湿气候区，雨水充沛，气候温和，四季分明。河道上游为低山丘陵区，中下游为沿滁平原圩区；该河道是水库泄洪的重要通道，有多条河流和水库溢洪河等支流汇入，其中存在河流可将该河道上游洪水分流至某河中，能够减轻所在城区的防洪压力，但该区域目前工程实施费用有限、拆迁存在一定难度。

整个流域源短流急，容易发生暴雨洪水，历年来险情不断。20世纪90年代以后经历了两次流域性洪水，河道堤防沿线出现洪水漫顶、迎水坡塌方、涵洞漏水倒灌等险情。后经过综合治理，整治段堤防基本满足规划防洪标准；已知河道上游段未经治理，目前未治理段堤防总长 26.80km，防洪标准不足 20 年一遇，亟须进行整治，提高流域整体防洪标准。

2016 年该流域遭遇大雨，河道堤防出现多处散浸、渗漏等险情，需采取应急消险措施，但现有堤防仍然存在堤顶高程不足、堤身单薄、穿堤建筑物老化破损等问题，存在安全隐患，亟须进行整治，本次整治堤防总长为 18.69km。

现状堤防迎、背水坡和堤顶存在茂密的大型乔木、杂树、野草，道路难辨；除局部堤顶现存水泥路或泥结石路，全线大部分堤顶无路面结构，雨后泥泞难行；导致堤防的维护管理、巡查养护和防汛抢险工作困难重重。

答案解析

2. 结合所给背景资料，概述设计方案。要求设计方案能够解决该河道现存问题，满足河道行洪、亲水、休闲等功能要求。

工程范围内的水系位于江苏省 C 城市老城区，项目区总体地势较为平坦，该地区受海洋气流影响，雨水充沛，日照充足，四季分明，气候宜人，城市紧邻长江，受到长江的内河小气候的影响。区域属亚热带湿润、半湿润季风气候区。春夏之交，6—7 月常出现梅雨期，7—9 月，受热带风暴台风影响，发生大暴雨，梅雨和台风气候，易造成本地区洪涝。

该工程相关的《C 城区排水防涝综合规划》已经批复。该工程范围水系除作为景观水体，满足生态需水要求外，汛期河道兼顾行洪。该河道有多个补水水源。河流全线大多均已护砌，少量段落岸坡出现破损，部分岸坡及挡墙状况较差，但整体状况良好。驳岸与水系多为垂直关系，人无法靠近水面。工程范围内河道排口较多，对河道造成冲刷严重。

该河道经过多次河道水环境治理，流域内河道水体已基本达到地表 V 类水标准，但目前水质仍然不稳定，计划通过本工程的实施实现水质稳定。

部分河段景观现状较为破败与现有效果不协调，步道未完全贯通，给附近居民通行造成不便。同时部分河道滨水混凝土平台裸露，影响景观效果。

该河道某一河段右岸大部分为直立挡墙，左岸为连锁块护坡砖。连锁块护坡砖生态景观效果差。根据现场踏勘及与养护单位的对接了解，本段在汛期被淹没，非汛期位于常水位以上，连锁块护坡砖空隙较小，难以种植合适的植物，主要以野生的当地杂草为主，秋冬季节岸坡基本为光秃状态，夏季杂草丛生，景观效果差，养护难度大。

答案解析

项目3 堤防工程施工

【知识目标】
1. 了解堤防工程的施工工艺、验收标准
2. 熟悉堤防工程施工现行技术规程
3. 掌握堤身填筑及防护工程施工质量控制要点

【能力目标】
1. 会编制堤防工程施工方案
2. 能进行堤防工程隐蔽工程质量验收

项目导学3

任务3.1 施工准备与导流

【任务目标】
1. 了解断面放样及导流、截流的施工技术要求
2. 掌握料场复核的重点内容
3. 会堤身或围堰顶高程的计算

导师述典——泾阳郑国渠

堤防工程开工前，应做好各项技术准备，并做好"四通一平"、临建工程、各种设备和器材等的准备工作。取土区和弃土堆放场地应少占耕地，不妨碍行洪和引排水，并做好现场勘定工作。应根据水文气象资料合理安排施工计划。

3.1.1 施工放样

堤防施工测量常用仪器设备有水准仪、经纬仪、全站仪、GPS等。堤线测量、断面放样及测量验收是堤防工程施工测量的重要环节。施工测量应按照《水利水电工程施工测量规范》（SL 52—2015）的规定执行。

1. 断面放样

堤防工程基线相对于邻近基本控制点，平面位置允许误差为±50mm，高程允许误差为±30mm。堤防断面放样、立模、填筑轮廓，宜根据不同堤型相隔一定距离设立样架，其测点相对设计的限值误差，平面为±50mm，高程为±30mm，堤轴线点为±30mm。高程误差为负值的测点不得连续出现，并不允许超过总测点的30%。

断面测量

2. 标石设置

堤防基线的永久标石、标架埋设应牢固，施工中应严加保护，并及时检查维护，定时核查、校正。永久标石一般在堤线端点、弯点、整桩号以及水准点处埋设；标石间距根据

不同用途而定，整桩号标石间距以1000m为宜。

3. 沉降计算

堤身放样时，应预留堤基、堤身的沉降量。预留沉降量在工程设计阶段确定；如设计中未规定沉降量时，需根据经验取值。施工中可根据已知预留沉降率及堤顶加宽率，按式（3.1）的规定计算出将要实施的堤防坡率。

$$m' = \frac{m - \beta}{1 + \alpha} \tag{3.1}$$

式中 m'——实施堤坡率；

m——设计堤坡率；

β——预留加宽率（为堤高的百分数）；

α——预留沉降率（为堤高的百分数）。

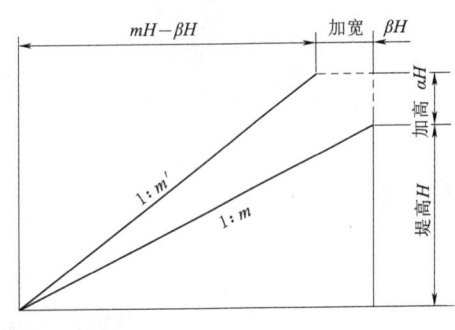

图3.1 土堤加高加宽示意图

土堤加高加宽示意图如图3.1所示。

举例：如 $m=3$，$\alpha=3\%=0.03$，$\beta=2\%=0.02$，则

$$m' = \frac{3 - 0.021}{1 + 0.03} = 2.892$$

α、β 取值通常根据土质、碾压方式、铺土厚度以及含水量等因素确定。

如遇厚层流态淤泥质软弱地基，还要考虑后期（施工完成至合同工程交付期内）沉降量。

3.1.2 料场复核

开工前，要认真对料场进行现场复核，以避免施工中因料场问题而导致停工、窝工或无法保证工程质量等事故发生。料场的复核内容要力求全面，主要包括下列内容：

（1）料场位置、开挖范围和开采条件，并对可开采筑堤材料厚度及储量作出估算，可开采储量应满足堤防工程的填筑要求。

（2）了解料场的水文地质条件和采料时受水位变动影响的情况。

（3）料场土质和土的天然含水量。

（4）根据设计要求对料场土质作简易鉴别，对筑堤土料的适用性作初步评估，简易鉴别方法见《堤防工程施工规范》（SL 260—2014）附录A。

（5）复核土料特征，应采集代表性土样按《水电水利工程土工试验规程》（DL/T 5355—2006）的要求做颗粒组成、黏性土的液塑限和击实、砂性土的相对密度等试验。

其中，料场土质、天然含水量现状及其随季节的变化情况、开采条件和可开采储量等是复核的重点。

在设计规定的保护范围内取土，会破坏天然铺盖，减少防渗长度，减轻盖重，影响堤身安全。故不允许在堤身两侧设计规定的保护范围内取料。

3.1.3 机械、设备及材料准备

施工机械包括运输、碾压、排水、基础处理、水力吹填等机械；施工工具包括夯打、砌筑、维修等工具；施工设备包括风、水、电、通信等方面的设备；施工材料包

括土、砂、石、水泥、石灰、木材、土工合成材料等建筑材料，以上诸项均应根据施工总进度安排及施工强度与机具的出勤率，分期分项进行合理分配，调运到位，以利组织实施。

常用施工机械、工具和设备可根据工程具体需要查阅有关施工手册、产品技术目录予以选择。施工机械、工具和设备如不及时检查修配，或预制、加工能力不足，会造成工程窝工或停工。

3.1.4 导流与度汛

导流在堤防工程施工中通常较少遇到，仅在河道裁弯取直、堵口复堤或河道立面交叉的枢纽工程等施工时才会出现；度汛是堤防工程施工中经常遇到的情况。由于导流、度汛牵涉面较广，又非常重要，故要编制相应的导流、度汛方案。

1. 导流

堤防工程施工期的度汛、导流，应根据设计要求和工程需要编制方案，并报有关单位批准。堤防工程跨汛期施工时，其度汛、导流的洪水标准，应根据不同的挡水建筑物类别和堤防工程的级别确定，可按表3.1确定。

表3.1　　　　　　　　　　度汛、导流洪水标准

挡水体类别	堤防工程级别 洪水标准（年一遇）	
	1级、2级	3级及以下
堤防	10～20	5～10
围堰	5～10	3～5

对于施工期较短、河道较宽且季节性较强的山区河流，可采用左右分期导流或以河道主流导流，两岸施工的方式；工程施工尽量避开主汛期。

对于施工期较长且河道断面较小的工程，可采用另开导流渠或利用原河道导流。

基坑排水方式可采用水泵抽排或井点式排水。

2. 围堰

挡水堤身或围堰顶部高程，应按照度汛洪水标准的静水位加波浪爬高与安全加高确定，并满足设计要求。

当度汛洪水位的水面吹程小于500m、风速在5级以下时，堤顶高程可仅考虑安全加高。安全加高可按表3.2的规定取值。

表3.2　　　　　　　　　　堤防及围堰施工度汛、导流安全加高值

堤防工程级别		1	2	3
安全加高/m	堤防	1.0	0.8	0.7
	围堰	0.7	0.5	0.5

围堰截流方案应根据龙口水流特征、抛投物料种类和施工条件选定，并应备足物料及运输机具。合龙后应注意闭气，保证围堰上升速度高于水位上涨速度。挡水围堰拆除前，应对围堰保护区进行清理，并对挡水位以下的堤防工程和建筑物进行验收。

围堰拆除前,需要做好各项准备工作,包括围堰拆除方案、围堰保护区的清理以及长期受水淹没工程的验收等。

3. 围堰工程

(1) 围堰的形式。施工围堰分纵向围堰和横向围堰。应根据施工期河道流量、河道清淤、基础开挖、岸墙施工等综合考虑进行选择。

(2) 围堰设计。编织袋土围堰,围堰两侧采用木桩及脚手片围护,中间填装土编织袋,采用黏土防渗;木桩间距0.8m,横向木桩采用Φ6钢筋拉接,纵向设木档,采用铁丝绑扎,脚手片采用铁丝与木桩绑扎在一起。

围堰设计顶高程依据施工期河道平均水位确定,并加安全超高30~40cm;围堰堰体一般取矩形,顶宽3m,采用编织袋土压顶。

(3) 围堰施工。围堰采取分段施工,段长一般为10m左右。木桩采用人工夯打,入土深度控制在1m以上。编织袋装土利用岸上开挖土方,由人工进行装袋,手推车运到现场人工分层叠放,中间填土可利用手推车运到现场,人工分层夯实。

(4) 围堰拆除。围堰待护岸挡墙施工完毕后进行拆除,拆除主要采用挖泥船及人工进行。

【任务巩固】

【应知】

应知训练

【应会】

1. 某堤防工程施工,施工单位在用土料进行堤身填筑时,为便于施工、加快工程进度,拟在背水侧距离堤脚较近范围内取土,试论述该行为是否正确,并阐述理由。

答案解析

2. 某河道工程由水闸、泵站、新建堤防等组成,新建堤防堤身填筑为均质土料,土方填筑设计工程量为200万 m^3,设计压实度为97%。

工程施工前,施工单位对料场进行复查,复查结果为:土料的天然密度为$1.86g/cm^3$,含水率为24%,最大干密度为$1.67g/cm^3$,最优含水率为21.2%。

问题:

计算堤身填筑需要的自然土方量(不考虑富余、损耗及沉降预留,计算结果保留1位小数)。

答案解析

3. 某堤防加固工程划分为一个单位工程，工程建设内容包括堤防培厚、穿堤涵洞拆除重建等。堤防培厚采用在迎水侧、背水侧均加培的方式，如图 3.2 所示，根据设计文件，A 区的土方填筑量为 12 万 m^3，B 区的土方填筑量为 13 万 m^3。

建设单位提供的料场共两个，1 号料场位于堤防迎水侧的河道滩地，2 号料场地位于河道背水侧，两料场到堤防运距大致相等，施工单位对料场进行了复核，料场土料情况见表 3.3。

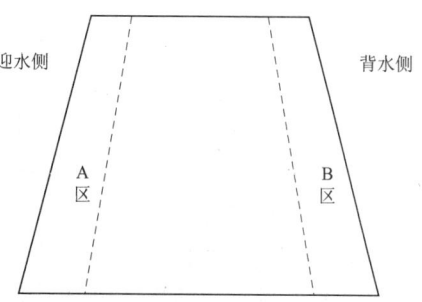

图 3.2 堤防加固断面示意图

表 3.3　　　　　　　　　料场土料情况

料场名称	土料颗粒组成/%			渗透系数 /(cm/s)	可利用储量 /万 m^3
	砂粒	粉粒	黏粒		
1 号料场	28	60	12	4.2×10^{-4}	22
2 号料场	15	60	25	3.4×10^{-6}	22

问题：

施工单位对两个土料场应如何进行安排？说明理由。

答案解析

任务 3.2　堤　基　施　工

【任务目标】

1. 熟悉筑堤材料的选择及开采要求
2. 掌握各种类型堤基的施工工艺
3. 会含水率状态选择土料开采方式

导师述典——寿县芍陂

3.2.1 堤料选择与质量标准

1. 堤料选择的注意事项

碾压土堤施工时，常常是沿堤线两侧设计规定保护范围外就近挖取堤料。在施工前应从土质、土料天然含水量、储量、运距、开采条件等方面合理选择取料区。一般注意以下几点：

（1）淤泥土、杂质土、冻土块、膨胀土、分散性黏土等特殊土料，一般不宜用作填筑堤身，若必须采用时，应有技术论证和制定专门的施工工艺。

（2）土石混合堤、砌石墙（堤）、混凝土墙（堤）所采用的石料、砂砾料及拌制混凝土和水泥砂浆的水泥、水、外加剂等的质量，应符合相关规范要求。

（3）土料多用于堤身填筑和防渗、压浸，石料用于护坡，砂砾料用于排水、反滤及混凝土骨料，天然砂砾料缺乏时可用人工碎石料代替。

（4）选用的反滤料（含土工织物），应满足设计提出的保土、透水、防堵等要求。

（5）堤基及堤身结构采用的土工织物、加筋材料、土工防渗膜、塑料排水板及止水带等土工合成材料，应根据设计要求的型号、规格、数量选购，产品均应有相应的技术参数资料、产品合格证和质量检测报告。

（6）采集或选购的石料，除应满足岩性、强度等性能指标外，砌筑用石料的形状、尺寸和块重，还需符合设计要求。

2. 土料开采

陆上料区开挖前须将其表层的杂质和耕作土、植物根系等清除；水下料区开挖前须将表层稀软淤泥土清除，确保取料区的位置和取料深度符合设计要求。

土料的开采应综合考虑料场、施工条件等因素，并符合下列要求：

（1）料场建设。料场周围应布置截水沟，料场排水措施安排得当。遇雨时，坑口坡道宜用防水编织布覆盖保护。不同粒径组的反滤料，应根据设计要求筛选加工或选购，并需按不同粒径组分别堆放。

（2）土料开采方式。当筑堤材料天然含水量接近施工控制下限值或上层低下层高时，宜用立面开挖；当含水量偏大以及在层状筑堤材料中有必须剔除的不合格料层时，宜采用平面开挖；当层状筑堤材料允许掺混或冬季开采筑堤材料时，宜用立面开挖。开采时取料坑壁应稳定，立面开挖时，不允许掏底施工。

3. 土料的质量控制

在现场以目测、手测法为主，辅以简易试验，鉴别筑堤土料的土质及天然含水量。发现料场土质与设计要求有较大差异时，应取代表性土样做土工试验复验。确定达不到设计要求时，应及时报告监理单位。

3.2.2 堤基开挖与清理

堤基开挖和处理属隐蔽工程，堤身填筑后难以检查和处理，应严格进行质量控制。开挖和处理过程中出现的各种情况要及时如实详细记录。堤基施工未经隐蔽工程验收或验收不合格，不允许进行堤身填筑。基坑渗水和积水是堤基施工经常遇到的问题，处理不当会出现事故或造成严重质量隐患。对较深基坑，要采取措施防止坍岸、滑坡等事故的发生，消除隐患。对基坑积水应及时抽排。对泉眼、钻孔等引起的涌水，要分析原因，及时采取抽排、引导或封堵等有效措施处理。

堤基清理是为了保证堤基与堤身有效结合，满足抗渗、抗滑要求。堤基基面清理范围包括堤身、铺盖、压载的基面，其边界应在设计基面边线外50cm。堤基表层不合格土、杂物等应予清除；堤基范围内的坑、槽、沟以及水井、地道、墓穴等地下建筑物，应按设计要求处理。堤基开挖、清除的弃土、杂物、废渣等，均应运到指定的场地堆放。堤基清理平整后，应及时报验；基面验收后应抓紧施工，若不能立即施工时，应做好基面保护，复工前应再检验，必要时须重新清理。

3.2.3 堤基施工

1. 软弱堤基施工

软弱堤基通常指由软黏土、淤泥、泥炭等土层构成的地基，由于这类地基土层承载力低，直接进行堤身填筑难以稳定。当软弱土层不太厚时，通常采用挖除换填法进行处理。换填时一般采用粗砂或砂砾，不允许用细砂或粉砂，因为后者在地震时容易形成流动砂层，对堤身的抗震不利。换填砂层时，一般根据砂砾石级配、含水量、夯实机械性能等因素，通过夯压试验来确定夯压参数，以保证换填层的压实质量。

(1) 软黏土堤基处理。流塑态淤质软黏土地基，一般采用堤身自重挤淤法施工，应放缓堤坡、减慢堤身填筑速度、分期加高，直至堤基流塑变形与堤身沉降平衡、稳定。处理较厚层流塑态淤质软黏土堤基时，由堤防中心线向两侧缓慢进占施工，有利于提高挤淤效果。由于流塑土基被逐步加高的堤身自重外挤，导致堤身填筑层会产生不均匀

堤基施工图片

沉陷，因此层面上会出现平行堤轴线的裂缝，为将裂缝控制在较小范围内，应缓慢施工。

较厚层软塑态淤质黏土堤基，有一定的抗剪能力，当堤身填筑高度接近软塑态土堤基的临界高度时，立即在两侧堤脚外设置压载体，以防止堤基土的剪切破坏；随着堤身填筑继续（分期）升高，压载体应与堤身同步、分级、分期压载，保持施工中的堤基与堤身受力平衡。临界高度是指堤基失稳前可承受的最大堆土高度，可在现场通过堆土试验得出。

(2) 土质堤基处理。抛石挤淤法常用于流塑态土质堤基的处理，施工中，抛石挤淤应使用块径不小于30cm的坚硬石块。当抛石层露出土（水）面后改用较小石块填平压实，再在其上作好滤层，以便于堤身填筑作业。

2. 透水地基施工

透水地基可用黏性土铺盖、黏性土截水槽、土工合成材料或其他垂直防渗措施截渗。浅层透水堤基宜采用黏性土截水槽或其他垂直防渗措施截渗；深厚透水堤基上的重要堤段，可设置黏土、水泥土、混凝土、固化灰浆、土工膜等地下截渗墙。

铺盖分片施工时，应加强接缝处的碾压和检验。黏性土截水槽施工时，宜采用明沟排水或井点排水，回填黏性土应在无水基底上进行。截渗墙可采用槽形孔、高压喷射等方法施工。砂性堤基可采用振冲法处理。

3. 多层堤基施工

多层堤基如无渗流稳定安全问题，施工时仅需将经清理过的堤基表层土夯实后即可

填筑堤身。表层弱透水覆盖层较薄的堤基如下卧的透水层均匀且厚度足够时，宜采用排水减压沟，其平面位置宜靠近堤防背水侧坡脚。排水减压沟可采用明沟或暗沟。暗沟可采用砂石、土工织物、开孔管等。堤基下有承压水的相对隔水层，施工时应保留设计要求厚度的相对隔水层。堤基面层为软弱或透水层时，应按软弱堤基施工、透水堤基施工处理。

4. 岩石堤基处理

强风化岩石堤基，除按设计要求清除松动岩石外，筑砌石堤或混凝土堤时基面应铺层厚大于30mm的水泥砂浆；筑土堤时基面应涂黏土浆，层厚宜为3~5mm，然后进行堤身填筑。裂缝或裂隙比较密集的基岩，可采用水泥固结灌浆或帷幕灌浆进行处理。当岩石堤基表面有渗水现象时，应查明渗水原因并采取封堵或引导措施加以处理。

5. 堤基施工质量控制

应根据堤基处理施工方法的相应技术标准要求，确定质量检查的项目和内容。

技术较复杂的堤基处理，应重点检查施工工艺和参数是否与现场施工试验的结果一致，施工操作是否符合相关技术规范的规定。

【任务巩固】

【应知】

应知训练

【应会】

1. 试述土料的开采方式主要有哪些，各自适合于何种土料。

答案解析

2. 某引调水枢纽工程，工程规模为中型，建设内容主要有泵站、新建堤防等。为做好新建堤防工程基坑土方开挖工程量计量工作，施工单位编制了土方开挖工程测量方案，明确了开挖工程测量的内容和开挖工程量计算中面积计算的方法。

问题：

(1) 基坑土方开挖工程测量包括哪些工作内容？

(2) 开挖工程量计算中面积计算的方法有哪些？

答案解析

任务 3.3 防 渗 工 程 施 工

【任务目标】
1. 熟悉堤防施工常见的垂直防渗工艺
2. 掌握混凝土防渗工程施工质量控制方法

导师述典——南宋马远水图赏析

堤防施工常见的垂直防渗工艺有混凝土防渗墙、高压喷射与深层搅拌防渗墙、水泥及黏土灌浆、振动沉模（切槽）防渗墙、土工膜垂直防渗等。垂直防渗体属于隐蔽工程，不仅施工难度大，而且质量缺陷不易被发现，故要靠严格的过程控制来保证工程质量。垂直防渗体的施工记录是非常重要的原始资料，是对施工质量过程控制的真实反映，是竣工验收时不可缺少的内容，是工程运行管理和维护的重要参考依据，要全面、准确、及时。

3.3.1 混凝土防渗墙

混凝土防渗墙施工技术属于垂直防渗施工技术，是在20世纪60年代才逐渐发展起来的，通过50多年的不断发展与改善，目前已经成为水利工程堤防防渗中应用得最广泛的一种防渗施工技术，也是堤防工程中粒状土体的主要防渗施工技术。

荆江南岸大堤防渗墙示意图

混凝土防渗墙施工技术能够对防渗墙的厚度进行比较有效的控制，而且墙段的结合比较紧凑、密实，具有较高的安全性和可靠性，不但可以对堤防地基进行永久性的防渗施工，还可以对发生渗漏的堤防工程进行防渗堵漏处理。

混凝土防渗墙施工技术可分为浅薄型和深厚型两种。对于浅薄型混凝土防渗墙施工技术，防渗墙的深度范围通常控制在10～20m内，最深可达30m，而厚度通常控制在100～250mm范围内，最厚可达300mm，通常适用于对江、河的堤防工程的防渗施工，或者是对坝基厚度在30m以内且水头较小的土石坝堤防工程进行防渗施工。对于深厚型混凝土防渗墙施工技术，防

小浪底混凝土防渗墙施工图

渗墙的厚度一般控制在600～800mm范围内，最大可达1300mm，通常用于承受水头在20m以上、墙深超过30m的大坝及险要地段的堤防防渗施工。在三峡水库二期工程中，混凝土防渗墙的最大深度就达到了73.5m，小浪底大坝的混凝土防渗墙的最大深度则达到了81.9m，在新疆的下坂地水利枢纽工程中混凝土防渗墙的最大深度则达到了102m。

混凝土防渗墙施工技术，主要包括开挖槽孔、清孔验收、混凝土浇筑等工艺流程。

1. 开挖槽孔

开挖槽孔是混凝土防渗墙施工的关键工序，开挖槽孔的施工方法宜根据堤基地址条件等情况在抓取成槽法、冲击成槽法、高压射水成槽法、锯槽法等方法中选定。槽孔孔斜率均不应大于0.4%。抓取成槽适用于土、砂和砂砾石地层。冲击钻机成槽适用于各种第四纪地层和基岩地层。目前，开槽深度一般都不大于50m。槽段间连接处的施工是保证防渗墙质量的关键，宜采用接头管法处理。射水法成槽通常适用于黏土、砂及粒径不大于

100mm 的砂砾地层。钻孔成槽法是利用多头螺旋钻、冲击十字钻等成槽机，对地下施工的连续墙体进行成槽开挖。锯槽法一般适用于粉土、砂土地层。

抓斗法混凝土防渗墙施工图

（1）射水法成槽作业。喷射流体性能指标、泵压和泵量、成槽器上下振动频率和成槽进尺速度等参数，应根据地层情况通过现场试验确定。宜采用两序槽段法施工。槽段划分应根据成槽器尺寸和地质条件确定，成槽器两侧端与槽孔边距宜为 20~30mm，偏差不应大于 5mm，且应在定位铁轨侧面上作出明显标记。

在粒径小于 2mm 的均质砂土地层中施工时，宜采用正循环法排渣；在粒径大于 2mm 的砂土、卵石地层中施工时，宜采用反循环法排渣。墙段连接宜采用平接方式，相邻槽孔的搭接厚度在任何深度都不应小于设计墙厚的 2/3。

一序槽孔施工时应关闭成槽器侧面喷嘴；在砂层中成槽应适当降低泵压、泵量；二序槽孔施工时应保证成槽器侧面钢丝刷完好和水平向喷嘴畅通，射水压力应不小于 0.2MPa。二期槽孔施工应在相邻两侧一期槽孔中的混凝土初凝后进行。成槽器沉至设计深度时应停止下沉，并将成槽器提离槽孔底部 50cm，喷射净化后的泥浆进行清孔；清孔合格后方可进行下道工序。

（2）锯槽法成槽作业。开工前应先沿墙体轴线设导向槽或导向固壁护板；槽口高程与地下水位高差不宜小于 2m。槽孔内应采用泥浆固壁，泥浆密度应不小于 1.1g/cm³。施工中若遇到树根、块石、建筑垃圾等障碍物，应沿墙体边线采用人工或机械措施将其清除。

清孔验收工具图

开槽作业应连续进行，如遇故障需停机时，应采取相应防止槽孔坍塌的措施。槽体分段应采取安全可靠的隔离措施。对泥浆漏失地层应有预防措施，发现漏失现象应立即堵漏或补浆。

2. 清孔验收

混凝土浇筑前应清孔换浆，其合格标准：清孔换浆结束后 1h 进行检验，孔底淤积厚度应不大于 100mm；槽内泥浆密度应不大于 1.30g/cm³，黏度应不大于 30s，含砂量应不大于 10%。泥浆取样位置距孔底 0.5~1.0m。

3. 混凝土浇筑

混凝土浇筑应采用直升导管法。当同一槽内使用两套以上导管浇筑时，导管中心距不宜大于 3.0m，导管距槽孔端部的距离宜为 1.0~1.5m。

3.3.2 高压喷射与深层搅拌防渗墙

1. 高压喷射防渗墙施工

高压喷射防渗墙施工，就是通过浆液的高压射流来冲击、破坏土层，并和土层的颗粒搅拌混合成为一体，在凝结硬化后就形成了防渗墙，使地基得到了加固，提高了防渗性能。

施工时，先要用钻孔机进行钻孔，接着再将灌浆管放进灌浆部位，并通过灌浆管上的喷头把高压浆液对着土层进行喷射，通过对土层的切割与搅拌，使土层的结构被改变并和浆液混合成为一种新的凝结体。

高压喷射防渗施工技术的特点是施工设备简单、方便，适用范围广，施工效率高、成本低、效果好，在各种堤防防渗工程中得到了广泛的应用。

高压喷射防渗施工技术按喷射方式主要有旋转喷射、定向喷射和摆动喷射三种。旋转喷射通常用来对地基进行加固，以提高地基的抗变形能力，从而减少地基由于变形、破坏而发生渗漏的现象；定向喷射和摆动喷射则主要用于对地基进行防渗，以提高堤防边坡的稳定性。

高压喷射防渗墙施工，应按《水电水利工程高压喷射灌浆技术规范》（DL/T 5200—2019）的规定执行。

2. 深层搅拌防渗墙施工

高压喷射成墙施工视频

深层搅拌防渗墙施工技术，就是将水泥浆通过深层搅拌桩机喷入土体中并进行搅拌，使之与土体混合均匀成为一体，经过凝结硬化后就形成了防渗墙。通常适用于淤泥质土、黏性土、砂土及含有少量粒径不大于 5mm 的砂砾地层。

深层搅拌有湿法和干法两种工艺。湿法深搅工艺是指加固料是以浆液的形式泵送至被搅拌的地层内；干法深搅工艺是指加固料以粉状的形式通过压缩空气送入被搅拌的地层内，也称粉喷深层搅拌。干法深搅因其工艺质量难于控制，现在已很少采用。

深层搅拌防渗墙施工应符合：施工前，应根据设计要求进行长度不小于 10m 的工艺性现场试搅。搅拌机座安放应平稳，搅拌头应定位准确；每一回次作业前应校正机座水平和桅杆垂直度；孔位误差应不大于 50mm，垂直度偏差不大于 0.5%。搅拌头直径应定期检查复核，其磨损量不应大于 10mm。搅拌头下沉和提升速度应根据地层特征、设备性能等因素通过工艺性试验选定。

深层搅拌法施工图

水泥掺入量可控制在桩体天然土重的 8%~15%，最佳掺量应通过掺入比试验确定。浆液水胶比应通过试验确定，宜为 0.5~2.0；低于地下水位桩段浆液的水胶比不宜大于 1.0。水泥浆液应过筛，且不允许有离析现象。

搅拌和送浆应连续进行。若因故停浆，应区别不同情况采取下列措施。待恢复供浆后，再进行喷射搅拌。

（1）当停浆出现在下沉搅拌送浆时，应将搅拌头提升 0.5m。

（2）当停浆出现在上提搅拌送浆时，应将搅拌头下沉 0.5m。

喷浆过程中应定时检查计算掺入比是否满足规定要求，不合规定要求应及时修正。对局部漏浆地段应采用控制提升速度、增大喷浆量、加大浆液密度、复搅等工艺措施进行处理。相邻桩体有效搭接厚度应不小于设计要求；施工间隔不应超过 24h，如因故超时，可用平接或补桩等措施进行处理。

3.3.3 水泥及黏土灌浆

水泥或黏土浆液的制备方式、浓度、外加剂掺量等应通过试验确定。钻孔、灌浆方式、灌浆压力以及灌浆结束条件等，应参照施工规范的相关规定执行。

3.3.4 振动沉模（切槽）防渗墙

振动沉模与振动切槽的工作原理相同，即通过振动锤将专用模板（或连接在导杆上的刀头）插入地层中，挤压成槽，同时注入以水泥为主要材料的浆液形成连续的墙体。所不同的是，振动切槽是通过导杆将刀头切入地层，而振动沉模是直接将专用模板切入地层。

两者对地层适应性与振动锤功率有关，国内振动锤功率一般不超过90kW，国外的液压振动锤功率可达300~500kW，能穿透砂砾石层。目前在国内堤防工程中，振动切槽厚度已达150mm，最大墙深达26.6m；振动沉模最大厚度已达300mm，最大墙深达20m。

1. 振动沉模（切槽）防渗墙成槽作业

振动沉模（切槽）机模板（刀头）厚度，应满足设计规定墙体厚度要求。作业前将机械就位、垫稳、调平；模板（刀头）沿墙体轴线落地，与轴线偏差应不大于5mm，垂直度偏差应不大于0.2%。

浅层堤基中发现块石或硬质障碍物时，应采用挖导槽处理，导槽厚应控制在200~300mm范围内。模板（刀头）上应设有专用导向装置，相邻槽段应平顺、连续衔接。

2. 振动沉模（切槽）防渗墙注浆作业

浆液材料（水泥、粉煤灰、砂、黏土、膨润土等）质量应满足设计要求。施工前应通过现场试验取得浆液最佳配合比。浆液密度不宜小于$1.8g/cm^3$。制浆和供浆系统应满足连续注浆作业要求。

振动切槽施工，浆液注入率应根据刀头下切和上提速度合理确定。振动沉模施工，应在模板上提时同步注浆，提升速度宜为80~300mm/min，注浆压力应不小于0.2MPa。

注浆过程中，应随时检查管路状况，发现问题应及时处理。当注浆压力小于设计要求时，应及时查明原因，并采取放慢模板提升速度或加大供浆流量等措施进行处理。当一个槽段施工完成后，应及时进行补浆，使浆面达到设计高程。

对易缩孔地层应采取增大浆液密度、加大注浆压力或增加模板（刀头）厚度等措施进行处理。

3.3.5 土工膜垂直防渗

土工膜垂直防渗（垂直铺塑防渗）施工技术是通过链斗式挖槽机对坝体或坝基进行开槽，然后再铺设防渗塑膜并进行回填的防渗施工技术，回填料在经过析水固结后，就形成了以塑膜为主体的复合型防渗帷幕。垂直铺塑防渗施工技术的特点是防渗体没有接缝，适应性强，具有较好的整体性和连续性，能够大幅提高堤防的防渗能力。垂直铺塑防渗施工的挖槽深度通常不超过15m，槽宽以15~30cm为宜，一般适用于平原地区截渗深度较小的水库、江、河、湖、海等堤坝的防渗。

1. 铺膜作业施工

土工膜的规格、质量应满足设计要求。铺膜前应对土工膜仔细检查，若有破损，应及时处理。用铺膜设备将土工膜沿槽长方向展开，土工膜下端应沉至槽孔底部。回填前应对土料进行检查，土料中不应有带尖锐棱角的石块等物体。

2. 土工膜连接施工

应按设计要求选定土工膜连接方式。采用焊接方式时，宜采用两道焊缝，两膜边缘重叠不小于100mm；焊接温度与速度应通过现场试焊选定；焊接完成后应仔细检查焊接质量。采用黏结方式时，应对胶粘剂的黏结效果进行试验。涂胶黏结后应将黏结部位压实，确定黏结可靠后方可沉入槽内。

采用缝接时，两膜边缘重叠应不小于200mm。采用搭接时，两膜搭接量不宜小于2m。

缝接、搭接的土工膜沉入槽孔后，应采用充满黏土的编织袋将连接部位压实，整体压实宽度应不小于1m。

3.3.6 垂直防渗质量控制

1. 混凝土防渗墙质量控制

清槽孔前，应检查槽孔质量是否与设计要求相符，检查项目应包括：槽孔轴线偏差、孔深、孔斜率等。混凝土浇筑前，应检查槽底沉渣厚度是否超标和槽孔内泥浆密度、黏度、含砂量等指标是否符合规范要求。混凝土浇筑质量控制应符合《水利水电工程混凝土防渗墙施工技术规范》（SL 174—2014）的相关规定。

2. 高压喷射防渗墙质量控制

高压喷射防渗墙的施工工艺应符合《水电水利工程高压喷射灌浆技术规范》（DL/T 5200—2014）的相关规定。

3. 深层搅拌防渗墙质量控制

深层搅拌防渗墙重点检查搅拌墙的轴线偏差、桅杆垂直度、搅拌头直径、搅拌深度、搅拌速度、搭接长度以及浆液密度、注浆压力、注浆流量等是否符合相关要求。

4. 水泥及黏土灌浆质量控制

水泥及黏土灌浆质量控制应检查施工工艺和方法是否符合《土坝灌浆技术规范》（DL/T 5238—2010）和《水工建筑物水泥灌浆施工技术规范》（SL 62—2014）的相关规定。

5. 振动沉模（切槽）防渗墙质量控制

重点检查模板（或刀头）垂直度、成槽厚度、下切深度以及浆液密度、提升速度、注浆压力、注浆流量、接头搭接等是否符合相关规定。

6. 土工膜垂直防渗施工质量控制

重点应检查成槽深度、沉渣厚度、土工膜连接质量以及回填土质量等项目。

施工完成后，应对成墙质量进行检查，检查方法有钻孔取芯、钻孔注水、围井检查、无损检测、开挖探坑等。

【任务巩固】
【应知】

应知训练

【应会】

1. 混凝土防渗墙施工技术可分为浅薄型和深厚型两种，试述两者的区别和各自的适用范围。

答案解析

2. 某引调水枢纽工程，工程规模为中型，建设内容主要有泵站、新建堤防等。堤防工程部分地基采用高压旋喷桩防渗墙施工工艺。高压旋喷桩防渗墙施工方案中，高压旋喷桩的主要施工包括：①钻孔，②试喷，③喷射提升，④下喷射管，⑤成桩。为检验防渗墙的防渗效果，旋喷桩桩体水泥土凝固28d后，在防渗墙体中部选取一点进行钻孔注水试验。

问题：

(1) 写出高压旋喷桩施工顺序（以编号和箭头表示）。

(2) 指出并改正该事件中防渗墙注水试验做法的不妥之处。

答案解析

任务3.4 堤 身 施 工

导师述典——
宁波它山堰

【任务目标】
1. 熟悉堤身填筑与砌筑的施工工艺
2. 掌握碾压筑堤的质量控制方法

3.4.1 碾压筑堤

1. 填筑作业

填筑作业是碾压筑堤最主要的工作，作业时应符合下列要求：

(1) 地面起伏不平时，应按水平分层由低处开始逐层填筑，不允许顺坡铺填。堤防横断面上的地面坡度陡于1:5时，应将地面坡度削至缓于1:5。

(2) 对老堤进行加高培厚处理时，应清除结合部位的各种杂物，并将老堤坡挖成台阶状，再分层填筑。

(3) 机械施工时，分段作业面的最小长度不应小于100m，人工施工时，作业面段长可适当减短。

(4) 作业面应分层统一铺土、统一碾压，并配备人员或平土机具参与整平作业，不允许出现界沟。

(5) 堤基上筑堤，如堤身两侧设计有平台时，堤身与平台应按设计断面同步分层填筑，新堤填筑时，不允许先筑堤身后筑平台。

(6) 相邻施工段作业面宜均衡上升，若段间不可避免出现高差时，应以斜面相接，高差大时宜用缓坡。土堤与岩石岸坡相接时，岩坡削坡后不宜陡于1:0.75，不允许出现反坡。

(7) 当已铺土料表面在压实前被晒干时，应采用铲除或洒水湿润等方式处理。

(8) 用光面碾滚压黏性土填筑层，在新层铺料前，应对压光层面作刨毛处理。在填筑层检验合格后因故未及时碾压或经过雨淋、暴晒使表面出现疏松层时，复工前应采取复压等措施进行处理。

(9) 施工中若发现局部"弹簧土"、层间光面、层间中空、松土层或剪切破坏等质量问题时应及时处理，并经检验合格后方可铺填新土。

(10) 施工中应做好观测设备的埋设安装和堤身填筑施工的协调；并保护观测设备和测量标志完好。

(11) 在软土堤基上筑堤或采用较高含水量土料填筑堤身时，应严格控制施工速度，必要时应在堤基、坡面设置沉降和位移观测点进行监控。

(12) 对占压堤身断面的上堤临时坡道做补缺口处理时，应将已板结的老土刨松，并与新铺土一起按填筑要求分层压实。

(13) 堤身全断面填筑完成后，应做整坡压实及削坡处理，并对堤身两侧护堤地面的坑洼进行铺填和整平。

2. 铺料作业

铺料作业应符合下列要求：

(1) 应按设计要求将土料铺至规定部位，严禁将砂砾（卵）料或其他透水料与黏性土料混杂，上堤土料中的杂质应予清除；如设计无特别规定，铺筑应平行堤轴线依次进行。

(2) 土料或砾质土可采用进占法或后退法卸料；砂砾（卵）料宜用后退法卸料；砂砾（卵）料或砾质土卸料如发生颗粒分离现象时，应采取措施将其拌和均匀。

(3) 铺料厚度和土块直径的限制尺寸，宜通过碾压试验确定；在缺乏试验资料时，可参照表3.4的规定取值。砂砾料铺料厚度应根据现场压实试验确定，最大粒径不得超过铺料厚度的2/3。

表3.4 铺料厚度和土块直径限制尺寸表

压实功能类型	压实机具种类	铺料厚度/cm	土块限制直径/cm
轻型	人工夯、机械夯	15～20	≤5
	5～10t平碾	20～25	≤8
中型	12～15t平碾 斗容2.5m³铲运机 5～8t振动碾 加载气胎碾	25～30	≤10
重型	斗容大于7m³铲运机 10～16t振动碾	30～50	≤15

砂砾（卵）料铺料厚度应根据现场压实试验确定，最大粒径不得超过压实厚度的80%。

铺料至堤边时，应比设计边线超填出一定裕量：人工铺料宜为10cm，机械铺料宜为30cm。

3. 压实作业

压实作业应符合下列要求：

(1) 施工前应先做现场碾压试验，确定碾压机具和施工参数，保证碾压质量达到设计要求。分段填筑，各段应设立标志，以防漏压、欠压和过压。上下层的分段接缝位置应错开。

(2) 碾压机械行走方向应平行于堤轴线；分段、分片碾压时，相邻作业面的碾压搭接宽度：平行堤轴线方向不小于 0.5m，垂直堤轴线方向的宽度不应小于 3m；拖拉机带碾碌或振动碾压实作业，宜采用进退错距法，碾迹搭压宽度应大于 10cm；铲运机兼作压实机械时，宜采用轨迹排压法，轨迹应搭压轮宽的 1/3；机械碾压应控制行车速度，通常取 2～3km/h，不允许超过 4km/h。

(3) 机械碾压不到的部位，应铺以夯具夯实，夯实时应采用连环套打法，夯迹双向套压，夯压夯 1/3，行压行 1/3；分段、分片夯实时，夯迹搭压宽度不小于 1/3 夯径。

(4) 砂砾（卵）料压实时，加水量宜通过碾压试验确定；中细砂压实的洒水量，宜按最优含水量控制；压实作业宜用履带式拖拉机带平碾、振动碾或气胎碾施工。

4. 土工合成材料作业

采用土工合成材料（编织型土工织物、土工网、土工格栅等）填筑加筋土堤时应符合下列要求：

(1) 筋材铺放基面应平整，并按设计要求选用筋材品种。

(2) 筋材应垂直堤轴线方向铺展，长度按设计要求裁制。

(3) 筋材不宜有拼接缝；如筋材必须拼接时，应按不同情况区别对待：①编织型筋材接头的搭接长度不宜小于 15cm，以细尼龙线双道缝合，并满足抗拉要求。②土工网、土工格栅接头的搭接长度不宜小于 5cm（土工格栅至少搭接一个方格），并以细尼龙绳在连接处绑扎牢固。

(4) 铺放筋材不允许有褶皱，并宜用人工拉紧，以 U 形钉定位于填筑土面上，填土时不应发生移动。

(5) 填土前如发现筋材有破损、裂纹等质量问题，应及时修补或做更换处理。

(6) 筋材上可按规定层厚铺土，但最小厚度不应小于 15cm。

(7) 加筋土堤宜用平碾或气胎碾碾压；在极软地基上建加筋土堤时，最初两层铺土宜用推土机或装载机铺料压实，当填筑层厚大于 0.6m 后，方可按常规方法碾压。

(8) 加筋土堤施工时，第二层、第三层填筑应遵照下列原则：

1) 在极软地基上作业时，宜先由堤脚两侧开始填筑，然后逐渐向堤中心扩展，在平面上呈凹字形向前推进。

2) 在一般地基上作业时，宜先从堤中心开始填筑，然后逐渐向两侧堤脚对称扩展，在平面上呈凸字形向前推进。

3.4.2 土料吹填筑堤

吹填法施工图

土料吹填筑堤的工艺流程是用机械挖土，以压力管道输送泥浆至作业面排出，并完成土颗粒沉积、淤填，最终形成堤坝。有挖泥船法和水力冲挖机组法两种。

吹填法筑堤的优点：①可以结合江河疏浚开挖，充分利用其弃土对堤身两侧的池塘洼地进行充填，从而达到堤基加固的目的；②吹填法施工不受雨天和黑夜的影响，能连续作业，施工效率较高；③在土质符合要求的情况下，吹填法也可用来填堵决口或者填筑新堤。

吹填法筑堤的缺点：①对开挖土的土质有一定要求；②吹填土层施工初期的干密度值

较小,含水量较大,堤身的抗剪强度较低;③与碾压填筑堤身相比较,吹填筑堤的堤身断面较大,堤坡较缓。

1. 土料的选择

不同土质对吹填筑堤适用性的差异较大,应按下列原则区别选用:无黏性土、少黏性土适用于吹填筑堤,用于老堤背水侧培厚加固更为适宜。流塑-软塑态中、高塑性的有机黏土,不应用于吹填筑堤。软塑-可塑态黏粒含量高的壤土和黏土,不宜用于吹填筑堤;但可用于充填堤身两侧的池塘洼地加固堤基。可塑-硬塑态的重粉质壤土和粉质黏土,适用于吹填筑堤。

2. 吹填措施的选择

根据不同施工部位,宜遵循下列原则选择不同吹填措施。吹填用于堤身两侧池塘洼地的充填时,排泥管出泥口可相对固定。吹填用于堤身两侧填筑加固平台时,排泥管出泥口应适时向前延伸或增加出泥支管,不宜相对固定;每次吹填层厚度不宜超过1.2m,并应分段间歇施工,分层吹填。

3. 施工作业

用吹填法填筑新堤的施工工艺为:先在堤身两侧堤脚处各做一道纵向围堰,再根据分仓长度要求做多道横向围堰,形成多个封闭仓区,然后逐区分层吹填。排泥管道沿堤轴线居中布设,采用端进法吹填直至仓区末端。每次吹填层厚度宜为0.3~0.5m(黏土团块吹填可允许1.8m)。每层吹填完成后应间歇一段时间,待吹填土初步排水固结后才允许继续施工,必要时应铺设仓内排水设施。

当吹填接近堤顶吹填面变窄不便施工时,可改用碾压法填筑至堤顶。泄水口可采用溢流堰、跌水、涵管、竖井等结构形式。在挖泥船取土区应设置水尺和挖掘导标。

4. 施工管理

加强管道和围堰巡查,掌握管道工作状态和吹填进展趋势。统筹安排水上、陆上施工,适时调度吹填区分合轮流作业,提高机船施工效率。查定吹填筑堤时的开挖土质、泥浆浓度及吹填有效土方利用率等项目。适时检测吹填土沿程沉积颗粒大小分布状况以及干密度和强度与吹填土固结时间的关系。控制排放尾水中未沉淀土颗粒的含量,防止河道、沟渠淤积。

吹填筑堤时,水下料场开挖的疏浚土分级,应按《疏浚与吹填工程技术规范》(SL 17—2014)中疏浚土分级表的规定执行。

5. 放淤加固堤防施工要求

应遵循利用涵闸、泵站抽引汛期高含砂水流的原则。淤填面应基本平整,并预留足够沉降量。机(船)作业时,机(船)应与堤身保持一定距离。

3.4.3 抛石筑堤

抛石筑堤是以抛石棱体为依托,填筑闭气土方后,再按一般程序进行堤身施工的筑堤施工工艺。抛石筑堤在软弱堤基处理或海堤工程中使用得较多,用以形成临水侧的防浪堆石棱体,在江河截弯取直封闭原河道或者水毁堤防堵口复堤时也会采用。自20世纪80年代以来,我国在长江沿岸的火力发电厂建设中建成了数个位于江滩、江汊上的储灰场,如南京市热电厂的兴隆洲灰坝、江苏省江阴市利港电厂的利港灰坝等,都是在水域用抛石筑堤的成功实例。

在水域或陆域软基地段采用抛石法筑堤时，应先实施抛石棱体，再以其为依托填筑堤身闭气土方。实施抛石棱体时，在水域应在两条堤脚线处各做一道，在陆域可仅在临水侧的堤脚线处做一道。抛石棱体定线放样，在陆域软基地段或浅水域应插设标杆，间距以50m为宜；在深水域，放样控制点应专设定位船，并通过岸边架设的定位仪定位。

进行抛石作业，应符合下列规定：陆域软基地段或浅水域抛石，可用自卸车辆载料以端进法向前延伸立抛；立抛时可根据现场情况采用不分层或分层阶梯方式抛投。在软基上的立抛厚度，以不超过地基土的相应极限承载高度为原则。在深水域抛石，宜用驳船在水上定位后分层平抛，每层厚度不宜大于2.5m。

抛填石料块重以15～40kg为宜，抛投时应大小搭配。当抛石棱体达到预定断面高程，并经沉降初步稳定后，应按设计轮廓将抛石体整理成型。抛石棱体与闭气土方的接触面，应根据设计要求做好砂石滤层或土工织物滤层。

软基上采用抛石法筑堤，当堤基有铺填的透水材料或土工合成加筋材料的加固层时，应采取措施加以保护。陆域抛石筑堤，宜用自卸车辆由抛石棱体背水侧开始填筑闭气土方，并逐渐向堤身进占。水域抛石筑堤，两抛石棱体之间的闭气土体，宜用吹填法施工；在吹填土层露出水面，且表面土层初步固结后，宜采用可塑性大的土料碾压填筑一个厚度约1m的过渡层，随后按常规方法填筑。

用抛石法填筑土石混合堤时，应按设计要求在堤身范围内设置一定数量的沉降、位移观测标点，并适时进行观测。

3.4.4 砌石筑墙（堤）

1. 浆砌石墙（堤）施工

浆砌石墙（堤）宜用块石砌筑；如石料不规则，可采用粗料石或混凝土预制块对砌体进行镶面；仅有卵石的地区，也可采用卵石砌筑。砌体强度均应达到设计要求。

（1）浆砌石砌筑施工。砌筑前，应将石料上的泥垢冲洗干净，砌筑时保持砌石表面湿润。应采用坐浆法分层砌筑，铺浆厚宜3～5cm，随铺浆随砌石，砌缝需用砂浆填充饱满，不应无浆直接贴靠，砌缝内砂浆应插捣密实；不允许先堆砌石块再用砂浆灌缝方式操作。上、下层砌石应错缝砌筑；砌体外露面应平整美观，外露面上的砌缝宜预留不少于3cm深的空隙，以备勾缝处理；水平缝宽应不大于2.5cm，竖缝宽应不大于4cm。

砌筑因故停顿，且砂浆已超过初凝时间，应待砂浆强度达到2.5MPa后才可继续施工；继续砌筑前，应将原砌体表面的浮渣清除；砌筑时应避免振动下层砌体。

（2）勾缝施工。勾缝前应先清缝，用水冲净并保持缝槽湿润。砂浆应分次向缝内填塞密实。勾缝砂浆强度等级应高于砌体砂浆。宜按实有砌缝勾平缝，不应勾假缝。勾缝完毕后应保持砌体表面湿润并做好养护。

砂浆配合比、性能等应按设计强度等级要求通过试验确定，施工中应在砌筑现场随机制取试件。

某防洪堤典型断面施工图

2. 混凝土预制块镶面施工

预制块尺寸及混凝土强度等级应满足设计要求。砌筑时，应根据设计要求丁、顺布排砌块；砌缝应横平竖直，上、下层竖缝错开距离不应小于10cm，丁块的上、下方不应有竖缝。砌缝内砂浆应填充饱满，水平缝宽应不大于 1.5cm，竖缝宽应不大于 2cm。

对浆砌石防洪墙的变形缝和防渗止水结构部位，宜预留茬口，用浇筑二期混凝土的方式处理。

3．干砌石墙（堤）砌筑施工

不得使用有尖角或薄边的石料砌筑。砌石应垫稳填实，与周边砌石靠紧，不允许架空。不允许出现通缝和浮塞；不应在外露面用块石砌筑，而中间以小石填心；不应在砌筑面以小块石、片石找平；堤顶应以大石块或混凝土预制块压顶。承受大风浪冲击的堤段，宜用粗料石丁、扣砌筑。

3.4.5 混凝土筑墙（堤）

在沿江城市防洪堤中，受场地环境等条件的限制，较多采用混凝土或钢筋混凝土筑墙（堤）。混凝土防洪墙基础施工，基底土质及密实度、基础的入土深度和底板轮廓线长度，均应符合设计要求。混凝土墙（堤）身施工，应按《水闸施工规范》（SL 27—2014）的相关规定执行。采用滑模施工工艺，应按《水工建筑物滑动模板施工技术规范》（SL 32—2014）的相关规定执行。混凝土防洪墙的变形缝和防渗止水结构的施工，应按《水闸施工规范》（SL 27—2014）的相关规定执行。

干砌石墙（堤）砌筑施工图

3.4.6 堤身防渗体施工

1．黏土防渗体施工

黏土防渗体施工应在清理过的无积水基底上进行。坡脚截水齿槽应与堤身防渗体协同铺筑，宜减少接缝。分层铺筑时，上、下层接缝应错开，每层厚以 15~20cm 为宜，层面间应刨毛、洒水。

2．土工膜防渗施工

土工膜防渗施工中，铺膜宜选择在不大于二级风的天气进行。铺膜前，应将膜下基面铲平，无尖锐物；土工膜质量应经检查合格。大幅土工膜拼接，宜采用胶结法黏合或热元件法焊接，胶结法搭接宽度为 5~7cm，热元件法焊接叠合宽度为 1.0~1.5cm。应自下游侧开始，依次向上游侧平展铺设，避免土工膜打皱。已铺土工膜上的破孔应及时粘补，粘贴膜大小应超出破孔边缘 10~20cm。土工膜铺完后应及时铺（砌）保护层。

3.4.7 滤层、排水施工

铺滤层前，应将基面用挖除法整平，对个别低洼部分，应采用与基面相同土料或滤层第一层滤料填平。

1．滤层铺筑施工

铺筑前应做好场地排水、设好样桩、备足滤料。不同粒径组的滤料层厚度必须符合设计要求。应由底部向上按设计结构层要求逐层铺设，并保证层次清楚，互不混杂，不允许从高处顺坡倾倒。分段铺筑时，应使接缝层次清楚，不允许发生层间错位、断缺、混杂等现象。陡坡滤层施工时，应采用有效措施支护铺筑。已铺好滤层的工段，不允许人车通行，应及时铺筑上层堤料。下雪天应停止铺筑，雪后复工时，应防止冻土、冰块和积雪混入滤料内。

2. 土工织物作滤层、垫层、排水层铺设施工

铺设前材料质量应经复验合格，有扯裂、蠕变、老化等现象的材料均不允许使用。铺设时，宜自下游侧开始依次向上游侧铺展，上游侧织物搭接在下游侧织物上，或者采用专用设备缝制。在土工织物上铺砂时，织物接头不宜用搭接法连接。土工织物长边宜顺河铺设，并避免张拉受力、折叠、打皱等情况发生。土工织物层铺设完毕，应尽快铺设上一层堤料。

3. 堆石排水体施工

堆石排水体应按设计要求分层实施，施工时不得破坏滤层，靠近滤层处用较小石料铺设，堆石上下层面应避免产生水平通缝。

排水设施施工图

4. 排水减压沟、井施工

排水减压沟应在枯水期施工，沟的位置、深度和断面均应符合设计要求。

排水减压井应按设计要求并参照有关规范的规定施工。钻井时应用清水固壁，并随时取样、绘制地质柱状图，根据地质柱状图修正井管开孔及滤层包扎位置，钻完井孔应用清水洗井，经验收合格后安装井管。

3.4.8 接缝、堤身与建筑物接合部施工

堤防碾压施工，分段间有高差的或新老堤的连接，接缝应以斜面相接；坡度控制在：土料不陡于1∶2或1∶2.5，砂砾（卵）料不陡于1∶1.5，高差大时宜用缓坡，陡于以上坡度时应做出论证。土堤与岩石岸坡相接时，岸坡削坡不宜陡于1∶0.75，不允许出现反坡。

1. 在土堤斜坡结合面上铺筑施工

应随填筑面上升进行削坡，削至质量合格层。削坡合格后，应控制好结合面土料的含水量，边刨毛、边铺土、边压实。垂直堤轴线的堤身接缝进行碾压时，应跨缝搭接碾压，其搭压宽度不小于3.0m。

2. 土堤与刚性建筑物（涵闸、堤内埋管、混凝土防渗墙等）相接时施工

建筑物周边回填土方，宜在建筑物强度分别达到设计强度50%（受压构件）、70%（受弯构件）的情况下施工。填土前，应清除建筑物表面的乳皮、粉尘及油污等；表面的外露铁件（如模板对销螺栓等）宜割除，对铁件残余露头应用水泥砂浆覆盖保护。填筑时，应先将建筑物表面湿润，边涂泥浆、边铺土、边夯实；涂浆高度应与铺土厚度一致，涂层厚度宜为3～5mm，并应与下部涂层衔接；不允许在泥浆干固后再铺土和夯实。制备泥浆宜采用黏性土，泥浆的浓度可用1∶2.5～1∶3.0（土水重量比）。建筑物两侧填土，应保持均衡上升；贴边填筑宜用夯具夯实，铺土层厚度宜为15～20cm。

浆砌石墙（堤）分段施工时，相邻施工段的砌筑面高差应不大于1.0m。

3.4.9 雨天与低温施工

1. 碾压土堤施工

雨前应及时压实作业面，并做成中央凸起向两侧微倾。当降小雨时，应立即停止黏性土填筑。下雨时不宜在黏性土填筑面上行走，不允许车辆通行；雨后对填筑面应进行晾晒、复压处理；必要时还应对表层再次清理，并经检验合格后及时复工。不宜在负温条件下施工；如具备保温措施时，可在气温不低于−10℃时施工；特殊施工方法宜经现场试验论证后采用。负温环境中施工应取正温土料；装土、铺土、碾压、取样等工序都应采取快

速连续作业；土料压实温度应在-1℃以上。负温环境施工，黏性土含水量不应大于塑限的90%；砂料含水量不应大于4%；铺土厚度应比常规要求适当减薄，或采用重型碾压机械碾压。上堤土料不应夹杂冰雪；已铺筑土料发生冻土现象时，应采取措施加以处理。

当气温在-5℃以下时，吹填筑堤应连续施工；若需停工时应以清水冲刷管道，并放空管道内存水。

防洪堤碾压施工图

2. 浆砌石、混凝土墙（堤）施工

在小雨中施工，宜适当减小水胶比，并做好表面保护；施工遇中到大雨时，应停止施工，并妥善保护工作面；雨后若表层砂浆或混凝土尚未初凝，可加铺水泥砂浆后继续施工，否则，应按工作缝要求进行处理。浆砌石在0～5℃施工时，应注意对砌筑层表面进行保温处理；在0℃以下又无保温措施时，应停止施工。低温下水泥砂浆拌和时间宜适当延长，拌和物料温度应不低于5℃。浆砌石砌体养护期气温低于5℃时，砌体表面应予保温，并不得向砌体表面直接洒水养护。混凝土低温下施工，应按《水工混凝土施工规范》（SL 677—2014）的相关规定执行。

3.4.10 堤身填筑及砌筑质量控制

1. 土料碾压筑堤质量控制

堤身填筑施工参数应与碾压试验参数相符。土料、砾质土的压实指标应按设计压实度值控制；砂料和砂砾（卵）料的压实指标应按设计相对密度值控制；均以检测值不小于设计值为合格样。压实质量检测可根据土料类别按 SL 237 中相应方法（环刀法、灌砂法、灌水法）或按《核子水分-密度仪现场测试规程》（SL 275—2014）要求采用核子水分-密度仪进行，若采用其他测试技术，应有专门论证资料并经质量监督部门批准。

质量检测取样部位应符合下列要求：

（1）取样部位应有代表性，且应在作业面上均匀分布，不允许随意挑选；特殊情况下取样应加注明并有记录。

（2）应在压实层厚的下部1/3处取样；若下部1/3的厚度不足环刀高时，以环刀底面达下层顶面时环刀取满土样为准，并记录相应压实层厚度。

质量检测取样数量应符合下列要求：每次检测的施工作业面不宜过小，机械筑堤时不宜小于600m²；人工筑堤或老堤加高培厚时不宜小于300m²。每层取样数量：自检时可控制在填筑量每100～150m³取样1个，但至少应有3个。特别狭长的堤防加固作业面，取样时可控制在每20～30m堤段取样1个。若作业面或局部返工部位按填筑量计算的取样数量不足3个时，也应取样3个。砂砾（卵）料压实质量检测的取样数量，由监理单位组织有关单位确定。

在压实质量可疑和堤身特定部位抽样检测时，取样数视具体情况而定；但检测成果仅作为质量检查参考，不作为碾压质量评定的统计资料。

每一填筑层自检、抽检后，凡取样检验结果不合格的部位，应补压或作局部处理。

环刀取样试验图

碾压土堤单元工程压实质量控制标准见表3.5，应同时满足下列条件：不合格样压实度值不应低于设计压实度值的96%；不合格样不得集中在局部范围内；4级、5级堤防参照3级堤防规定执行。

表 3.5　　　　　　　　碾压土堤单元工程压实质量控制标准

堤　型		筑堤材料	压实度合格率/%	
			1级、2级土堤	3级土堤
均质堤	新筑堤	黏性土	≥85	≥80
		少黏性土和无黏性土	≥90	≥85
	老堤加高培厚	黏性土	≥85	≥80
		少黏性土和无黏性土	≥85	≥80
非均质堤	防渗体	黏性土	≥90	≥85
	非防渗体	少黏性土和无黏性土	≥85	≥80

土堤竣工后的外观质量检测要求按表 3.6 的规定执行。质量可疑处必测，测点宜加密。

表 3.6　　　　　　　　碾压土堤外观质量检测要求

检查项目		允许偏差/mm，或规定要求	检查频率	检查方法
堤轴线偏差		±150	每 200 延米测 4 点	用仪器测
高程	堤顶	0～+150	每 200 延米测 4 点	用仪器测
	平台顶	-100～+150		
宽度	堤顶	-50～+150	每 200 延米测 4 点	用钢尺量
	平台顶	-100～+150		
边坡	坡度	不陡于设计值	每 200 延米测 4 点	用水准仪测和用钢尺测
	平顺度	目测平顺		

2. 土料吹填筑堤质量控制

核查吹填土质是否符合设计要求。根据排泥管口与泄水口排出水流含泥量对比资料，适时调控排放尾水中的土粒含量，每天检查不少于 1 次。每次吹填层厚达 1m 左右时，应对吹填土表层的初期干密度和强度检测 1 次；黏土团块吹填层厚 1.5～1.8m 时，应采用探坑取样法对其初期干密度和强度检测 1 次。

吹填至堤顶时，应留足沉降量，堤顶沉降稳定后不得出现欠填情况。吹填土质量检测，可在每 50m 堤长范围内，每次检测干密度样 3～4 个，抗剪强度样 1 组。单元工程吹填土初期干密度值的合格标准和外观质量标准，可参照碾压筑堤相关规定执行。

3. 砌石墙（堤）质量控制

检查干、浆砌石体的施工工艺和质量是否符合相关规范的规定。检查变形缝施工和止水制作是否符合设计要求。水泥砂浆试件强度应不低于设计强度要求。砌石墙（堤）外观质量检测要求，应按表 3.5 的规定执行。质量可疑处必测，测点宜加密。

4. 混凝土墙（堤）质量控制

混凝土质量控制应符合《水闸施工规范》（SL 27—2014）及《水工建筑物滑动模板施

工技术规范》(SL 32—2014) 的相关规定。检查变形缝施工和止水制作是否符合设计要求。混凝土试件抗压强度评定应符合《水利水电工程施工质量检验与评定规程》(SL 176—2007) 的相关规定。混凝土墙（堤）外观质量检测要求，按表3.7的规定执行。

表3.7　　　　　　　　　混凝土及砌筑墙（堤）外观质量检测要求

检查项目		允许偏差/mm，或规定要求	检查频率	检查方法
堤轴线偏差		±40	每20延米测2点	用仪器测
墙顶高程	干砌石墙（堤）	0～+50	每20延米测2点	用仪器测
	浆砌石墙（堤）	0～+40		
	混凝土墙（堤）	0～+30		
墙面垂直度	干砌石墙（堤）	0.5%	每20延米测2点	用吊垂线和钢板尺量测或用垂直度仪测
	浆砌石墙（堤）	0.5%		
	混凝土墙（堤）	0.5%		
墙顶厚度	各类砌筑墙（堤）	−10～+20	每20延米测2点	用钢卷尺量
表面平整度	干砌石墙（堤）	50	每20延米测2点	用2m靠尺和钢板尺量
	浆砌石墙（堤）	25		
	混凝土墙（堤）	10		

5. 防渗工程质量控制

(1) 黏土防渗体重点检查项目。防渗体铺筑土料是否符合设计要求。黏土铺盖与堤身防渗结构的结合处质量是否符合设计要求。压实质量检测，每层自检取样数可控制在每 $100m^3$ 左右取样1个，但不应少于3个。黏土防渗体的竣工尺寸应与设计相符，厚度不允许小于设计值。

(2) 滤层、排水工程质量控制重点检查项目。

1) 滤层质量应重点检查：自检取样数，可控制在平面上每 $500m^2$ 左右取样一组。检查层间是否分界清楚，是否有层间错位、缺断等质量问题。分层厚度是否符合设计要求。每层厚度均不得小于设计要求的85%。

2) 土工织物滤层、垫层和排水层应重点检查：所用土工织物的质量和规格是否合格。接缝连接质量是否符合设计要求。

3) 堆石排水体应重点检查：堆石排水体的结构和尺寸是否符合设计要求。地质条件是否与设计相符。

4) 排水减压井应重点检查：井位、井深及成井材料是否与设计要求相符。地质条件是否与设计相符。抽水试验结果是否满足设计要求。

5) 排水减压沟应重点检查：位置、断面、深度是符合设计要求。地质条件是否与设计相符。减压沟沟底透水层是否已出露。滤层是否已按设计要求做好。

项目3 堤防工程施工

【任务巩固】
【应知】

应知训练

【应会】

1. 试述碾压筑堤铺料作业中，各种土料采用的卸料方式。

答案解析

2. 某河道堤防工程，堤身采用均质壤土填筑。施工企业首先根据设计要求就近选择某一料场，该料场土料黏粒含量较高，含水量较适中。

在施工过程中，料场土料含水量因天气等各种原因发生变化，比施工最优含水量偏高，承包商及时地采取了一些措施，使其满足开挖要求。

问题：
(1) 堤身填筑压实标准应采用什么控制？填筑压实参数主要包括哪些？
(2) 堤防填筑面作业的主要工序有哪些？
(3) 料场含水量偏高，为满足开挖要求，此时可采取哪些措施？

答案解析

任务3.5 防护工程施工

【任务目标】
1. 熟悉护脚、脚坡和封顶的施工工艺
2. 会判别砌石施工的质量控制要点

导师述典——宁夏引黄古灌区

防护工程包括护脚、护坡和封顶三部分，其中，护脚是防护工程的基础，因此，宜按先护脚，后护坡，再封顶的顺序施工。施工前，应根据工程实际情况和设计要求，制定详细的施工方案和施工组织计划。开工前，堤防工程基线、桩号及具有代表性的观测断面桩应布设完成。

3.5.1 护脚施工

1. 抛投石料、石笼、土工包、柴枕、六棱框架等护脚施工

抛投前应加工好抛投体并运至现场。抛投前应对抛投区水深、流速、断面形状等情况进行测量并绘制成图。抛投前应通过现场抛投试验掌握抛投物料在水中的沉降规律。

抛石护脚施工图

投物料质量和数量除应满足设计要求外,还应符合:①应对运送石料船进行抽样称重检查,并确定合理的扣方率。②金属网笼中装填的石料应不小于网目尺寸。③土工袋(包)材料孔径大小应与所装土(砂)粒径相匹配;土(砂)充填度宜为70%~80%;土袋重不应小于50kg;土袋(包)封口应牢固。

抛投宜在枯水期进行。将抛投区按船只大小划分网格,按设计换算各网格内抛投量,并用测量仪器将定位船准确定位。

将抛投船挂靠在定位船指定位置,由深水网格开始依次向近岸浅水网格抛投,同时还应遵循下列原则:①水深急流时,应先用较大石块在护脚段下游侧按设计厚度抛一石埂,然后再依次向上游侧抛投。②石笼应错缝抛沉,避免出现上下层纵横向贯通缝;流速过大时可几个石笼捆绑抛投。抛完后应用大石块将笼与笼之间缺口补平。③抛投六棱框架护脚,宜将3个框架串连扎成一组抛投。

岸上抛投土袋宜用滑板使土袋准确入水叠压;用船抛投流速过大时,可将几个土袋捆绑抛投;大土工包宜用开体船抛投。

对于抢险或应急护脚工程,应从最能控制险情的部位抛起,依次向两侧展开。

抛投过程中应及时探测和检查水下抛投坡度、厚度是否符合设计要求。

抛柴枕护脚施工,可参照《堤防工程施工规范》(SL 260—2014)附录C的要求操作。

2. 充沙模袋软体排、框格型充沙管袋软体排上抛石、模袋混凝土排、模袋固化沙浆排等护脚施工

模袋或排体织物质量应满足设计要求,孔径大小应与充填土(砂)粒径匹配。按设计要求加工好软体排或模袋排布,在施工前运至现场,每个排体宽度(顺水流方向)宜为10~15m。测量定位并在需要防护的堤岸边将软体排(模袋排布)垂直于水流方向展开。流水中铺排,可在退放铺排、水上拖排沉放、水下拖拉铺排、卷排滚铺等方式中选定。排体锚定系统应按设计要求在铺排前完成;确定系排梁钢筋挂钩位置时应考虑软体排收缩率;钢筋挂钩应采取防锈措施。用测量仪器控制铺排船移位、定位,并将排体展开、充灌、沉放;排体间采用上游侧排体搭压下游侧排体的方式连接,搭压量应符合设计要求。

土工织物枕及土工织物软体排护脚图

因河岸地形起伏不平或排布收缩等原因出现排体空缺时,应采用事先备好的异型排体补充铺展和沉放。排体较长、水深较大的铺排护脚作业,应有潜水员在水下引导。

3. 铰链混凝土块沉排护脚施工

铰链混凝土块预制应满足设计要求,并符合《水工混凝土施工规范》(SL 677—2014)的相关规定。

沉排前,钢筋混凝土系排梁达到设计强度后方可挂排。沉排顺序应遵照下列原则:垂直水流方向由岸边逐渐向河心铺沉。顺水流方向由下游侧依次向上游侧铺沉。

沉排过程应由测量仪器控制沉排船移位、定位；必要时派潜水员水下辅助作业。排体应按设计要求平稳、缓慢沉放到位。排体搭接应将上游排体搭压在下游排体上，搭接长度应符合设计要求。

3.5.2 护坡施工

1. 坡面处理

应按设计要求削坡；坡面应平整、坚实。坡脚齿墙应在枯水位时施工；工程规模较大时，坡脚齿槽可分段开挖并及时砌筑。当堤坡整削完毕因故未做砌护时，应采取措施盖护。规模较大的护坡工程，应分块施工；堤坡稳定性较差段，宜分段先行施工。

2. 堆石护坡施工

按设计要求铺筑垫层或滤层。石料应大小均匀、质地坚硬，单块重不小于设计要求。当设计对堆石速率有控制要求时，堆石施工应间歇进行，间歇时间可通过对堆石沉降速率的观测确定。堆石作业根据工程规模可采用一次或多次堆放至堤（岸）坡顶坎。

3. 干砌石、浆砌石、灌砌石、散抛石、混凝土预制块或现浇混凝土等护坡施工

（1）砌石护坡施工。砌筑分段条埂，铺好垫层或滤层。干砌块石护坡应由低向高按设计要求砌筑；块石要嵌紧、整平，不应叠砌、浮塞；石料应大小均匀、质地坚硬，单块重不小于设计要求。浆砌石护坡按设计要求做好排水孔。灌砌石护坡应保证混凝土填灌料质量，填充饱满、插（振）捣密实。

（2）散抛石护坡施工。抛石厚度应均匀一致，坡面要大体平顺；抛护位置、尺寸应符合设计要求；抛投石料应质地坚硬。抛石要逐层依次排整，不应有孤石和游石。

（3）预制混凝土块护坡施工。按设计要求开挖沟槽，砌筑分段条埂。垫层或滤层铺设应层次分明、厚薄均匀。从坡脚开始逐层向上铺砌，并应符合下列要求：

1）有长裂纹和缺棱掉角的混凝土预制块应剔除。

2）混凝土预制块铺砌应平整、密实，不应有架空、超高现象。

3）预制块间应缝口紧密、缝线规则。

4）已铺砌好的坡面上，不允许堆放预制块或其他重物。

5）预制块不允许在坡面上拖滑，宜人工搬运。

（4）现浇混凝土护坡施工。按设计要求开挖沟槽，砌筑分段条埂。垫层或滤层铺设应层次分明、厚薄均匀。按设计要求做好排水孔。分仓浇筑混凝土，混凝土施工应符合相关标准的规定。

（5）带锚桩的钢筋混凝土框架梁内铺混凝土预制块护坡施工。应将打（压）入堤（岸）坡内的锚桩桩顶凿毛。堤（岸）坡上的锚定沟及排水盲沟应按设计要求挖好。系排梁、锚桩和联系梁应按设计要求浇筑，混凝土施工应符合《水工混凝土施工规范》（SL 677—2014）的相关规定。框架梁格内土工布铺设和排水盲沟内碎石填放应符合设计要求。

4. 生态护坡施工

应按设计要求并根据堤（岸）坡土质条件，确定草皮生态护坡施工方案。应选用适合当地生长、根系发达的草种均匀铺植，认真养护，提高成活率。采用土工合成材料三维植物网垫或格栅固土种植基等防护时，应符合设计和相关标准的要求。护堤林、防浪林栽植应按设计要求确定树种、林带位置、宽度和株距、行距，并适时栽种，保证成活率。

3.5.3 防护工程施工质量控制

1. 护脚工程施工质量控制

应重点检查以下内容：

生态护坡施工图

（1）防护段水深、流速、水下断面资料是否齐全；深水区抛投物料的水中位移规律是否通过现场抛投试验取得。

（2）各种抛投（铺设、沉放）等物料的品种、规格、重量、结构、性能、充灌饱满度等是否符合设计要求。

（3）按设计要求标有抛投量的抛投区平面网格图是否具备；对准确定位、定量抛投进行控制的仪器、设备和措施是否齐全。

（4）抛投或沉放作业是否符合相关要求。

（5）及时探测水下抛投坡度、厚度、搭接等情况的人员、仪器、设备等是否齐备；探测记录（含水下录像资料）是否保存完好。

2. 护坡工程施工质量控制

应重点检查以下内容：

（1）护坡工程所使用的各种铺放（抛投、沉放）等物料的品种、规格、重量、结构、性能、充灌饱满度等是否符合设计要求。

（2）铺设、抛投或砌筑作业是否符合相关要求。

（3）护坡工程施工后，应检查水上、水下护坡体的范围、高程、厚度等的施工质量，是否与设计要求相符。

（4）采用草皮生态护坡时，应重点检查草种选择、铺种方式等是否符合相关要求。

（5）护堤林、防浪林的栽植，重点检查树种选择以及林带宽、株距、行距等是否符合设计要求；有无保证林木成活率的具体措施。

【任务巩固】

【应知】

应知训练

【应会】

1. 试述砌石护坡施工要点。

答案解析

2. 试述护堤林、防浪林栽植的检查要点。

任务3.6 管理设施施工

【任务目标】

1. 了解管理设施施工安装的工艺
2. 熟悉管理设施质量控制的基本要求

3.6.1 观测设备埋设安装

堤防沉降、位移观测标点、基点和水准点的埋设以及水尺、测压管、测压计等仪器的安装，均应按设计要求并与堤防施工密切配合实施。

埋设安装前，观测设备经检验定合格，并编号存放备用。埋设安装时，应保证施工质量，若发现设备损坏，应及时更换，并做好记录。埋设安装后，施工单位应做好保护，按《土石坝安全监测技术规范》（SL 551—2012）的规定测定初值，进行定期观测、记录和资料整编，待竣工验收时移交管理单位。

3.6.2 交通、通信设施施工

上堤道路、堤顶路面等交通设施施工，应按设计要求并参照相关行业标准的规定执行。通信设施架设应满足（符合）设计要求，并符合通信、建筑行业标准的规定。交通、通信设施的图纸和施工记录，应及时整理并在竣工验收时移交给管理单位。

3.6.3 其他管理设施施工

堤防管理单位的生产、生活设施以及环境绿化、美化项目的施工，应符合相应行业标准的规定。防汛土石料场、防汛仓库、防汛屋等抢险设施，应按设计和相关专业规范的要求施工。桩号碑石、管理段标志以及重要堤段的照明设施应按设计要求和相关专业规范的要求实施。

3.6.4 管理设施施工质量控制

观测设施埋设施工质量控制，应重点检查下列内容：

（1）观测设备类型、规格、数量是否符合设计要求，埋件编号和仪器率定资料是否齐全。

（2）埋设位置是否符合设计要求，埋设安装质量是否符合有关专业规范的规定。

（3）观测设施的外露部件，是否采取了防护措施。

交通和通信设施、生产和生活设施以及环境绿化、工程保护等项目的施工质量控制，应重点检查施工是否符合设计要求以及相应专业标准的规定。

【任务巩固】
【应知】

应知训练

【应会】
试述观测设施埋设安装质量控制应重点检查的内容。

答案解析

【项目训练】
某 2 级堤防加固工程主要工程内容有：①背水侧堤身土方培厚及堤顶土方加高；②迎水侧砌石护坡拆除；③迎水侧砌石护坡重建；④新建堤基裂隙黏土高压摆喷截渗墙；⑤新建堤顶混凝土防汛道路；⑥新建堤顶混凝土防浪墙。

土料场土质为中粉质壤土，平均运距为 2km。施工过程中发生如下事件：①土方工程施工前，在土料场进行碾压试验；高喷截渗墙工程先行安排施工，施工前亦在土料场进行工艺性试验，确定了灌浆孔间距、灌浆压力等施工参数，并在施工中严格按此参数进行施工。②高喷截渗墙施工结束后进行了工程质量检测，发现截渗墙未能有效搭接。

问题：
(1) 指出该堤防加固工程施工的两个重点工程内容。
(2) 指出土方碾压试验的目的。
(3) 指出①、④、⑤、⑥四项工程内容之间合理的施工顺序。
(4) 指出该工程土方施工适宜的施工机械。
(5) 分析高喷截渗墙未能有效搭接的主要原因。

答案解析

项目 4 堤防工程管理

项目导学 4

【知识目标】
1. 了解河道堤防工程管理、保护范围及堤防管理的主要内容
2. 熟悉河道及堤防工程管理现行相关技术规程
3. 掌握堤防工程管理的基本知识
4. 掌握堤防工程检查、观测、养护、维修、抢险的措施与方法

【能力目标】
1. 会按有关规定开展堤防工程检查
2. 会按有关规定开展堤防工程观测
3. 会对堤防工程各组成部分及相关设施进行养护与维修
4. 会对渗水、管漏、漏洞等常见险情进行抢护处置

任务 4.1 河道堤防管理范围和保护范围

导师述典——
林则徐推广
坎儿井

【任务目标】
1. 熟悉河道管理范围、保护范围的划定方法及管理要求
2. 掌握堤防管理范围、保护范围的划定依据及管理要求
3. 会根据河道堤防工程资料划定河道及堤防的管理范围和保护范围

为保证河道堤防工程安全和正常运行,应根据当地的自然地理条件和土地利用情况,规划确定河道及堤防工程的管理范围和保护范围,作为工程建设与管理的依据。

4.1.1 河道管理范围

1. 河道管理范围的概念及划定依据

河道管理范围是指法律规定对河道实施管理的适用范围,也是政府水行政主管部门依据法律、法规、规章的规定行使河道管理权限的区域范围。河道管理范围的大小主要取决于河道等级、堤防安全管理的需要和河道洪水位等。具体管理范围由县级以上地方人民政府依照法律规定的权限和程序,结合当地实际划定。

(1) 有堤河道的管理范围。设置有堤防工程的河道,其管理范围为两岸堤防之间的水域、沙洲、滩地(包括可耕地)、行洪区,两岸堤防及护堤地。

(2) 无堤河道的管理范围。未设置堤防工程的河道,其管理范围为历史最高洪水位或者设计洪水位之间的水域、沙洲、滩地和行洪区。

河道管理范围的划定工作包括划界和确权两个方面。划界是指划定河道的管理范围;

确权是指对河道管理范围的土地进行使用权证的申领。其中,确权是河道管理范围划定工作的难点。

2. 河道管理范围内禁止性和限制性行为

在河道内从事建设和生产的各项活动都必须符合防洪规划的要求,不得影响河势稳定、危害堤防安全、妨碍行洪和输水。《中华人民共和国水法》《中华人民共和国防洪法》《中华人民共和国河道管理条例》等法律法规对河道管理范围内禁止性和限制性行为作了明确规定。

(1) 河道管理范围内的禁止性行为。《中华人民共和国防洪法》规定,禁止在河道、湖泊管理范围内建设妨碍行洪的建筑物、构筑物。具体而言,在河道管理范围内,禁止下列行为:

《河道等级划分办法（试行）》

1) 禁止损毁堤防、护岸、闸坝等水工程建筑物和防汛设施、水文监测和测量设施、河岸地质监测设施及通信照明等设施。

2) 禁止非管理人员操作河道上的涵闸闸门,禁止任何组织和个人干扰河道管理单位的正常工作。

3) 禁止在河道的滩地或行洪区植树造林,种植芦苇、柴木、杞柳、茴草和其他高秆阻水作物(堤防防护林除外)。

4) 禁止河道管理单位以外的其他任何单位和个人侵占损坏护堤、护岸防浪林、护堤林等。

5) 有山体滑坡、崩岸、泥石流等自然灾害的河段,禁止从事开山采石、采矿、开荒等危及山体稳定的活动。

6) 禁止任何单位堆放、倾倒、掩埋、排放污染水体的物体。禁止在河道内清洗装贮油类或有毒污染物的车辆、容器。

7) 禁止围湖造田;严禁在河道及其滩地或调洪湖泊、蓄洪区、行洪区内任意修筑圩院(包括生产堤),禁止盲目围垦。

8) 禁止非法修建围堤、阻水渠道、阻水道路,禁止设置拦河渔具,禁止弃置矿渣、石渣、煤灰、泥土、垃圾等。

9) 禁止建房、放牧、开渠、打井、挖窖、葬坟、晒粮、存放物料、开采地下资源、进行考古发掘及开展集市贸易活动。

10) 在河道管理范围相连地域的堤防安全保护区(县级以上人民政府批准划定)内,禁止进行打井、钻探、爆破、挖筑鱼塘、采石、取土等危害堤防安全的活动。

11) 在河道、湖泊管理范围内建设各类建筑物和构筑物必须符合防洪规划,即须符合规划所确定的防洪标准以及以此而规定的河宽、洪水位等方面的技术要求。

(2) 河道管理范围内的限制性行为。《中华人民共和国河道管理条例》规定,为"修建桥梁、码头和其他设施,必须按照国家规定的防洪标准所确定的河宽进行,不得缩窄行洪通航""桥梁和栈桥的梁底必须高于设计洪水位,并按照防洪和航运的要求,留有一定的超高""跨越河道的管道、线路的净空高度必须符合防洪和航运的要求"。

涉河建设项目审批应当由水行政主管部门对项目提出审查同意意见后,方可办理开工手续。桥梁、码头等跨河、临河交通设施按河道管理范围内建设项目进行管理，建设单位必须按照河道管理权限，由水行政主管部门许可同意后，方可开工建设，即进行前置审批，以确保防洪安全。

4.1.2 堤防管理范围

堤防管理范围包括堤防工程的管理范围、护堤地管理范围、护岸控导工程的管理范围等。在堤防管理范围内，禁止从事损毁堤身设施、非法碾压堤顶、种植放牧、挖堤修建道路等行为。堤防工程管理范围的土地应在工程建设前期通过必要的审批手续和法律程序，实行划界确权，明确堤防管理单位的土地使用权。在工程建设前期未获得的，应在运行期补办。

1. 堤防工程的管理范围

堤防工程的管理范围一般应包括以下工程和设施的建筑场地和管理用地：

（1）堤身。包括：堤内外戗堤，防渗导渗工程及堤内、外护堤地。

（2）穿堤、跨堤交叉建筑物。包括：各类水闸、船闸、桥涵、泵站、鱼道、伐道、道口、码头等。

（3）附属工程设施。包括：观测、交通、通信设施、测量控制标点、护堤哨所、界碑里程碑及其他维护管理设施。

（4）护岸控导工程。包括：各类立式和坡式护岸建筑物，如丁坝、顺坝、坝垛、石矶等。

（5）综合开发经营生产基地。即堤防管理单位利用自有水土资源、发展种植业、养殖业和其他基础产业所需占用的土地面积。

（6）管理单位生产、生活区建筑。包括：办公用房屋、设备材料仓库、维修生产车间、砂石料堆场、职工住宅及其他生产生活福利设施。

2. 护堤地管理范围

护堤地是堤防管理范围的重要组成部分，它对防洪、防凌、防浪、防治风沙、优化生态环境及在抗洪抢险期间提供安全运输通道有着重要的作用。

护堤地管理范围，应根据堤防工程级别并结合当地自然条件、历史习惯和土地资源开发利用等情况，进行综合分析确定。划定时主要考虑以下几个方面因素：

（1）护堤地的顺堤向布置应与堤防走向一致。

（2）护堤地横向宽度，应从堤防内外坡脚线开始起算，参照表 4.1 中规定的数值确定；设有戗堤或防渗压重铺盖的堤段，应从戗堤或防渗压重铺盖坡脚线开始起算。

（3）堤防工程首尾端护堤地纵向延伸长度，应根据地形特点适当延伸，一般可参照相应护堤地的横向宽度确定。

（4）特别重要的堤防工程或重点险工险段，根据工程安全和管理运用需要，可适当扩大护堤地范围。

（5）城市堤防工程的护堤地宽度，在保证工程安全和管理运用方便的前提下，可根据城区土地利用情况，对表 4.1 中规定的数值进行适当调整后采用。

表 4.1　　　　　　　　　　　　　护 堤 地 宽 度 参 考 值

堤防工程级别	1	2、3	4、5
护堤地宽度/m	30～100	20～60	5～30

3. 护岸控导工程的管理范围

护岸控导工程的管理范围，除工程自身的建筑范围外，可按以下不同情况分别确定：

（1）邻近堤防工程或与堤防工程形成整体的护岸控导工程，其管理范围应从护岸控导工程基脚连线起向外侧延伸 30～50m；但延伸后的宽度，不应小于规定的护堤地范围。

（2）与堤防工程分建且超出护堤地范围以外的护岸控导工程，其管理范围横向宽度应从护岸控导工程的顶缘线和坡脚线起分别向内、外侧各延伸 30～50m；纵向长度应从工程两端点分别向上、下游各延伸 30～50m。

（3）在平面布置上不连续，独立建造的坝垛、石矶工程，其管理范围从工程基脚轮廓线起沿周边向外扩展 30～50m。

（4）河势变化剧烈的河段，根据工程安全需要，其护岸控导工程的管理范围应适当扩大。

4.1.3　保护范围

1. 河道保护范围

河道管理范围线和堤防管理范围线图

为加强河道的保护和管理，确保河道行洪安全和供水、排水通畅，除了河道的管理范围外，还应划定河道两侧保护范围。在河道保护范围内，不能从事挖砂取土、修建鱼池、擅自建房堆料和爆破等危害水利工程的活动。目前，国家尚未出台相关河道保护范围划定方法及相关规定和文件。只有北京市等个别省（市）对河道保护范围进行了划定。如《关于划定郊区主要河道保护范围的规定》（京政办发〔1986〕51号）规定，河道保护范围的宽度，根据保护水利工程的需要和各河段的实际情况，沿两侧河堤中心线（无堤段河道沿河槽上口线或清障线）水平外延 30～200m，因特殊情况，外延宽度可作必要的增减。

2. 堤防工程保护范围

堤防工程保护范围，是为防止在临近堤防工程的一定范围内从事石油勘探、深孔爆破、开采油气和地下水或构筑其他地下工程危及堤防工程安全，而在堤防工程背水侧紧邻护堤地边界线以外划定一定的安全保护区域。堤防工程保护范围的横向宽度可参照表4.2规定的数值确定。堤防工程临水侧的保护范围应按照国家《中华人民共和国河道管理条例》有关规定执行。

表 4.2　　　　　　　　堤防工程保护范围的横向宽度参考值

堤防工程级别	1	2、3	4、5
保护范围的宽度/m	200～300	100～200	50～100

在堤防工程保护范围内，不改变土地和其他资源的产权性质，仍允许原有业主从事正常的生产建设活动，但必须按照《中华人民共和国河道管理条例》及国家有关规定，限制某些特殊活动，以保障工程安全。

项目 4 堤防工程管理

【任务巩固】
【应知】

应知训练

【应会】
1. 试述河道管理范围和河道保护范围的区别。
2. 试述堤防管理范围和堤防保护范围的区别。
3. 试述堤防管理范围的管理要求。

答案解析

任务 4.2 堤防工程检查

导师述典——
湖州溇港

【任务目标】
1. 了解堤防工程检查的分类及一般要求
2. 熟悉裂缝、塌坑、洞穴、渗水、滑坡等常见问题的基本概念及特征
3. 掌握堤防工程各组成部分主要的检查内容及检查方法
4. 会区分各类裂缝及主要成因
5. 会堤防工程中各种常见问题的检查、量测与记录

工程运行检查是对工程和管护设施运行过程所进行的检查,是及时发现工程问题(缺陷)、实施工程养护维修、确保工程安全运行的重要环节和基础依据。河道堤防工程检查的内容随工程类别、工程情况、检查深度等不同而不同,本任务主要包括堤防检查、堤岸防护工程检查、防渗及排水设施检查、穿(跨)堤建筑物及其与堤防接合部检查、堤防工程管理设施检查、防汛抢险设施及物料检查、生物防护工程检查。

虚拟仿真训练:堤防工程检查的一般要求视频

4.2.1 堤防工程检查的一般要求

堤防工程检查范围包括堤防工程管理范围和保护范围。每项检查内容均包括外观检查和内部探测检查。外观检查主要通过眼看、耳听、手摸进行直观的查看和评定,或借助尺、锤等简单工具对工程外表缺陷进行量测;内部探测检查主要依靠人工探测、电法探测、钻探等有效的探测技术和设备查找工程内部可能存在的隐患(如洞穴、裂缝和软弱层等),或对已发现的表面缺陷和迹象进行更深入的探测查实。

对检查中发现的一般问题，应及时进行处理；情况较严重的，除查明原因采取措施外，还应报告上级主管部门；情况严重的，应对异常和损坏部位详细检查记录（包括拍照或录像）、分析原因、提出处理意见，并上报主管部门批准和按要求进行处理。

堤防工程检查应有清晰、完整、准确、规范的检查记录（包括拍照或录像）。堤防工程管理单位在检查过程中，应按《堤防工程养护维修规程》（SL 595—2013）附录有关规定填写专用记录表。发现较严重问题，应填写定期检查、特别检查记录表，其格式见表4.4。

每次检查完毕后，应及时整理资料，结合观测、监测资料，编写检查报告。工程检查报告内容应包括：工程概况、检查组组成、工程检查方式方法、检查结果及初步分析、初步处理意见及建议等。

4.2.2 堤防检查的分类和频次

堤防工程检查工作分为经常检查、定期检查、特别检查和不定期检查。

虚拟仿真训练：堤防检查的分类和频次视频

1. 经常检查

经常检查是指河道堤防管理单位指定专人对堤防工程外观进行的常态化、定式化、有事没事都进行的例行检查，主要进行外观检查。检查时，应着重检查险工、险段及工程变化情况。经常检查具体频次根据堤防的重要性、所处位置及其运行状态等因素确定，汛期根据汛情增加检查次数。正常情况下，护堤人员应对所管堤段每1~3d检查1次；堤防工程的基层管理组织（班、组、站、段）应每10d左右检查1次；堤防工程的管理单位应每1~2个月组织检查1次。

经常检查的项目主要有堤身外观检查、堤身内部检查、护堤地和堤防工程保护范围检查、堤岸防护工程检查、防渗及排水设施检查、穿（跨）堤建筑物与堤防接合部检查、堤防工程管理设施检查、防汛抢险设施检查等，记录表格式见表4.3。

2. 定期检查

定期检查是在每年特定时期对河道堤防工程及其设施进行的特定检查，主要江河、重点堤段的检查。定期检查分为汛前检查、汛期检查、汛后检查、凌汛期检查和大潮、热带风暴、台风期前后检查等。汛前、汛后和大潮、热带风暴、台风期前后至少进行1次堤防工程检查，遇特殊情况应增加检查次数。当汛期洪水漫滩、假堤或达到警戒水位时，应及时对工程进行巡视检查。凌汛期，河面出现淌凌或岸冰时，每天至少观测1~2次流冰密度及岸冰长度、宽度等项；出现封河现象时，每天不少于1次观测封河段封河情况。

3. 特别检查

特别检查是在发生特大洪水、暴雨、台风、地震等工程非常运用和发生重大事故等情况时，管理单位组织进行的工程检查。必要时，应报请上级主管部门及有关单位会同检查。发生特大洪水、暴雨、台风、地震、工程非常运用和发生重大事故等情况时至少进行1次工程检查。

经常检查中发现较严重和严重问题，及定期检查、特别检查的记录表格式见表4.4。

4. 不定期检查

不定期检查是指管理单位不定期地对堤防工程某些特殊位置进行检查或探测。不定期检查频次依据险工、险段及重要堤段具体情况确定，不定期进行，具有一定的不确定性。

表 4.3　　　　　　　　　　　**堤防工程检查记录表**

堤防名称_____　起止桩号_____　检查单位_____　检查日期_____
检查负责人_____　参加检查人_____　记录人_____

部位		检查内容															
		高度	宽度	平整	坚实	凹陷	滑坡	裂缝	……	平顺	雨淋沟	排水	砌体坍塌	砌体松动	架空	剥蚀	残缺	其他
堤顶																		
堤坡与戗台																		
护坡	砌石																	
	混凝土																	
	其他形式																	
堤脚																		
护堤地																		
堤防工程																		
保护范围																		
……																		
堤岸防护工程	墙式护岸																	
	坡式护岸																	
	坝式护岸																	
	其他形式																	
……																		
穿堤建筑物与堤防接合部																		
跨堤建筑物与堤防接合部																		
……																		
备注																		

表 4.4　　　　　　　　**堤防工程定期检查及特别检查记录表**

堤防名称：	起止桩号：	检查单位：
检查项目：	检查日期：	天气情况：
检查负责人：	参加检查人：	记录人：
项目检查情况：		

注　项目检查情况一栏可加附页。

4.2.3 堤防检查

4.2.3.1 堤顶检查

堤顶检查主要查看是否坚实平整，有无凹陷、裂缝、残缺，堤肩线是否顺直，硬化堤顶与土堤或垫层是否有脱离现象，堤顶上有无堆积杂物、打场、晒粮等现象，具体概括为堤顶坚实检查、堤顶平整检查、路面破损检查、裂缝检查等内容。

虚拟仿真训练：堤身检查视频

1. 堤顶坚实检查

工程建设施工、竣工验收及大型整修期间，应采用干密度试验的方法检查堤顶的坚实情况（应满足设计干密度要求）；工程运行期间和小型维修之后，一般采用直观检查方法定性堤顶的坚实情况，如看表面有无松土、脚踩踏有无坚硬感、有无行车辙印及牲畜蹄印痕迹等，若发现有松土、车辙印，或有松软感觉，说明堤顶不够坚实，应进行夯实或压实。

2. 堤顶平整检查

堤顶平整检查一般采用直接观察法进行定性检查，如观察有无明显的凹陷、雨后有无积水或积水痕迹；也可根据堤顶行车时是否颠簸、颠簸程度如何等因素进行定性分析判断；还可借助夜间灯光（如行车灯光、手电灯光）照射进行直观判断，如顺光看时阴影处为低洼处。

堤顶平整的定量检查一般用长直尺（找平尺杆）和钢尺进行检测，即将长直尺（找平尺杆）摆放在拟检查处，通过观察尺子与堤顶表面是否吻合来判定是否平整，并可用钢尺量测出不平整处的偏差值（尺子底缘至堤顶表面的垂直距离），如图 4.1 所示。

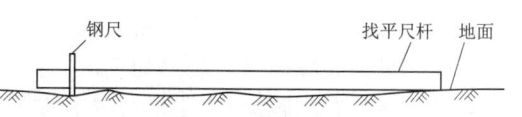

图 4.1 平整度测量示意图

堤顶应保持向一侧或两侧倾斜，坡度宜在 2‰~3‰。因此，堤顶的平整检查还包括横向倾斜坡度的检查，可依据丈量的水平距离和用水准仪测量的高差进行计算而得：$i=(h/b)\times100\%$，如图 4.2 所示。

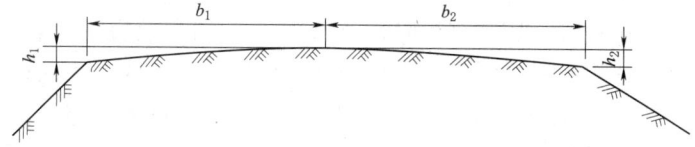

图 4.2 倾斜坡度测量示意图

3. 路面破损检查

对未硬化堤顶，应注意观察有无车槽，明显的起伏不平（波浪状或称为搓板状）、凹陷或凸凹不平、陷坑（局部塌陷）、雨后积水或积水痕迹、残缺、表层土松动破损等；对已硬化堤顶，还应注意观察路基是否坚实、路肩是否规顺整洁等。当观察发现存在以上现象时应丈量记录特征数据，并与设计要求进行比较，以掌握破损和偏差程度。

4. 裂缝检查

堤防裂缝按成因分为沉陷裂缝、滑坡裂缝和干缩裂缝；按裂缝走向可分为纵向裂缝、横向裂缝、龟纹裂缝；按部位可分为表面裂缝和内部裂缝，各种裂缝的特性及鉴别要点见表4.5。

表 4.5　　　　　　　　堤防各种裂缝的特性及鉴别要点

裂缝	示意图	检查要点	主要成因	主要危害性
纵向裂缝		裂缝大体沿平行于堤防长度方向延伸	（1）基础或堤身不均匀沉降。 （2）堤坡破坏。 （3）堤防有失稳滑动的迹象	（1）有失稳可能。 （2）有滑动，甚至溃堤（决口）的危险。 （3）表面水流易入堤身致变形加快
横向裂缝		裂缝垂直于堤防长度方向延伸	（1）相邻堤段的不均匀沉降。 （2）堤身或堤基隐患	（1）表面水流易入堤身致雨毁严重。 （2）完整性被破坏。 （3）易形成渗流通道、管涌、漏洞等险情。 （4）导致重大隐患
龟纹裂缝		沿堤防呈龟纹分布的裂缝	（1）筑堤材料干湿和胀缩变化。 （2）堤防填料不均匀或压实不够	（1）表面水流易入堤身致雨毁严重。 （2）堤顶路面干松破坏。 （3）影响路面结构层的耐久性

进行堤防裂缝检查时，应采用巡查或排查的直观方式进行细致检查，发现裂缝后应仔细检查和丈量，并准确判定裂缝的走向、标定裂缝的位置（里程桩号范围、在堤面上的位置、距某特征位置的距离）、丈量裂缝的有关数据（长度、最大宽度、一般宽度或平均宽度、可见深度），并做好检查记录。当裂缝较严重需要继续观测时，要设置观测标志。必要时可借助仪器对裂缝进行探测或开挖探坑检查。

裂缝长度：在初步观察时可目估或步量估算，细致检查时应用钢尺或皮尺顺缝丈量。

裂缝宽度：裂缝宽度往往呈不均匀分布，需量测多个宽度值（如最大宽度、一般宽度）或用平均宽度表示。量测裂缝宽度时，较宽的裂缝一般用钢尺直接丈量，细小的裂缝可用卡尺测量。

裂缝深度：当裂缝较宽、深度可见时，可用探杆或坠以重物的测绳进行探测，精度要求不高时可直接目估；当裂缝较窄时，可采用开挖探坑或竖井的方法进行探缝量测，为便于探找裂缝可在开挖前向缝内灌些石灰水，开挖时要注意保持缝迹完整，开挖深度超过裂缝终点以下0.5m，开挖中也可量测不同深度处的裂缝宽度或观察裂缝两侧土体是否有相对位移，开挖探测结束后按设计要求及时进行回填。也可借助仪器对裂缝深度进行探测。

裂缝检查记录表格式见表4.6。

4.2.3.2 堤坡检查

堤坡检查一般先采用巡查或拉网式排查的方式，用直接观察的方法进行全面检查，对重点段落位置或已发现的问题再进行细致检查丈量。检查内容主要包括：是否平顺；有无雨淋沟、滑坡、裂缝、塌坑、洞穴；有无杂物垃圾堆放；有无害堤动物洞穴和活动痕迹；有无渗水；排水沟是否完好、顺畅；排水孔是否顺畅；渗漏水量有无变化等。

表 4.6 裂缝检查记录表

工程名称_____ 工程结构_____ 调查部位_____
日期___年___月___日 天气情况_____ 起止桩号_____
量测工具_____ 量测人_____ 记录人_____

| 序号 | 裂缝编号 | 位置 | 走向 | | | | 宽度 | 长度 | 深度 | 备注 |
			纵向	横向	倾斜	龟裂				

注 裂缝走向在对应栏打"√",其余栏记"—"。

检查堤坡是否平顺时,可俯身贴近堤坡从不同角度观看,对初步发现的不平顺处可再用长直尺和钢尺进行检测,与堤顶平整度的检测方法相同。

检查发现堤坡存在雨淋沟或水沟浪窝、陷坑、洞穴等问题时,要逐一仔细检查记录,如成因、位置、形状、长度、宽度、直径、深度、约估工程量等。对于较深大的洞穴需进一步探测时,可开挖探坑或借助探测仪器进行探测。

观察发现堤坡上堆放垃圾或杂物时,要记录其种类、数量及所在位置,应尽快清除,并要采取预防措施。

1. 塌坑、洞穴检查

堤防受水浸泡后往往出现塌陷,这削弱了堤防整体安全,缩短了堤防渗径,可能导致渗透变形,甚至形成漏洞或溃堤。

塌坑尺寸测量包括上、下口平面尺寸和深度。平面尺寸可用钢尺或皮尺直接丈量;由于塌坑往往不够规则,所以丈量平面尺寸时多采用割补成较规则形状的方法以确定其平均的长和宽,或近似圆直径,并计算出上、下口面积;塌坑深度,一般可直接丈量,深时可通过测杆或测绳进行测量,一般只测量一个深度值,当坑底较大且深度差别明显时应测量多个深度值,并计算平均深度。根据平面尺寸和平均深度可按柱体或台体计算出塌坑体积。

洞口直径(最大洞径、平均洞径)可用钢尺或皮尺直接丈量,若洞口不够规则可丈量多个直径再取平均值;可见洞深可直接丈量或用探杆、测绳进行探测;洞穴的不可见深度则可借助开挖进行探测。

2. 背水堤坡窨湿或渗水检查

堤防偎水期间,在高水位、临背河大水位差的长时间作用下,水有通过堤身和堤基内土颗粒孔隙向背水侧渗流的特性,可能会在背水堤坡或堤脚附近有产生渗水的可能,此时背水堤坡或堤脚附近会因土体含水量增高而出现潮湿、湿润、湿软等现象(概括为窨湿),当已形成渗水时会有明显的出水点(出逸点)。因此,在堤防偎水期间要注意查看背水堤坡及堤脚附近有无窨湿和渗水现象,首先是观察有没有土体含水量明显增高(该部分土体颜色比周围更深),表现出潮湿、湿润,甚至有水流出的现象;其次是用脚踩踏潮湿、湿润和出逸点附近范围地面有明显的湿软感觉;再次是注意查看附近地面水位或地下水位(如井水位)的变化,有渗流观测设施(测压管)的断面应结合渗压观测资料进行分析判断。一般来说，雨水水温随气温变化比较敏感，渗水水温总是滞后于气温变化，天凉时渗水温、雨水凉，天暖时渗水凉、雨水温。

3. 浸润线出逸点查找

在高水位长时间作用下，水可能会沿土体内连通孔隙产生渗流（渗透）。渗透水流在堤内的水面与堤身横断面的交线称为浸润线。浸润线与堤防背水坡或坡脚以外地面的交点称为出逸点，如图 4.3 所示。浸润线以下的土体为饱和状态，背水坡上的出逸点是最高出水点，堤身出逸点以下的背水坡是饱和湿土区，因水的毛细作用而使出逸点以上的一定范围仍有窨湿现象（潮湿带）；如果出逸点在坡脚以外的地面上，则出逸点周围是湿土区。

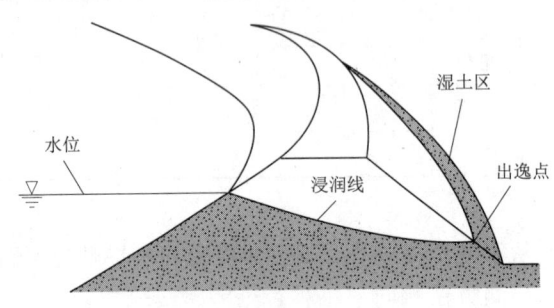

图 4.3 堤防渗流出逸点示意图

浸润线出逸点位置的查找可采用观察法。一般先查找含水量明显增大的区域（如果该区域处在或部分处在堤坡上，还要注意查找干湿土分界线），然后在含水量明显增大的区域或干湿土分界线附近再仔细进行排查，查找出水点或逆水流动方向找到出水点。当出水点在堤坡上时，最高的出水点就是出逸点；当出水点在坡脚以外的地面上时，一般取距坡脚最近的出水点为出逸点；如果出水点淹没在水下，则要注意观察有无鼓水、翻花、冒泡现象，其对应的位置很可能就是出逸点。在降雨条件下，查找、判断出逸点的难度较大，首先要在可能的渗水区域（如堤坡下部或堤脚附近）查找流水点，然后从出水颜色和水温差别上对流水点加以分析、判断，以确定是雨水径流点或是渗水出逸点。

4. 堤防滑坡检查及量测

检查堤防滑坡时，首先要注意查看堤顶或堤坡上有无顺堤方向的、两端向坡下弯曲延伸的滑坡裂缝；其次要注意观察有无滑坡特征，如顶部有无明显的下滑错落，底部有无外壅或隆起；对已形成的滑坡，要确定滑坡体位置、量测滑坡体特征数据、计算滑坡体体积。

滑坡体位置：可以由其在堤防纵向上的段落范围（如里程桩号）、横断面上的具体位置（如临河坡、背河坡、堤顶连同堤坡）及滑动面起点距堤肩的距离来定位。

滑坡体特征数据及规模：主要包括滑坡体长度（顺堤防纵向长度）、滑坡体宽度（顺堤坡长度）、滑坡体厚度（垂直堤坡的深度）、垂直滑落高度（滑缝两侧土体错开后的垂直高差）、水平滑动距离（滑缝两侧土体错开后的水平距离或滑坡体向外壅出去的距离）；滑坡体规模通常用其体积表示。

滑坡体通常是不规则的，一般采用割补法直接量取平均的长、宽、厚，并按三者乘积近似计算滑坡体体积；也可在滑坡体上选择多个断面，丈量每个断面的滑坡体的宽和厚，计算每个断面的面积，相邻断面的面积取平均值，再根据平均面积和断面间距计算各断面之间的滑坡体体积，求和后可得总的滑坡体体积。

4.2.3.3 堤脚检查

堤脚检查内容主要包括：堤脚处或其附近有无隆起、下沉、陡坎、残缺等现象。检查堤脚时，应首先采取沿堤脚附近行走、直接观察的方法进行检查；对观察发现的问题再进行细致检查记录，要记清问题种类、形成原因、位置、尺度、约估工程量等。

4.2.3.4 堤防工程保护范围和护堤地检查

堤防工程保护范围和护堤地检查内容包括背水堤脚以外有无管涌、渗水等，对来源不明的水源应探明出处、分析原因，确认为堤防渗漏时应采取相应措施及时进行处理，以免发生更大危害，确保堤防工程安全运行。

4.2.4 堤岸防护工程检查

1. 坡式护岸检查

虚拟仿真训练：堤岸防护工程检查视频

坡式护岸的检查内容主要包括：坡面是否平整、完好；砌块是否有松动、塌陷、脱落、架空、垫层淘刷等情况；护坡上有无杂草、杂树和杂物等；浆砌石或混凝土护坡的变形缝和止水是否正常完好，变形缝内填料有无流失，分缝两侧有无错动；坡面是否发生局部侵蚀剥落、裂缝或破碎老化；排水孔是否顺畅、堵塞等。

当砌石护坡有明显凹陷和局部塌陷时，应注意观察周围有无异常现象（如土石接合部进水、排水沟断裂造成沿坝后或坝面集中过水等），以帮助分析塌陷原因和塌陷深度，必要时可局部翻拆探视或用探杆探试，要检查记录塌陷原因、位置、结构和范围。

2. 坝式护岸检查

坝式护岸的检查内容主要包括：砌石护坡坡面是否平整、完好，有无松动、塌陷、脱落、架空等情况，砌缝是否紧密、是否有松散现象；散抛块石护坡坡面是否有浮石、塌陷；土心顶部是否平整，土石接合是否严紧，有无陷坑、脱缝、水沟、灌狐洞穴等问题。

3. 墙式护岸检查

墙式护岸的检查内容主要包括：混凝土墙体相邻段有无错动，变形缝开合和止水是否正常，墙顶、墙面有无裂缝、溶蚀等问题，排水孔是否通畅；浆砌石墙体变形缝内填料有无流失，坡面是否发生侵蚀剥落、裂缝或破碎、老化问题；排水孔是否通畅等。

4. 护脚检查

护脚的检查内容主要包括：护脚体表面有无凹陷、坍塌问题，护脚平台及坡面是否平顺、是否有坍塌状况，护脚有无冲动等。对沉陷处要确定沉陷位置（工程、坝岸号、距某特征位置的距离），并丈量沉陷范围和最大沉陷深度；对坍塌处要确定坍塌位置，丈量坍塌长度和宽度，并约估已坍塌厚度（深度）；对坡度变陡处要通过丈量高差和水平距离的方法计算实际坡度值，以判断是否满足设计或要求坡度。护脚工程的水下部分，一般坝岸顶部用摸水杆、声呐技术等方式进行探测检查，重点探测水下根石坡度和范围，分析是否有局部淘刷、缺失及坍塌现象。

除了前述检查内容外，护坡检查还应注意检查河势改变状况，滩岸坍塌情况。对整体性较强的浆砌石和混凝土护岸还应关注水平位移，如顶部的前倾、后仰，根部的前移等。

在堤岸防护工程及防洪（防浪）墙检查中，对所有查出的问题都要及时、准确地做好记录（包括拍照或录像），记录要书写清楚、描述准确、内容全面（如工程名称、里程桩号或坝号、在横断面上的具体定位、走向、长度、宽度、深度、洞径、工程量等）。另外，对需要继续观察的项目（如裂缝或变形的发展）要做好标记，对需要及时养护或维修加固的部位要做出明显标示。

4.2.5 防渗设施及排水设施检查

虚拟仿真训练：防渗设施及排水设施检查视频

对防渗设施及排水设施的检查内容主要有：防渗设施的保护层是否完整、渗漏水量和水色（浑、清）有无变化；排水沟进口处有无孔洞暗沟，沟身有无沉陷、断裂、接头漏水、淤堵阻塞，出口有无冲坑悬空；减压井井口工程是否完好，有无积水流入井内，是否淤堵；排水导渗体或反滤层有无淤塞现象。

1. 防渗斜墙和铺盖的检查

防渗斜墙和铺盖都有保护层，在检查时首先要确定防渗设施所对应的范围，然后观察保护层是否完整、表面是否平整、有无裂缝和塌坑等异常现象。对保护层的异常之处通过开挖检查或探测检查等方式细致检查，记录异常之处的位置、尺度，分析危害程度，对已经伤及防渗斜墙和铺盖安全的严重裂缝与塌坑要查明影响深度及影响范围。

2. 排水设施的检查

通过外观检查可查看各项排水设施是否完好，如有损坏或缺损的，要检查记录损坏或缺损的位置、范围、程度。通过观察排水设施出水量大小、出水颜色变化（如渗水过于浑浊，说明反滤效果不好）、出水含沙量变化（相同条件下，出水含沙量过于增大或过于减小都属于不正常现象，可能是失去反滤作用或反滤料被淤积堵塞所致）等可观察排水导渗体及排渗沟有无淤塞现象，发现有淤塞时要记录淤塞位置、范围、淤塞物和淤塞程度。如出水量存在违背正常规律的急剧增大或突然减少，说明反滤排水效果不好。若反滤失去作用，则可能导致渗透变形加剧，出水量加大，水色变浑；若反滤材料被淤积堵塞，则出水量减小。渗出水中有细颗粒带出，说明反滤料的级配不满足要求或反滤层厚度不足。通过对工程周围面貌和流水迹象的观察，判断减压井井口工程是否完好、有无积水流入井内等，并做好有关记录。

4.2.6 穿（跨）堤建筑物及其与堤防接合部检查

虚拟仿真训练：穿（跨）堤建筑物及其堤防接合部检查视频

堤防工程中的穿（跨）堤建筑物主要指水闸、涵洞、虹吸、泵站、各类管道、电缆等，跨堤建筑物主要有桥梁、渡槽、管道、线缆、道口等。穿（跨）堤建筑物及其与堤防接合部的检查内容主要有：穿堤建筑物与堤防接合部是否密实；穿堤建筑物与堤防接合部的临水侧截水设施是否完好、背水侧反滤排水设施有无阻塞现象，穿堤建筑物变形缝有无错动、有无止水破坏；跨堤建筑物支墩与堤防接合部是否有不均匀沉陷、裂缝、空隙等；上下堤道路及其排水设施与堤防接合部有无裂缝、沉陷、冲沟；跨堤建筑物与堤顶之间的净空高度能否满足堤顶交通、运行管理、维修养护、防汛抢险等要求；穿（跨）堤建筑物有无损坏、能否安全运用。

1. 穿（跨）堤建筑物外观检查

穿（跨）堤建筑物的外观检查一般采用巡查或普查方式，重点查看是否完整，发现破损或残缺处再逐一进行细致检查（如手摸、敲打、脚踩、借助简单工具的探试等）和记录，以确定破损或残缺处的类别、结构、材料、位置、尺度、工程量。另外，跨堤建筑物与堤顶之间的净空高度（跨堤建筑物最低处在堤顶以上的垂直高度）应满足堤顶交通、防汛抢险、管理维修等方面的通行和施工要求，一般不低于4.5m。

2. 穿（跨）堤建筑物与堤防接合部检查

通过查看支墩周围有无明显的沉陷错动痕迹、支墩与周围填土之间是否有裂缝和空隙、支墩周围回填土是否密实等检查，可判别跨堤建筑物支墩与堤防接合部的变形情况。通过查看有无流水、冒水、积水、明显潮湿、石面或混凝土表面生长青苔等，可判别穿堤建筑物与堤防接合部是否有渗水。

临水侧截水设施的检查可通过观察保护层的完好情况进而初步分析推断其是否完好，对保护层存在的、可能影响截水设施完整的裂缝或塌坑应进行开挖检查，要记录截水设施存在的缺陷位置、尺寸、工程量及影响程度。背水侧要检查反滤排水设施外观是否完好，观察分析反滤料和保护层有无淤塞现象。有淤塞现象的，要确定和记录位置、范围、淤塞物、淤塞程度。

3. 上堤道路及排水设施检查

对上堤道路及排水设施的检查内容主要有：上堤道路及其设施是否侵占堤身、上堤道路是否影响行洪、路况及道路设施是否完好等。上堤道路及其排水设施与堤防接合部易因雨水的集中排放而导致冲沟，也易因荷载不均而导致沉陷、裂缝，因此，要检查是否出现冲沟、沉陷、裂缝等缺陷，并记录缺陷的位置、走向、尺度、工程量等。

4.2.7 堤防工程管理设施检查

1. 观测设施检查

主要检查各种观测设施是否完好、能否正常观测，观测设施的标志、盖锁、围栅或观测房是否完好，观测设施及其周围有无动物巢穴等。

2. 交通设施检查

主要检查堤防工程交通道路的路面是否平整、坚实，是否符合有关标准要求；堤防工程道路上有无打场、晒粮等现象；未硬化的堤顶道路有无交通卡等管护措施；堤顶交通道路所设置的安全、管理设施及路口所设置的安全标志是否完好，能否正常运行。

3. 通信设施检查

主要检查堤防工程通信网的各种设施是否完好，能否正常运行；堤防通信网的可通率是否符合要求；堤防通信设施和通信设备的配置是否符合国家有关要求。

4. 其他管理设施检查

主要检查堤防上的千米里程牌、百米桩、界牌、界标、警示牌、护路杆等是否丢失或损坏；堤岸防护工程的标志牌和护栏有无损坏、丢失；堤防沿线的护堤屋（防汛哨所）或管理房有无损坏、漏雨等情况。

4.2.8 防汛抢险设施及物料检查

常用防汛抢险设施和主要物料有土料、石料、砂、碎石（石子）、木竹料、绳缆、铅丝、麻袋、编织袋、草袋、土工合成材料、堵漏材料、照明器材设备、抢险工器具、探测仪器、通信器材、运输机具、抢险机械设备、救生器材设备、爆破材料等。

对防汛抢险设施及物料的检查范围主要是国家储备部分，检查内容主要包括：重点堤段是否按规定备有土料、砂石料、编织袋等防汛抢险物料；重点堤段是否按规定备（配）有防汛抢险的照明设施、探测仪器，通信和运输交通机具；各种防汛抢险设施是否处于完好待用状态。进行防汛抢险物料储备情况检查时，首先要查对储备物料的品种、型号、规格、数量是否符合定额或计划指标要求，如品种是否齐全、型号和规格是否符合要求、数量是否充足；其次要检查存放是否合理，保存是否良好，有存放期限要求的物料是否在有效使用期内。

4.2.9 生物防护工程检查

水利工程的生物防护措施主要有草皮防护、防浪林、行道林、防护林等，其主要作用有防风沙、削减防浪、护土防冲、提供抢险用料、美化工程、改善环境。

对生物防护工程的主要检查内容包括：防浪林带或护堤林带的树木有无老化和缺损现象，是否有人为破坏、病虫害及缺水、缺肥等现象；草皮护坡中是否有荆棘、杂草或灌木等；草皮护坡是否有被雨水冲刷，人畜损坏、病虫害或干枯坏死等现象。

【任务巩固】

【应知】

应知训练

【应会】

1. 试述裂缝检查的主要内容及方法。
2. 论述塌坑检查测量的主要内容及方法。
3. 试述堤坡渗水的检查辨别方法。
4. 论述浸润线出逸点位置的查找方法。
5. 试述排水设施检查的主要内容及方法。

答案解析

任务4.3 堤防工程观测

导师述典——从水则碑谈古代水文测量

【任务目标】

1. 了解堤防工程观测的目的及观测项目的分类
2. 熟悉堤防工程常规观测项目的观测方法与要求
3. 能识别并正确运用各类观测设施
4. 会进行观测记录及资料的整理分析

任务4.3 堤防工程观测

工程观测是对在建和已投入运行工程所进行的观察（直接观察或借助仪器设备）及测量的总称。工程观测的目的在于监测工程安全状况、检验工程设计的正确性和合理性、积累科技资料。与工程检查相比，工程观测更加注重观察测量过程的持续性、结果（资料）的系统性、分析比较的完整性，以便了解缺陷发展过程或从中找出规律。如查找有无裂缝属于工程检查内容；而发现裂缝后通过对裂缝宽度、长度、深度等的连续测量记录以分析裂缝是否发展或如何发展则属于工程观测内容。

按观测目的和性质的不同，堤防工程观测项目可分为基本观测项目和专门观测项目两大类。

基本观测项目主要包括堤身沉降与位移观测、水位（潮位）观测、堤身浸润线观测、堤身堤基范围内的表面观测（如裂缝、洞穴、滑动、渗透变形等）等四类。

专门观测项目是针对某种环境因素的不利影响而专门设置的，具有地域性和选择性，主要有八类：

（1）河势观测，主要针对近岸河床冲淤变化、河型变化较剧烈的河段所进行的常年观测或汛期跟踪观测，观测指标主要有水流的流态变化、主流走向、横向摆幅及岸滩冲淤变化情况等，汛期受水流冲刷岸崩现象较剧烈的河段进行跟踪观测，还应观测崩塌体形态、规模、发展趋势及渗水点出逸位置等。

（2）水流形态观测，主要针对汛期堤岸防护工程区的近岸及其上下游河段，观测指标包括水流流向、流速、浪花、漩涡、回流及折冲水流等。

（3）附属建筑物位移观测，包括垂直位移和水平位移。

（4）渗透压力观测。

（5）渗控效果观测，主要针对减压排渗工程。

（6）土体崩坍情况观测，主要针对崩岸、险工段。

（7）波浪观测，主要针对受波浪影响较剧烈的堤段观测，观测指标包括波向、波速、波高、波长、波浪周期及沿堤坡或建筑物表面的风浪爬高等。

（8）冰情观测，主要针对凌汛期受冰冻影响较剧烈的河流开展定期观测。

本任务主要包括堤身沉降与位移观测、水位（潮位）观测、渗流观测、堤身堤基表面观测等基本观测项目。

4.3.1 堤身沉降与位移观测

4.3.1.1 堤身沉降观测

堤身沉降与受压荷载的大小、作用时间的长短、土的性质、堤基和筑堤质量等因素有关，其沉降过程非常漫长，一般具有初期沉降较快，后期沉降逐渐减慢的特点。堤防工程竣工运行初期，堤身填土尚未固结稳定，大部分沉降量将在这一阶段发生，通过沉降观测可以了解土体的沉降速度和稳定性。当工程进入正常运行状态后，堤身填土已逐渐趋于稳定，可减少沉降观测次数，但每年汛后至少要进行1次全面检查、观测，为工程维修提供依据。对于3级以上堤防，一般应设置堤身沉降观测项目，4级、5级堤防可简化执行。

虚拟仿真训练：堤身沉降与位移观测视频

沉降观测一般是通过对专门埋设的固定观测点（简称沉降标点或沉降点）定期进行水准高程测量，计算各沉降点的阶段沉降量和累计沉降量，通过比较各沉降点之间沉降差判别是否有不均匀沉降。过大的累计沉降量可能导致堤顶高程不足，从而不能满足防洪标准要求；过大的不均匀沉降差可能导致堤防裂缝或诱发其他隐患，也难以满足正常运用要求。

1. 沉降点的标志

设置在堤防工程上的沉降点一般有明显的标志，沉降点标志一般由底板、立柱和标点头三部分组成，如图 4.4 所示。设置在护坡工程上的沉降点常采用围井将沉降点与护坡隔开，以防止护坡对标点的影响。沉降点及其围井的具体尺寸可根据工程情况确定。

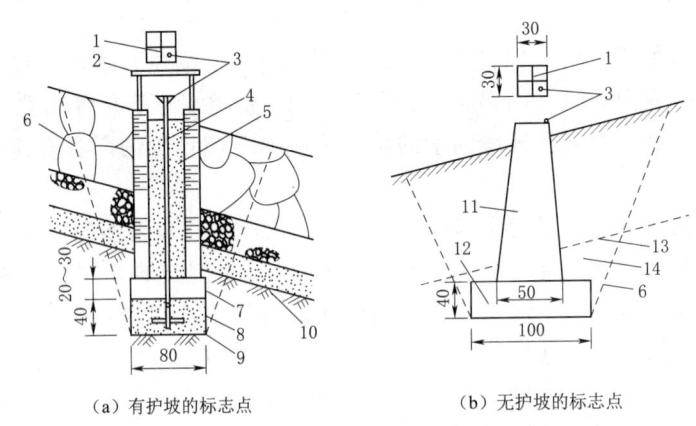

（a）有护坡的标志点　　　　（b）无护坡的标志点

图 4.4　沉降标志点示意图（单位：cm）

1—十字线；2—保护盖；3—标点头；4—φ50mm 钢管；5—填沙；6—开挖线；7—回填土；
8—混凝土；9—铁销；10—坝体；11—柱体；12—底板；13—最深冰冻线；14—回填土料

沉降点必须埋设牢固、标志醒目、保护可靠，并要加强看护管理，防止受到自身沉降变形或人为破坏，以保持沉降点的可靠使用和沉降观测资料的准确性、连续性。

2. 沉降点的布设

沉降观测断面一般应选择在最大堤高、堵口合龙、施工接头、地质地形变化较大、材料差异及存有隐患等位置，观测断面间距一般为 50~100m，在断面基本相同和基础无大变化的堤段上断面间距可适当加大，每个观测堤段的观测断面个数一般不得少于 3 个。

沉降点设在已选择的观测断面上，每个观测断面上的沉降点个数不少于 4 个，分别设在临河堤坡正常水位以上、堤顶的临背河堤肩、背河堤坡上每隔 20~30m 设置 1 个、有戗台或淤背加固区的可在其外缘布设 1 个，沉降点必须选设在工程表面稳定、地势开阔的位置，以防止受到工程表面变形的破坏或影响测量视线的通达。

3. 沉降观测方法

对于精度要求较高的沉降观测，应采用三（四）等水准测量，甚至二等水准测量，精度要求较低的沉降观测可采用普通水准测量。

沉降观测前，先识别找到附近的水准点和沉降点，并获取水准点高程，根据水准点和沉降点分布确定施测路线（附合水准路线、闭合水准路线和支水准路线）。

堤防沉降观测所用基准点的高程应从国家建立的水准测量高程控制网点引测，引测基准点高程最低应采用三（四）等水准测量，必要时可用二等水准测量。

各测点的阶段沉降量和累计沉降量计算公式如下：

阶段沉降量＝上次（之前最近一次）观测的高程值－本次观测高程值

累计沉降量＝初始高程值－本次观测高程值

根据各沉降点的沉降量可计算出不同沉降点之间的沉降量之差，即为不均匀沉降值。

4. 沉降观测成果分析

根据沉降观测成果可整理绘制出反映沉降过程、沉降量分布等有关曲线，为进一步分析研究沉降规律、查找引起过大沉降量或过大不均匀沉降及探讨预防措施提供依据。

沉降过程线：根据同一沉降点的不同时刻的累计沉降量可绘出该点的沉降过程线（以累计沉降量或高程为纵坐标、以时间为横坐标）。沉降过程线是反映某个沉降点高程随时间的变化曲线。正常的沉降过程线应该是初期沉降快，后期沉降慢，直至逐渐停止。

堤防纵向沉降量分布图：以累计沉降量为纵坐标，以堤线长度（里程桩号）为横坐标，根据位于同一纵断面（如临河堤肩断面、背河堤肩断面等）上的每一个沉降观测点的位置桩号和截至某时刻的累计沉降量可绘制出堤防纵向某纵断面上的沉降量分布图。该图可反映出沿堤线的沉降情况，也能很直观地反映出沿堤线的不均匀沉降差。

堤防横向沉降量分布图：以累计沉降量为纵坐标，以某横断面的底宽长度为横坐标，坐标原点选择在某固定点（如堤脚）上，根据位于同一横断面上的每一个沉降观测点到某固定点的距离和截至某时间的累计沉降量可绘制出沉降量沿堤防某横断面上的分布图。该图可反映出某横断面上的沉降情况，也能很直观地反映出该横断面上的不均匀沉降差。

堤防沉降量平面分布图：根据所有观测点在堤防上的平面位置和截止到某时间的累计沉降量可绘制出沉降量在堤防上的平面分布图（即在堤防平面图上标定出各观测点的位置和截止到某时间的累计沉降量）。该图可反映出堤防沉降的全面情况，也能反映各个观测点之间的不均匀沉降差。将沉降量相同的各点依次连接起来可得到沉降量等值线。

4.3.1.2　堤身位移观测

堤身位移观测断面应选在堤基地质条件较复杂、渗流位势变化异常、有潜在滑移危险的堤段。每一代表性堤段的位移观测断面不少于3个，每个观测断面的位移观测点不少于4个。

堤坡位移观测，主要是选择一些有潜在滑移危险的代表性堤段进行垂直位移观测，必要时也可结合进行水平位移观测。

4.3.2　水位（潮位）观测

水位（潮位）观测是做好工程控制运用、监测工程安全的重要手段。通过对水位（潮位）的持续观测，可掌握洪水变化过程，为分析河道水位的年内和年际变化规律，以及分析海水的潮汐变化规律提供支撑。

观测水位（潮位）常用的方法有人工测读水尺法（通过在观测位置设置的水尺，靠人工直接测读和计算水位）、自记水位计测记法、遥感技术测记并远程传递法等。

虚拟仿真训练：水位（潮位）观测视频

4.3.2.1　观测地点选择

河道水位观测站或观测剖面应根据河道河势和工程情况合理选择，一般设置在以下几个部位：

(1) 水位或潮位变化较显著的地段。
(2) 需要观测水流流态的工程控制剖面。
(3) 水闸、泵站等水利工程的进出口。
(4) 进洪、泄洪工程口门的上下游。
(5) 与工程观测项目相关联的水位观测点。
(6) 其他需要观测水位、潮位的地点或工程部位。

4.3.2.2 水尺的设置

直立式水尺图

用于观测水位的水尺按用途不同分为基本水尺、参证水尺、辅助水尺、临时水尺等。基本水尺是在常设站点（基本观测站）设置的、用于逐日观测水位的水尺；参证水尺是设置在自记水位计旁，用以校核自记水位计的水尺；辅助水尺是在主要河段或主要工程位置设置的、用于洪水或凌汛期间观测水位的水尺，相应的观测站为辅助观测站；临时水尺是为了满足临时用途（如工程建设、抢险）而临时设置的水尺。

按设置形式的不同，水尺可分为直立式水尺和倾斜式水尺。直立式水尺一般是将现成的尺板固定在直立的靠桩、柱、杆上或直接在直立的建筑物面壁上刻画尺面刻度，水尺的基点（也称零点）高程已知，尺面刻度分划到厘米、标注出分米和米的数字，若在斜坡上设置直立式水尺一般应在同一观测断面上设置一组水尺（梯级设置）。直立式水尺的靠桩要牢固、避免发生下沉，尺面应垂直、尺板固定牢固、各节（一般每节长 1m）尺板之间接缝严密、梯级水尺的各级之间要有一定的搭错高度（重合范围一般要求不小于 0.1～0.2m）。倾斜式水尺一般是直接涂画在建筑物的斜面或岸坡上，为方便观测计算，涂画刻度和标注数字时已将垂高和斜距进行了折算，可直接读取折算后的垂高数据。

倾斜式水尺图

水尺的布设范围应高于测站历年最高水位、低于测站历年最低水位 0.5m，要求各水尺的尺面完整、刻度准确、标注清晰，基点高程准确并定期或经常进行校测。为便于观测，水尺附近应有安全通达的道路。

4.3.2.3 水位观测

1. 观测时间

水位的观测时间应力求统一，具体观测时间（或次数）应按上级统一规定要求执行。平时只观测基本水尺，一般每日 8 时（北京标准时间）观测一次，洪水、凌汛及水位急剧变化期间应根据需要增加观测次数并酌情开始辅助水尺的观测，应注意跟踪观测洪峰水位。

2. 水尺测读

当水面平静或虽有风浪但安装有静水设备时，可直接读取静止水面横截于水尺尺面位置的读数。

当有风浪而又无静水设备时，需注意观察水面波动规律，然后抓住时机读取波峰和波谷两个读数，并取平均值作为最终读数；也可除读取波峰和波谷读数外再捕捉瞬时平稳时机及时读数，以用于校正波峰和波谷的平均数；为消除因时机选择不当而带来的误差，可多次测读再取平均数。

当因主流摆动而导致水位变化幅度较大时，可等待水尺附近较平稳时再读数，或读取最高水位和最低水位再取平均数。

冰凌期间，应将水尺周围的冰层打开、捞除碎冰，待水面平静后观读；若水尺处已冻实应向河心方向另打孔观测。

当随着水位的涨落变化需要更换不同梯级的水尺进行观测时，应对两支相邻水尺同时比测至少1次。

水位的观测根据水面在水尺上的位置读数，应尽量使视线靠近水面，读数精度一般记至厘米，必要时可估读到毫米。在含沙量小、水较清澈的水面上读数时，还应注意折光影响。观读水尺应在现场按规定格式及内容要求进行记录（表4.7），要注意检查读数和记录结果的准确性，同时，还应注意观测和备记风向、主流摆动和水面起伏（观测记录波高）、水尺附近的流向（顺流、逆流、静水）、漫滩、串沟、回水顶托、流冰、冰塞、引水、分洪等有关现场情况。

表4.7 水位观测记录表

日期	时间	观测站	水尺编号	零点高程	观测员/记录员	水尺读数	水位/m	涨	落	备注

计算人签字：   校核人签字：

3. 水位计算

计算水位之前，要对观测记录资料进行检查比对，查看记录内容是否齐全、书写是否清晰、描述是否清楚、零点高程引用是否正确，并注意将本次观测记录成果与此前同尺成果或上下游相邻尺同时观测成果相比对，确认无误后再计算水位。

利用水尺观测水位时，水位计算公式为：水位＝水尺读数＋水尺零点高程

其中，水尺零点高程应尽可能采用等级水准测量测定，并定期（如每年汛前）进行校测。

4.3.2.4 潮位观测

潮位的观测站点和水尺或观测设施应选设在经常靠水的陡岸、海堤或防浪墙等附近，水尺或观测设施的高低应满足潮位的涨落变化范围；潮位的观测和计算方法与水位观测相同；观测时间应根据统一规定、潮汐变化规律和满足某些需要而具体确定。

4.3.2.5 自记水位计使用方法

自记水位计是一种自动感测记录天然水体水位变化的装置。一般采用蓄电池供电，备有交流充电和太阳能充电两种方法，具有记录完整、节省人力的优点，可满足较长期在无电力供给的情况下野外使用。

1. 自记水位计的类别

常见的自记水位计有雷达水位计、浮子水位计、气泡水位计、压力水位计、声波反射水位计、电子水尺等。

雷达水位计是水利工程常用的自记水位计。由雷达、太阳能供电、GPRS远程传输、短信报警功能、红外远程操作等，以及测量系统智能

雷达水位计图

物(液)位测控系统等组成。雷达水位计采用 26GHz 高频信号,广泛应用于山洪预警系统河流水位监测、中小河流水位监测、明渠水位自动监测、水资源监控等领域。

浮子水位计由浮子,浮轮、角位移传感器和液位传感器、数据采集显示器、太阳能电池以及测井等组成。在水位测量的测井中,安装一个感测水位的浮子,当水位变化时,浮子灵敏地跟随水位变化做相应的涨落,同时把涨落的直线位移借助悬索传递给浮轮,变为水位轮角位移量,通过自记笔实现对水位的纸质记录,并通过传感器将液位模拟量转换为数字信息量,用于实时在线记录、显示、传输和处理。按自记台的结构形式和在断面上的位置不同,自记水位计分为岛式、岸式、岛岸结合式(图4.5)等。

浮子与雷达一体式水位计图

电子水尺图

图 4.5 岛岸结合式水位计示意图
1—仪器室;2—支架;3—侧桥;
4—测井;5—进水管

电子水尺是一种数字式的传感器,是利用水的微弱导电性原理测量电极的水位获取数据,由若干根自带无线变送器的电子水尺和一个无线水位数据采集器组成的水位、水温测量系统。具有安装调试简单、精度高、功耗低、性能稳定、适应能力强、兼容性好等优点,可广泛用于防汛抗旱、水文测验、水库调度、灌区配水、城市防洪、排污监测、供排水测量等领域的水位、水温的观测和遥测。

2. 自记水位计的检查与使用

自记水位计使用之前或换记录纸时,应检查水位轮感应水位的灵敏性、走时机构的准确性,检查电源是否充足、可靠,检查记录笔、墨水等是否齐全、正常;应尽可能在水位平稳期换记录纸,换记录纸时应注明换纸时间与校核水位;使用前和使用中要利用参证水尺的水位观测成果对自记水位计的测记准确性进行比较和校对,比测次数应在 30 次以上,比测时间应选在涨落水的不同阶段。

3. 自记水位计记录的订正

对自记水位计的记录成果(纸)应先检查、订正,检查、订正完成后再进行摘录。首先应检查有无漏记现象,如有应进行补填;记录曲线中断不超过 3h 且不是水位转折时期时,一般测站可按曲线趋势插补描绘,潮水位站可按本次曲线的趋势,并参考前一天的自记曲线插补描绘;中断时间较长或跨越水位的急剧变化区间时,不宜采用趋势描绘法插补中断时间的水位,可采用相关曲线法插补计算,并在水位摘录表的备注栏中加以注明。当自记水位计的记录曲线呈锯齿形时,应通过中心位置画一细线,作为水位过程线;当记录曲线呈阶梯状时,应按形成原因加以订正。

对自记水位计记录成果的订正包括时间订正和水位订正两部分。对于一般测站,当一日内的时间误差超过 5min、自记水位与同时间的参证水位之差超过 2cm 时,应进行订正。用于潮汐预报的潮水位站及使用精度要求较高的其他自记水位计时,当一日内时间误差超过 1min、水位误差超过 1cm 时,应进行订正。一般先采用直线比例法订正时间,再采用直线比例法或曲线趋势法订正水位。

4. 自记水位计记录成果的摘录

根据自记水位计记录的水位资料摘录时,摘录的数据成果应能反映水位变化的完整过程,并应满足计算日平均水位、统计特征值等需要。当水位变化不大且变化均匀时,按等时距摘录;当水位变化急剧且变化不均匀时,应加摘转折点处的水位;摘录时刻宜选在整小时或 6min 的整数倍处,8 时和 24 时的特征值水位必须摘录,所有摘录点都应在记录纸上逐一标出并注明对应点的水位值。

5. 日平均水位的计算

若每日只观测一次水位,以观测值作为日平均水位;当水位变化平缓、按等时距观测或摘录水位时,可采用算术平均法计算日平均水位,即将一日内各次水位值求和再除以观测次数;当一日内水位变化较大、按非等时距观测或摘录水位时,可采用面积包围法计算日平均水位,即以小时为横坐标、以水位值为纵坐标,绘制出一日内 0~24 时水位过程线,计算水位过程线所包围的面积再除以 24(小时数),当无 0 时或 24 时水位时应根据前后相邻水位按直线插补。

4.3.3 渗流观测

4.3.3.1 渗流观测的一般要求

对于非长时间处于挡水或高水位挡水工作状态的河道堤防,一般不进行渗流观测或只在洪水偎堤后临时进行表面渗流观测。对于堤基有强透水层、堤身渗透性强、汛期高水位偎堤时渗水严重,甚至发生渗透破坏的堤段,除临时进行表面渗流观测外,还可选择代表性断面进行渗流观测。每一代表性堤段应布置不少于 3 个观测断面。观测断面间距一般为 300~500m。

虚拟仿真训练:渗流观测视频

堤防工程渗流观测项目主要有测压管水位观测、渗流量观测、渗水颜色观测、渗透变形观测等。必要时,配合进行地下水水质等项目观测。

4.3.3.2 测压管水位观测

测压管是与工程或地基内的渗透水流相贯通的管道,测压管内的水位能反映出渗透水流在工程或地基内的水面高度,也能反映出相应管底处的扬压力大小。当渗流稳定时,也可根据上下游水位、各测压管水位及各测压管在断面上的位置而绘制出渗流观测断面的浸润线。每个观测断面的测压管数不少于 3 根,一般设置在背河堤肩、堤坡、堤脚、堤脚外。

1. 测压管水位观测方法

测压管水位的观测,一般可直接从管口开始量测,不便于直接量测的可利用观测仪器进行观测(探测)。目前常用的观测仪器有电测水位器、测深钟、遥测水位器等。

(1)直接观测法。当水面接近管口或水面位置准确可见时,可直接丈量管口到水面的距离,通过管口高程计算水面高程:测压管水位=管口高程-管口至水面的距离。

(2)电测水位器观测法。当水面在管口以下较深或不能准确确定管中水面位置时,可用电测水位器测定测压管水位:将仪器的测头放入测压管内,在测头刚好与水面接触时(水导电接通电路)仪器将发出仪表指示或信号,观测人员迅速捏住与管口相平的吊索,通过吊索上的刻度读取管口至水面的距离,并根据管口高程计算测压管水位。

(3) 测深钟观测法。测深钟观测法的原理与电测水位器相同，当垂吊测深钟的吊索与水面接触时测深钟发出报警声响，此时通过吊索读取管口至管中水面的距离，据此计算测压管水位。

(4) 遥测水位器观测法。采用遥测水位器观测测压管水位，可实现远程自动化观测，其原理是利用测压管中水位的升降由浮子带动传动轮和滚筒，通过电路追踪量测滚筒的转动量并变成信号传输到室内的指示仪表或显示器上，即可读出测压管水位。

2. 测压管水位观测要求

测压管水位观测的测次应根据假堤水深、渗流及水位变化等情况确定，在设计正常水位以下，一般不少于每10d观测一次；当临河水位较高、变化较快或超过正常水位时，应每天观测一次。每次观测测压管水位时，都应固定观测路线，按同一顺序进行观测，并同时观测临、背河水位。测压管水位的观测精度为两次读数差应不大于1～2cm。测压管水位观测记录表参见表4.8。

表4.8 测压管水位观测记录表

观测者：　　　　　计算者：　　　　　校核者：　　　　　测压管编号：

日期	管口高程/m	管口至水面距离			管中水面高程/m	临河水位/m	背河水位/m	大气情况	备注
		一次	二次	平均					

对测压管管口高程，在堤防工程运用初期至少每月进行一次校测，沉降趋向稳定后每年至少进行一次校测；吊索长度应每隔1～3个月进行一次校测。

4.3.3.3 渗流量观测

通过对渗流量大小的观测，可分析堤防工程的防渗效果，以便及时发现和处理防渗措施存在的问题，确保工程安全运行。观测渗流量时应连续观测两次，取其平均值作为观测成果。观测渗流量大小的方法有容积法、量水堰法、测流速法等。

1. 容积法

选择已知总容积的容器或带有容积刻度的容器，使渗出水全部流入容器内，测记容器被充满或充至某容积刻度的总用时，可根据容积和总用时计算渗流量。该方法适用于渗流量量较小（小于1L/s）的情况。

2. 量水堰法

在渗流出口或背河堤脚附近修筑挡水溢流堰，读取堰上水头，用堰流公式计算过堰流量，该法适用于渗流量较大（1～300L/s）的情况。若需要测定不同渗透部位的渗流量，可在各渗透出口附近分别设堰观测，并可由各部分渗流量求和得总渗流量。若直接测定总渗流量，一般应将量水堰布置在背河堤脚附近，这需要设置能汇集各部分渗流的集水沟，在集水沟的出口或直线段上布置量水堰。

3. 测流速法

测流速法适用于渗水量较大，且渗水能汇集到具有比较规则的平直段排水沟内的情况，先用流速仪测量流速（点流速、过水断面平均流速），然后根据过水断面面积计算渗流量。

4.3.3.4 渗水色观测

对于渗透水流颜色（清与浑），一般是直接进行定性观察，并根据不同时段的观察结果分析水色是否有明显变化；也可根据需要通过定量观测透明度来判别水色。

透明度是指在标准试验条件下，能从水面透过水体看清水体下规定标志时所对应的以厘米计量的水体最大高度值，具体观测方法为：在渗水出逸处用玻璃瓶取水样，摇匀后注入透明管（常采用高35cm，直径3cm，管壁厘米刻度，下部设有放水控制阀门的平底玻璃管）中；从透明管上端透过水体观看放置在管底以下4cm处、白色底板上印有5号铅印字体汉语拼音字母的纸片，如看不清字体则打开放水阀门慢慢降低管中水柱高度，直到刚好看清字体时立即关闭阀门，此时从管壁刻度上读出的水柱高度（cm）即为渗流水体的透明度。

根据实测透明度值即可判断渗水的透明情况，一般将透明度大于30cm的水定性为清水。透明度观测次数可根据需要确定，同一水样的两次观测值相差不得超过1cm。

4.3.4 堤身表面观测

虚拟仿真训练：堤身表面观测视频

堤身表面观测相对于上述观测项目来说比较简单，一般采用巡查或拉网式普查方式，通过直观（眼看、手摸、脚踩）检查或借助镐、铁锹、钎钢尺、相机等简单工具对堤身表面进行观测。观测内容主要有表面缺陷（堤顶是否平整，堤坡是否平顺、有无滑坡迹象，堤身表面有无裂缝、塌陷、水沟浪窝、洞穴、残缺等）观测、渗漏（有无渗水、管涌、流土等现象）观测、防护树草完整性观测、害堤动物洞穴观测等。

4.3.4.1 水沟浪窝（雨淋沟）观测

受雨水冲刷而形成的狭长沟壑和坑穴称为水沟浪窝，其中的狭长沟壑又称为雨淋沟。多发生在因局部地势相对低洼而造成集中过水、坡陡、坡长、土质抗冲能力差、防护措施薄弱的土方工程表面，如在堤防的堤坡、堤坡连同堤顶、戗台、上下堤辅道土质路面和辅道侧面及辅道与堤坡交会处、穿堤建筑物与堤防接合部、穿（跨）堤建筑物与堤表面交会处、堤岸防护工程的土坝体边坡及土石接合部等位置。

对于水沟浪窝（雨淋沟）的观测，应从对工程的巡查和排查开始，并注重对形成和处理过程的检查观测与记录。每次较大降雨之后都要及时全面普查是否有水沟浪窝或雨淋沟。一旦发现有水沟浪窝或雨淋沟，要仔细观察、丈量、记录有关情况：缺陷名称、产生原因、缺陷在工程上的位置（里程桩号、在横断面上的部位、距特征点的距离）、缺陷范围、可见轮廓形状、尺寸（如长、宽、深的变化范围和平均值）、估计工程量等；处理缺陷时仍要观测，并记录处理方法和结果。水沟浪窝（雨淋沟）的长度可用皮尺或钢尺顺沟丈量；水沟浪窝（雨淋沟）的宽度一般是不规则的，可根据其形状沿长度方向选择多个量测位置，分别量取每个位置的上、下口宽度，并取其平均值作为该处的宽度，若沿长度方向宽度不等可分别记录最大宽度、一般宽度或平均宽度；水沟浪窝（雨淋沟）的深度一般也不规则，需量测多个深度值，并分别记录最大深度、一般深度或平均深度。

降水期间要加强排水情况和水毁情况观测，及时顺水、排水，防止因雨水集中冲刷而破坏工程；对已形成的水沟浪窝要及时圈堵，防止因继续过水或浸入而扩大。

4.3.4.2 塌陷观测

由于修筑质量差、内部隐患、高水位浸泡、雨水浸入、渗漏破坏等原因导致堤防工程和堤岸防护工程的土坝体顶部或边坡发生较大范围内的地面高程明显下降，称为塌陷；由于局部范围的塌陷（湿陷、塌窝）而形成的边壁比较陡的坑穴称为塌坑，也称跌窝或陷坑；深度比较深且坑壁很陡的陷坑又称为天井。

对于塌陷的观测也是从日常巡查、排查开始，并注重对过程的检查观测。

检查发现塌陷后，应准确观测记录塌陷所在堤线的里程桩号和断面位置、塌陷范围、形状、特征尺寸、最大塌陷深度、平均塌陷深度、约估塌陷体积等。一般采用皮尺或钢尺丈量塌坑的平面尺寸，平面形状为圆形或近似圆形时需量测其直径，平面形状近似长方形时需量测其平均长度和平均宽度，平面形状不规则时可采用割补法确定其平均的长和宽，对于塌坑深度一般采用探杆或垂吊测绳的方法进行丈量，其体积可根据相应形体进行计算，或以面积与平均深度的乘积计算。

洪水或高水位期间发现塌坑，要按抢险要求进行抢护。降雨期间发现塌坑，应立即在其周围进行圈堵以防止其扩大。

4.3.4.3 裂缝观测

堤防裂缝按其出现的部位可分为表面裂缝、内部裂缝；按其走向可分为横向裂缝、纵向裂缝；按其成因主要分为不均匀沉陷裂缝、滑坡裂缝、干缩裂缝（龟纹裂缝）、冰冻裂缝、震动裂缝等，其中横向裂缝（尤其是贯穿性横向裂缝）和滑坡裂缝的危害性较大。

通过对堤防裂缝的观测，可了解其发展情况（如裂缝长度、宽度、深度的变化，裂缝两侧土体是否有错位等），有助于分析确定导致裂缝的原因、判定裂缝性质、预测裂缝发展趋势、预估裂缝对堤防工程造成的危害，为实施处理加固和预防措施提供依据。

裂缝的观测内容主要有裂缝的位置、走向、长度、宽度、深度及其发展变化，观测记录表见表 4.9。

表 4.9　　　　　　　　　　　裂 缝 观 测 记 录 表

日 期		裂缝编号	性质	裂缝位置	缝长/m	缝宽/cm			缝深/cm	备注
月	日					号测点	号测点	号测点		

1. 裂缝位置观测

裂缝位置一般用其在堤段上的里程桩号范围、在横断面上的位置及距某特征位置（如堤顶轴线、临背河堤肩、临背河堤脚）的距离表示。一般直接观测记录不同时期裂缝两端点所对应的里程桩号或到某特征位置的距离即可。为了观测方便、便于对比，可在裂缝两端附近分别设置已标定里程桩号或到某特征位置距离的固定标志（如小木桩），只要定期量测裂缝两端到固定标志的距离即可发现其位置的变化，并计算变化量。

2. 裂缝走向观测

一条裂缝的大致走向一般用横向、纵向或呈龟纹状（纵横交错）加以区分和表示。裂缝的走向可通过其在工程表面上的正投影图（类似于平面图）来判别；在裂缝附近的工程表面上用诸多固定标志点（如小木桩或能较长时间保留的石灰点）画出大小适宜的方格网，并按比例将方格网和裂缝在方格网中的位置绘制在图纸上（称为裂缝位置及走向图），通过定期观测并修正裂缝位置及走向图，可根据裂缝在方格网中的位置变化（如到某条方格线的距离变化）确定裂缝走向变化。

3. 裂缝长度观测

裂缝长度可用皮尺或钢尺直接沿缝丈量。若需要观测裂缝长度是否变化，可在裂缝两端分别设置固定标志点（木桩或能较长时间保留的石灰点），然后定期测量缝端到固定标志点的距离，根据距离变化可分析裂缝长度的变化。

4. 裂缝宽度观测

裂缝宽度可用钢尺、皮尺或卡尺直接量测。可沿裂缝走向选择若干有代表性观测位置，直接量测各观测位置处的裂缝宽度，以比对分析裂缝宽度是否变化和计算宽度变化量。直接测量裂缝宽度时应尽量避免对缝口的损坏，以免影响观测成果。为便于辨别缝口是否遭到破坏可在各观测位置处的缝口喷洒少量石灰水，或在每个观测位置处的裂缝两侧各打一根木桩（两木桩间距以 50cm 为宜），在木桩顶上设置小铁钉（以便准确定位），通过定期丈量各观测位置处两木桩之间的距离，可对比分析裂缝宽度是否变化，并计算裂缝宽度的变化量。

5. 裂缝深度观测

裂缝深度观测可直接用钢尺、测绳或借助探杆进行量测；若深度不明或不能直接量测时，可采用开挖探坑（井）、在裂缝处钻孔取样等方法进行观测。

在开挖探坑（井）或钻孔取样前，可从缝口灌入石灰水，以利于识别缝迹。开挖探坑时，须注意保持缝迹完整，应分段开挖、分段测量，并绘制出缝迹剖面图，开挖深度要超过裂缝终点 0.5m，要注意施工安全和开挖后的恢复回填。

裂缝观测的测次应视其发展情况而定，在发现裂缝初期应每天观测一次，若裂缝发展较快，或在汛期高水位期间及每次降雨后，应增加观测次数；若裂缝发展减缓，可减少测次，甚至停止观测。

4.3.4.4 害堤动物洞穴观测

害堤动物（獾、鼠、白蚁等）洞穴一般都有与工程表面相连通的孔洞（进出口、通气孔），但洞口可能比较隐蔽，因此，在检查观测工程时要仔细查找洞口。发现孔洞时要观察分析是否属于害堤动物洞穴、有无害堤动物、附近是否另有洞口，并仔细观察洞口周边及其附近有无新鲜土、动物爬行痕迹、爪蹄印、粪便、绒毛等迹象，并注意查看有无白蚁活动的蚁路、通气孔、排泄物等白蚁活动的外露迹象，也可在洞口周边铺撒一层新鲜的细颗粒虚土，以便观察有无新增爬行痕迹或爪蹄印，若能判定是动物洞穴且仍有动物活动，要捕捉动物并对洞穴进行处理。

洞穴量测要观测记录洞口位置和尺寸，利用测杆或测绳测量洞深或开挖探洞。当因孔洞较深或方向曲折多变而不便测量深度，又不宜开挖探洞时可尝试注水观测，并根据注水量判断洞穴大小，注水时注意查找附近出水点，以判断洞穴方向和长度。通过注水也能将害堤动物赶出洞穴。对于蚁穴，则直接判定巢位，挖除蚁巢，挖巢后必须清除巢外残余，可在空穴内埋放诱集坑（箱）或喷灭蚁粉剂。若未找到蚁巢，可在危害现场土壤中埋设白蚁诱集坑（箱），诱集、清除诱入诱集坑（箱）内的白蚁，反复诱集并清除，最终消灭蚁巢内的白蚁群体。

洞穴处理后，在高水位或降雨期间仍要注意观察其周围地面，及时发现诱发的塌陷。

【任务巩固】

【应知】

应知训练

【应会】

1. 试述堤身沉降测量及计算方法。
2. 简述定量观测判别渗水透明度的方法。
3. 试述工程观测与工程检查的区别。
4. 简述裂缝观测的主要内容及方法。

答案解析

任务4.4 堤防工程养护

【任务目标】

1. 了解堤防工程养护的主要目的
2. 熟悉堤防工程养护的主要内容及有关要求
3. 会根据堤防工程各组成部分的特点制定养护方案

导师述典——丽水通济堰

堤防工程养护，是指针对堤防工程可能发生或已经发生的局部、表面、轻微缺陷和损坏，所进行的经常性保养和防护，以保持堤防的完整、安全与正常运用，维持或恢复或改善工程面貌，保持工程设计功能，延长工程使用寿命，充分发挥工程效益。

本任务包括堤防养护、堤岸防护工程养护、防渗设施及排水设施养护、穿（跨）堤建筑物与堤防接合部养护、管护设施养护、防汛抢险设施及物料养护、防护林及草皮养护等。

4.4.1 堤防养护

虚拟仿真训练：堤防养护视频

1. 堤顶养护

堤顶日常养护的主要内容及要求如下：

（1）堤顶、堤肩、道口等的养护，应做到平整、坚实、无杂草、无弃物。

（2）堤顶养护做到堤线顺直、饱满平坦，无车槽，无明显凹陷、起伏，平均每5m长堤段纵向高差不应大于0.10m。

（3）堤顶设单侧或双侧横向坡，坡度保持在2%～3%。

（4）堤肩养护应做到无明显坑洼，堤肩线平顺规整、堤肩宜植草防护。

对于硬化堤顶（如混凝土堤顶、沥青堤顶、泥结碎石堤顶等）和未硬化堤顶还应符合下列规定：

（1）硬化堤顶养护。应及时清除堤顶积水；泥结碎石堤顶应适时补充磨耗层和洒水养护，保持顶面平顺，结构完好。

（2）未硬化堤顶养护。堤顶在泥泞期间，应及时关闭护路杆（拦车卡），排除积水；雨后应及时对堤顶注坑进行补土垫平、夯实；旱季对堤顶洒水养护。

2. 堤坡养护

堤坡日常养护的主要内容及要求如下：

（1）保持堤坡设计坡度，坡面平顺，无雨淋沟、陡坎、洞穴、陷坑、杂物等。

（2）戗台（平台）应保持设计宽度，台面平整，平台内外缘高度差符合设计要求。

（3）堤坡、戗台（平台）出现局部残缺和雨淋沟等时，应按原设计要求修复，所用土料符合筑堤土料要求，并应进行夯实、刮平处理。

（4）保持堤脚线连续、清晰。

（5）保持上下堤坡道顺直、平整，无沟坎、凹陷、残缺，禁止削堤为路。

（6）保持土质坡面的植草覆盖率，背水侧堤坡的草皮覆盖率达到95%以上。

（7）保持砌石坡面和混凝土坡面平整度，确保其养护效果达到有关规定。

3. 护坡养护

护坡养护的主要内容及要求如下：

（1）保持散抛石、砌石、混凝土护坡的坡面平顺、砌块完好、砌缝紧密和坡面整洁完好，无松动、塌陷、脱落、架空及杂草、杂物等现象。

（2）散抛块石护坡。应保持坡面平整，无明显凸凹现象；对局部凹陷应及时抛石修整排平，恢复原状。

（3）干砌石护坡。应及时填补、整修变形或损坏的块石，更换风化或冻毁的块石，并嵌砌紧密；出现局部护坡塌陷或垫层被淘刷问题时，应先翻出块石，恢复坝体和垫层，再将块石嵌砌紧密。

（4）混凝土或浆砌石护坡。应定期清理护坡表面杂物，及时填补变形缝内流失的填料，填补前将缝内杂物清除干净；及时修补浆砌石脱落的灰缝，修补时将缝口剔清刷净，修补后洒水养护；及时采用水泥砂浆抹补、喷浆发生侵蚀剥落或破碎的护坡部位，破碎面较大且有垫层淘刷、砌体架空现象的，应尽快填塞石料进行临时性处理，岁修时彻底整修；及时疏通堵塞排水孔；及时观测护坡出现的局部裂缝，判别裂缝成因并及时处理。

（5）混凝土网格护坡。应采用水泥砂浆抹补破损部位并填平混凝土网格与土基接合部；及时补植网格内残缺护坡草皮、清除杂草，适时浇水，确保草皮覆盖率达到95%以上。

（6）模袋混凝土、水泥土、异型块体护坡等应根据材料性质，按有关规定及时进行针对养护。

4. 防洪墙（堤）、防浪墙养护

防洪墙（堤）、防浪墙养护的主要内容及要求如下：

(1) 及时清除防洪墙（堤）、防浪墙表面的杂草和杂物。

(2) 及时填补防洪墙（堤）、防浪墙变形缝内流失的填料，填补前清除缝内杂物；及时修补浆砌石防浪墙勾缝损坏部位。

(3) 钢筋混凝土防洪墙（堤）、防浪墙表面发生轻微的侵蚀剥落或破碎，应采用涂料涂层防护或用水泥砂浆等材料进行表面修补。

(4) 及时填平防洪墙（堤）附近地面出现的水沟和坑洼。

5. 防渗及排水设施养护

防渗及排水设施养护的主要内容及要求如下：

(1) 保持防渗设施保护层完好无损，及时更换防渗体断裂、损坏、失效部分。

(2) 及时修复排水设施进口处的孔洞暗沟、出口处的冲坑悬空，清除排水沟内的淤泥、杂物及冰塞，确保排水体系畅通。

(3) 及时排干减压井周围出现的积水，填平坑洼，保持地面低于井口。

(4) 及时修复或更换损坏的减压井井盖，防止积水流入井内；及时恢复损坏的排渗沟保护层。

6. 护堤地养护

护堤地养护的主要内容及要求如下：

(1) 保持护堤地边界明确，地面平整、无杂物。

(2) 保持有界埂或界沟的护堤地规整、无杂草，及时修复出现残缺的界埂，及时疏通阻塞的界沟，保持巡查便道畅通。

(3) 保持护堤地护堤林带覆盖率，及时浇水、锄草、补植。

4.4.2 穿（跨）堤建筑物及与堤防接合部养护

虚拟仿真训练：穿堤建筑物及堤防接合部养护视频

穿（跨）堤建筑物与堤防接合部的养护直接关系着堤防工程安全，是堤防工程最容易发生险情的部位。因此，在堤防管理工作中应特别重视和加强穿（跨）堤建筑物与堤防接合部的养护与维修。

1. 穿堤建筑物及其与堤防接合部养护

穿堤建筑物与堤防接合部容易发生回填土不密实、不均匀沉陷、集中渗流或雨水集中排放等问题，易导致接合部工程表面出现裂缝、沉陷、冲沟（或水沟浪窝）、表层土松软等表面缺陷，穿堤建筑物进出口处的堤防还可能因受水流冲刷、渗水破坏等影响而出现局部冲淘刷破坏或渗透变形。因此，穿堤建筑物自身与堤防结合部养护是堤防工程养护的重点。日常养护的主要内容及要求如下：

(1) 应注意查看穿堤建筑物与堤防接合部有无沉陷、冲沟、表层土松软等现象，一旦发现要及时进行填垫、平整、夯实，以保持接合部填土密实，并使回填土高出周围地面或培修土埂。

(2) 要注意疏导排水，防止沿接合部形成集中冲刷。

(3) 发现裂缝时应加强观测，根据裂缝发展情况对裂缝采用填土封缝、灌缝、灌浆、开挖回填等处理方法。

(4) 要注意对穿堤建筑物附近及穿堤建筑物与堤防接合部的树草进行浇水、修剪、预防病虫害等管理，及时清除接合部的杂草、杂物，保持工程面貌整洁、美观。

（5）过水期间还要注意观察穿堤建筑物进出、口处附近水流是否平稳、堤防或防护工程是否被冲淘刷，对造成的局部冲刷或残缺要及时进行养护修复。

2. 跨堤建筑物及其与堤防接合部养护

日常养护的主要内容及要求如下：

（1）要及时清除接合部的杂草、杂物。

（2）对接合部排水设施进行巡查、顺水，保证排水安全，减少和避免出现雨淋沟或水沟浪窝。

（3）对支墩与堤防接合部经常进行观测、检查，发现支墩周围有填土不实或不均匀沉陷时应及时填土、平整、夯实，保证回填土密实，接合部平整。

（4）应注意检查和维护上、下堤道路的排水设施，雨前清除排水沟内淤积堵塞物，降雨期间注意顺水、疏导排水，雨后及时排除积水；干旱季节应酌情进行洒水养护，防止起土扬沙和干裂破坏；对因行车破坏或冲刷破坏而造成的路面凹陷、局部雨淋沟、残缺等，要及时进行铲高填注或另取土填垫、平整、夯实，也可在雨后有利时机利用机械进行刮平、压实。

4.4.3 堤岸防护工程养护

应按原有标准及时修复、处理堤岸防护工程表面的缺陷、洼坑、洞穴、雨淋沟及局部砌石松动变形或脱落等问题，所用材料应符合原设计要求并严格控制工程质量，做到封顶严密、整齐美观，土石接合部无脱缝等。

虚拟仿真训练：堤岸防护工程养护视频

4.4.3.1 护岸养护

1. 坡式护岸养护

坡式护岸的养护详见第 4.4.1 节中所述方法进行养护。

2. 坝式护岸养护

坝式护岸养护的主要内容及要求如下：

（1）应做到坝面平整、土石结合紧密、坝顶排水畅通，无积水洼坑、陷坑脱缝、雨淋沟、洞穴、杂草、散乱块石等问题。

（2）暴雨时，应组织人力到现场检查、疏通排水出路。发现较大雨淋沟，应先将进水口周围用土修筑土埂，拦截水流防止继续进水，雨后再进行处理。

（3）及时填补土心上的洼坑和雨淋沟。

（4）经常修整坝面，清除土心上的荆棘杂草及其他杂物，保持坝面完整美观。

3. 墙式护岸养护

墙式护岸养护的主要内容及要求如下：

（1）应清除护岸表面的草、树和杂物，保持护岸整洁。

（2）及时填补变形缝内流失的填料，填补前应将缝内杂物清洗干净。

（3）混凝土护岸表面发生局部、轻微侵蚀剥落或破碎时，应采用涂料涂层防护或用水泥砂浆等材料进行表面修补。

（4）浆砌石护岸表面发生局部侵蚀剥落或破碎时，应采用水泥砂浆表面抹补、填塞或喷浆。

4. 其他形式护岸养护

桩式护岸、枵槎坝等其他形式护岸及防浪林带、防浪林台、草皮护坡等的养护，应根据其材料性质，按有关规定进行养护。

4.4.3.2 护脚养护

护脚养护的主要内容及要求如下：

(1) 保持护脚石排砌紧密，护脚平台保持平整、坡度平顺，无明显凸凹现象。

(2) 用抛石补填汛前、汛后护脚石表面出现的凹陷部位，对石料堆积、坡面不顺及残缺不齐等部位按设计坡度或某拟定坡度进行整理，使根石坡面平顺或符合某坡度要求、表层石块排放稳定、排挤严紧、表面没有浮石和小石。

(3) 及时清除根石坡面上的杂草、幼树、杂物、淤泥，以保持坡面整洁美观。

(4) 石笼、柴枕、沉排、土工织物枕、模袋混凝土块体、混凝土或钢筋混凝土块体、空心四面体、混合形式等其他形式护脚，应根据其材料性质，分别按有关规定及时进行养护。

4.4.3.3 排水设施养护

堤防的排水设施由砂石料或透水土工材料修筑而成。在运用过程中容易因淤塞而失效，必须加强观测、养护、维修，确保其排水减压效果稳定可靠。排水设施养护的主要内容及要求如下：

(1) 每年汛前、汛后，应对排水设施普遍清理1次，及时清除排水沟（管）内的淤泥、杂物及冰塞，疏通排水孔，确保排水畅通。

(2) 及时处理排水沟（管）局部松动、裂缝和损坏等问题，确保反滤设施功能正常、完好。

(3) 应经常对排水体出水口及排水减压井周围进行观察、检查，一旦发现有孔洞、暗沟、冲坑、悬空等现象，要排除积水，用符合要求的材料及时填垫、平整、拍打或夯实。

(4) 发现减压井周围有积水时，应及时疏通排水沟或用抽水设备排干，填平坑洼，使井口高于地面、井周围无积水；若减压井井盖损坏，应修复或更换，防止积水流入井内。

虚拟仿真训练：管理设施及防汛物料养护视频

4.4.4 管理设施及防汛物料养护

堤防工程的各种管理设施应位置适宜、结构完整，发现损坏与丢失，应及时修复或补设。各种设备、工器具，应按其相应操作程序正确使用并进行定期检查和养护。发现故障应及时修理。小型混凝土构件和机械设施的易损配件应有备件，发现损坏和丢失应及时更换，保证设施正常运行。

4.4.4.1 防汛抢险设施养护

(1) 应对防汛抢险配备的车辆、机械设备定期检查，发现故障及时修理，保持正常运行状态。

(2) 保持防汛屋与一线防守区房屋整洁，发现损坏及时修理。

(3) 应及时修复损坏的土台、块石料台和砂、碎（卵）石存储池。

(4) 检查防汛抢险工器具的组装方法是否正确，安装连接是否牢固，支设是否稳固，有无霉变、锈蚀、腐烂、虫蛀等现象，对检查发现的问题要及时进行调试、养护、修复，达到顺手、锋利、坚固、结实、有相应的强度或刚度，以保证防汛抢险工器具满足好用和使用安全等要求。

（5）保持防汛抢险各类工器具分类整齐存放，对工器具及其周围经常进行清扫和擦拭保洁，做好防尘、防风吹雨淋日晒、防潮等各项保护。

4.4.4.2 观测设施养护

堤防观测设施主要包括水准点、测量基点（线）、测量仪器和配套工具、水位尺、测压管、断面桩、滩岸桩等。观测设施应由专业人员定期检查校正，若发生变形或损坏，应及时修复、校测。

1. 野外观测设施的养护

平时要加强对观测设施及其保护设施的看护管理，及时制止有可能影响设施安全的活动，防止设施丢失和遭受破坏，确保设施齐全完整。要对观测设施及其保护设施周围及时进行平整填垫、清理杂草杂物，保持设施整洁。要对观测设施及其保护设施经常进行整理、刷新，对观测设施定期进行检查、校正校测（主要是高程校测），对设施的局部破损要及时进行养护维修，确保设施埋设牢固、标示醒目清晰、高程及位置准确。要保持水位尺、断面桩埋设位置和方向准确、尺面和桩面清晰，对不符合要求的水位尺、断面桩要及时更换。对水尺零点高程要定期进行校测。保护测压管完整、防止堵塞，定期校测管口高程。用掏挖、钻探或冲洗的方法及时疏通已堵塞的测压管。

2. 室内存放测量器具的养护

保持测量器具的清洁，存放于专用箱盒内，放置于通风、干燥、防震处。使用前，要对器具进行检查、调试，确保连接牢固、转动灵活、标示清晰准确，以满足使用要求。使用时，要熟悉操作要求，按程序操作，对技术要求较高的专用器具一般应由专业人员操作使用，确保使用得当。对测量器具要经常或定期进行校验，其中对技术要求较高的专用仪器（如水准仪、经纬仪、探测仪器等）应由专业人员校验，并由具备维修资格的人员对其进行养护与修理。

4.4.4.3 防汛物料养护

对存储在堤顶、堤坡或戗台上的防汛备土及砂石料等，应保持其存放位置适宜、堆放规顺整齐、物料质量合格、物料数量准确、取用方便。及时清除防汛备土及砂石料堆上及其周围的杂草、杂物，保持料堆及周围环境整洁。对雨后坍塌的料堆要及时恢复完整，对使用剩余的零星料堆要进行归整。仓库内存储的料物，应按仓库保管规定进行管理养护，及时进行清点、检查、晾晒、补充、更换，确保数量准确。备防土料出现水沟或残缺部位，应按原存放标准对水沟和残缺部位进行修复。

4.4.5 生物防护工程养护

生物防护工程防风、防浪、防水流冲刷，起保护堤防的作用，使之减少或免受暴雨洪水、风沙冰凌、潮汐、海浪等自然力的侵蚀破坏，同时在提供抢险用料，美化堤防工程，改善生态环境，增加管理单位的经济收入等方面也有不可替代的重要价值。因此，在日常堤防工程管理中，要设专门的养护人员，对其实施长效管理。

虚拟仿真训练：生物防护工程养护视频

1. 林木养护

(1) 除草松土浇水排涝。要及时对树林田间或树株周围进行除草松土，促进树株的正常生长。要适时对树草进行浇水或洒水，春季开冻水应浇早浇足，干旱季节应加大浇水量。林木的施肥以氮、磷、钾肥为主，施肥量和肥料比例应视林木生长情况而定，施肥时间于叶芽开始分化以前为宜。结合水、肥管理，可适当地进行中耕、锄草和种植绿肥。多雨季节或堤防偎水形成积水后，应及时进行排涝，并将被风刮歪斜的树株及时扶正、培土，对被风刮折断的树株进行平茬、修整。

(2) 修剪。合理修剪树株，可使枝条分布均匀、利于透风透光、树冠形状美观，并可通过修剪去除病残枝，使树株长势良好。树株修枝打杈宜在入冬以后进行。

(3) 病虫害预防。在病虫害多发季节或蔓延之前，针对不同病原体和不同害虫喷洒相应的保护性药物。树木越冬前对树干上涂刷石灰水，既预防病虫害，又增加工程美观。石灰水涂刷高度一般为 1.2m，位于同一行树株的涂刷顶端尽可能在一条直线上，树干周围涂刷均匀、严密。

2. 草皮养护

应对草皮适时进行浇水、施肥，保持其生长旺盛。草过高影响通风采光，过低则影响光合作用，因此，要对草皮按要求或适宜高度进行修剪，使修剪后的草皮整齐美观。草皮遭雨水冲刷流失或干枯坏死，应及时还原坡面，采用补植或更新的方法进行修理。补植草皮宜选用适宜的品种，带土成块移植，移植时间应适宜。移植时，宜扒松坡面土层，洒水铺植，贴紧拍实，定期洒水，确保成活。更新的草皮宜选择适合当地生长条件的品种，并宜选择低茎蔓延的草种。草皮中有大量杂草或灌木时，可采用人工挖除或化学药剂除杂草的方法进行清除。

【任务巩固】

【应知】

应知训练

【应会】

1. 试述堤坡日常养护的主要内容及要求。
2. 试述混凝土或浆砌石护坡的日常养护内容及要求。
3. 试述穿堤建筑物及其与堤防接合部的日常养护内容及要求。

答案解析

任务4.5 堤防工程维修

【任务目标】
1. 了解堤防工程维修的目的及主要任务
2. 熟悉堤防工程常见病害的维修方法
3. 能针对堤防工程出现的各类病害现象制定相应的处理措施

导师述典——苏轼浚西湖

工程维修是对工程已经发生或存在的病害（损坏、缺陷、隐患）所采取的修复、修补、翻修、加固等处理措施。其目的是消除病害或防止病害发展扩大、恢复原状、维持或进一步改善工程面貌，以保持工程完整与安全，延长工程寿命，充分发挥工程效益。

堤防维修的主要任务是按原设计要求对堤顶、堤坡、护坡、防洪墙、防浪墙和防渗及排水设施的缺陷或损坏及时修复，对堤身裂缝和堤防隐患，依据其成因和性质分别采取相应的处理措施。

4.5.1 堤顶维修

1. 土质堤顶维修

堤顶出现宽度不够一致、堤肩线不够顺直、边口不够整齐等缺陷时，可按统一宽度（设计宽度或某堤段内自定统一宽度）定线（挂线或画线）整修堤肩。

虚拟仿真训练：堤顶维修视频

堤顶有局部起伏、凹陷、车辙、坑洼不平等缺陷时，可以平整堤顶、黏土盖顶、堤顶翻修等方式对堤顶进行整修。平整堤顶是对堤顶进行铲高垫洼，并对整平处夯实或压实。黏土盖顶是在原有堤顶上普遍铺盖一层黏性土，并通过整修（成型、整平、压实）使堤顶变得平整、密实及符合横向坡度（如整形成花鼓顶）要求。堤顶翻修是将现有堤顶表层土翻松、重新整修成型（如整修成符合横向坡度要求的花鼓顶）、整平并压实处理。

堤肩边埂发生损坏时，采用含水量适宜的黏性土，按原标准进行修复。

堤顶面层结构严重受损时，采用刨毛、洒水、补土、刮平压实等措施，使用与原土料相同的土料，按原设计要求进行修复，堤顶高程不足时修复至原高程。

硬化堤顶的土质堤防，发现堤身沉陷导致硬化堤顶与堤身脱离时，拆除硬化顶面，用黏性土或石渣补平、夯实，然后用相同材料对硬化顶面进行修复。

2. 泥结碎石堤顶路面维修

若有轻微坑洼不平，可通过调整磨耗层厚度找平，或通过补充磨耗层材料找平。若局部坑洼较严重，应及时清除局部磨耗层料，铲高垫洼平整，或用混合料（黏土＋碎砾石）进行填垫、平整、夯实或压实，并恢复磨耗层。若坑洼现象严重，且堤顶横比降或高度不足，可用混合料进行盖顶维修；若堤顶高度和材料能满足要求，可利用原有材料进行翻修处理。

3. 混凝土堤顶路面维修

混凝土堤顶路面常见缺陷有蜂窝、麻面、磨蚀、剥蚀、裂缝、填缝材料破损、翘起、断裂、破碎、沉陷等。

(1) 表面维修。混凝土路面出现蜂窝、麻面、磨蚀、剥蚀、局部表层破碎等表面缺陷时，可将缺陷处表层混凝土凿除，将表面刷毛、冲洗干净，用高强度等级水泥砂浆填补找平、压光并养护。若路面表面凸凹不平，可将凸处凿除，或将凹处凿毛、刷毛、冲洗干净，然后用水泥砂浆填补找平并养护。对抗滑能力差的路段，宜用机械刻痕或罩面的方法来恢复抗滑能力。

(2) 裂缝处理。混凝土路面出现裂缝可采用凿槽嵌补法处理：沿缝凿槽（槽宽至少30cm、槽深7cm）；将槽内吹刷干净，均匀涂刷水泥浆或环氧水泥砂浆；槽底每隔50cm铺设一根垂直于裂缝的钢筋；槽内浇筑快硬混凝土，振捣密实并抹平；新浇混凝土养护。对宽度在3mm以下的非扩展性裂缝，用低黏性沥青或环氧树脂等材料灌注。对于扩展性裂缝及因混凝土板下有构造物或埋设硬物而产生的裂缝，应沿裂缝开凿后灌注填缝料。

(3) 接缝维修。当混凝土路面接缝处的填缝材料（如木板条、灌注沥青等）出现破损或缺失时，可剔除旧填缝材料并清理干净，在缝壁及接缝板接头处涂刷地板胶或建筑热沥青，然后用新填缝材料进行填缝。填缝材料有加热式填缝材料（如橡胶沥青类等）、常温式填缝材料（如聚氨酯焦油类、聚氨酯类和聚氨酯沥青等）等，一般应2～3年更换一次。当接缝处翘起时，可用切割机具缓慢地将被拱起端两侧的各2～3条横缝切宽、切深，释放其应力，或直接切开拱起端，将板块恢复原位，然后清理和封填接缝。若因翘起而使相邻板块形成错台，可用机械磨平错台。

(4) 断裂破碎维修。当路面板块被几条裂缝分割为三块以上的破碎板且有沉降影响行车安全时，必须整块凿除，处治好基层后，重新浇筑新的混凝土板块。当路面板发生脱空断裂、断角等损坏，影响行车安全时，应凿除损坏部分，处理好基层后，用同种或异种材料进行修补。

(5) 路面沉陷维修。当混凝土路面整块沉陷较轻时，可将因沉陷而出现的错台高处凿平，或将已沉陷板块表面凿毛，用混凝土进行罩面衬平，也可用垫升法（在路面板上钻贯穿孔，用起重设备将沉陷的路面板吊起，通过钻孔将砂浆或干砂灌入面板与路面基层之间，从而将面板垫升）或压力灌浆法（在路面板上钻孔，通过钻孔灌注水泥浆，灌浆结束先用木模堵塞灌孔，待灌注材料凝固后再用细料混凝土封孔）进行处理。当沉陷较严重时，应将整块破除，加固路基或路面基层后再重新浇筑混凝土路面。

(6) 路面大修。当路面裂缝较多、损坏范围大而路基较好时，可通过加铺面层进行大修。加铺前应修复严重破碎部位，对表面进行凿毛、清洗，加铺层分缝位置与旧路面分缝位置一致。若因路基质量较差而使路面破坏或沉陷严重，可进行翻修处理。将整块或整段路面拆除，整平加固路基后再恢复路面，翻修时应在新修部分与未拆除板块之间设置拉筋。

4.5.2 堤坡及护坡修理

1. 土质堤坡的修理

土质堤坡出现大雨淋沟或损坏，应按开挖、分层回填夯实的顺序，用与原筑堤土料相同的土料进行维修，并在修复坡面补植草皮，使其达到设计的稳定边坡。

堤坡出现滑坡时，应根据滑坡的深度和范围采取全部挖除滑坡体或挖除

虚拟仿真训练：堤坡及护坡修理视频

主滑体的方法处理。处理过程中，应注意原堤身稳定和挡水安全。

（1）浅层（局部）滑坡处理。可采用全部挖除滑动体后重新填筑的方法处理浅层（局部）滑坡。首先，应分析渗水、堤脚下挖塘、冲刷、堤身土质不好等滑坡成因；然后将滑坡体上部未滑动的边坡削至稳定坡度；再从上边缘开始，逐级挖除滑动体，每级高度0.20m，沿滑动面挖成锯齿形，每一级深度应一次挖到位，并一直挖至滑动面外未滑动土中0.50~1m。平面上的挖除范围要求从滑坡边线四周向外展宽1~2m。

（2）深层圆弧滑坡处理。采用挖除主滑体并重新填筑压实的方法处理深层圆弧滑坡。深层圆弧滑坡相对于其他形式的滑坡较难处理，工程量相对较大，施工时应尽量加快施工进度，确保速战速决，防止进一步扩大险情。重新填筑的堤坡应达到满足边坡设计稳定要求。

堤坡陷坑一般采用翻筑回填的方法维修。首先翻出陷坑内的松土，然后分层填土夯实，恢复堤防原状。临水坡的陷坑宜用防渗性能不小于原设计堤身土的土料回填；背水坡的陷坑宜用透水性能不小于原设计堤身土的土料回填。

2. 散抛石堤坡及护坡维修

散抛石局部护坡下滑脱落时，按设计坡度挂线，将线上残留石料补抛至下滑部位的底部，再将下滑部位上部（顶部）缺石处用新石补齐，整好坡面，修好封顶；当土体被雨水冲刷或水流淘刷，造成护坡沉陷时，应将石料及垫层拆除，修复土体后重新铺设垫层，恢复坡面。

3. 砌石堤坡及护坡维修

干砌石、浆砌石护坡局部出现松动时，应拆除松动块石，重新砌筑，达到坡面平顺、砌石紧密要求。砌石护坡出现局部塌陷、隆起等问题时，应拆除损坏部位，拆除范围超出损坏区0.50~1m，保持好未损坏部分的砌体，清除反滤垫层，修复土体，按原设计恢复护坡。当砌石护坡块石尺寸偏小、厚度不足、强度不够时，宜按设计要求翻修；不具备翻新条件的可在原砌体上部浇筑混凝土盖面。垫层松动，滤料流失或原整层厚度不足时，应按设计要求翻修填补。当浆砌石护坡的排水孔阻塞时，应及时疏通、维修。护坡因土体产生过大不均匀沉降或冬季冻胀引起破坏时，应先处理土体，然后按原设计要求翻修护坡。护坡因施工质量差而损坏时，应重新砌筑；护坡因出现石质风化而强度降低时，应更换成合格石料，按原设计要求修复。

4. 混凝土堤坡及护坡维修

现浇混凝土护坡发生剥蚀损坏，出现局部破碎时，可将表层松散部位凿掉并冲洗干净，用较高强度等级的水泥砂浆填补。预制混凝土块护坡严重损坏时，应更换完整的预制混凝土块。混凝土护坡出现沉陷和淘空时，将其拆除、修复土体、铺设垫层、浇筑面层混凝土或重砌混凝土预制块。

4.5.3 防洪（防浪）墙修理

1. 表面剥落或破碎的处理措施

混凝土或浆砌石防洪墙（堤）、防浪墙表面发生局部侵蚀剥落或破碎时，应及时进行养护修补。用钢丝刷清刷、人工凿除、风镐凿除等方法将剥落或破碎层剔除，并对混凝土表面进行凿毛形成粗糙面、清洁、湿润后，可采用水泥砂浆（或环氧树脂砂浆、预缩砂浆）填补、抹平、压光；也可采用环氧石英膏涂抹的修补方法；还可通过将水泥、砂和水的混合物高压喷射到拟修补部位进行表面修补。

2. 裂缝的处理措施

混凝土防洪墙（堤）、防浪墙出现裂缝时，应先进行裂缝调查并加强检查观测，查明裂缝性质、成因及其危害程度。

3. 止水设施修理

止水分为明止水和暗止水。明止水是在有防水要求的分缝处或结构（如闸门）表面粘贴或粘贴并固定预埋螺栓、钢板锚压等止水材料。暗止水是在分缝内填充或预埋止水材料（如沥青、沥青油毛毡、沥青杉木板、金属止水板等），或设置止水设施（如沥青井）。明止水设施损坏时，可拆除已损坏止水材料，修复预埋件，重新粘贴或粘贴并固定新止水材料。暗止水的浅层填充材料损坏时，可将已损坏材料剔除，重新填充新止水材料。暗止水的深层填充材料、预埋止水片或止水井损坏时，可对分缝或止水设施周围进行凿挖，取出已损坏止水材料，修复止水设施，填充或埋设新的止水材料，恢复结构物。若暗止水难以修复，可改换为明止水。

4. 其他缺陷的处理措施

防洪（浪）墙发生倾斜、鼓肚、滑动或下沉时，需查明原因，并观察其发展情况，一般情况下可选用下列加固措施：

（1）套墙加固。凿毛旧基础和旧墙身，在原墙外侧加宽基础、加厚墙身，并应挖除一部分墙后填土，减小土压力，如图4.6所示。应注意新旧基础和墙身的结合，必要时设置钢筋锚栓或石榫，以增强联结。

（2）增建支撑墙加固。在挡墙外侧，每隔一定的间距增建支撑墙，如图4.7所示。

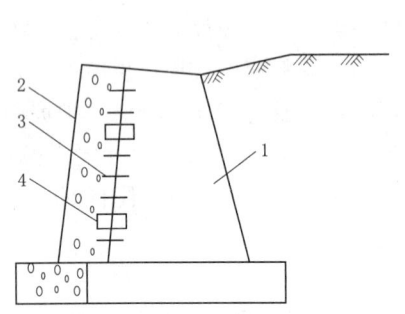
图4.6 套墙加固法示意图
1—原挡墙；2—套墙；3—钢筋锚栓；4—联系石榫

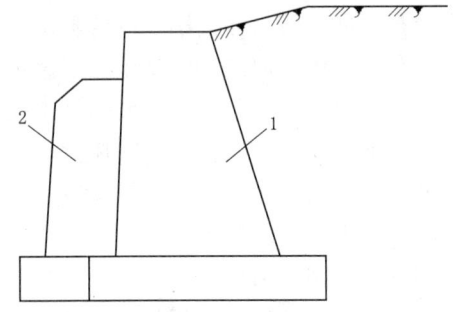
图4.7 增建支撑墙加固法示意图
1—原挡墙；2—支撑墙

（3）原挡墙损坏严重，采用以上加固方法不能达到设计强度要求时，应考虑将损坏部分拆除重建。为防止不均匀沉降，新旧挡墙之间应设置沉降缝，并注意新旧挡墙接头协调。

防洪墙（堤）墙基出现冒水冒砂现象，分析墙基地质勘探、渗流原因，确定渗流控制措施予以处理。变形缝填料损坏时，应及时填充。止水设施损坏时，应及时修复。

4.5.4 防渗设施及排水设施修理

1. 防渗设施修理

堤防工程防渗体是黏土铺盖、斜墙及土工合成材料坡面防渗体的，其保护层发生损坏时，采用与原设计要求相同的材料维修。

(1) 黏土铺盖、斜墙的修理。若防渗铺盖或斜墙所在区域出现陷坑，应首先查明原因，并分析判断防渗体是否已经遭到破坏（如断裂、穿透），然后按不同情况分别进行维修处理。若由于正常沉陷或较轻的外来因素（如开挖）而导致防渗体局部陷坑，并未导致防渗体断裂破坏，可采取直接回填的处理方法。对陷坑周围进行清基，清除防渗体保护层，用符合要求的黏土分薄层回填、平整、夯实，恢复防渗体，最后恢复保护层。对于伴随着防渗体断裂破坏而出现的陷坑，需采取开挖回填的处理方法。对陷坑周围进行清基，挖除保护层及防渗体，消除导致缺陷的隐患或进行加固处理（如挖除软弱层、回填夯实等），用符合要求的黏土分层回填、平整、夯实，恢复防渗体，最后恢复保护层。

(2) 土工膜或复合土工膜铺盖的修理。土工膜或复合土工膜铺盖遭到穿透、断裂等破坏时，对缺陷部位及其附近进行清基，清除保护层，可进行局部翻修。若不需要加固处理铺盖以下基础，可将修补处清理干净，直接用新土工膜或复合土工膜覆盖缺陷处，进行搭接、粘接或焊接，然后回填恢复保护层；若需要加固处理铺盖以下基础，可将缺陷部位的土工膜或复合土工膜剪除，对基础进行加固处理并将表面进行平整、夯实、拣除尖锐物，更换、搭接、粘接或焊接新土工膜或复合土工膜，恢复保护层。当土工膜或复合土工膜铺盖破坏严重、年久老化时，可清除新修。若堤防渗漏严重而尚未采取截渗措施时，可采取土工膜或复合土工膜铺盖截渗。

背水近堤坑塘的存在，将缩短堤防渗径，易诱发渗水、渗透变形、滑坡等险情，增加了运行观测、巡堤查险、施工加固及险情抢护的难度。对背水近堤坑塘一般采用填垫的处理方法，根据坑塘位置、规模大小、施工条件等不同，常采用机淤填筑（吹填）或运土填垫等方法。

坡面防渗体保护层修理。防渗体的土质保护层出现残缺、冲沟或陷坑等缺陷时，一般采用回填或开挖回填的处理方法。对缺陷处进行清基，挖除松土、削缓坡度，分薄层回填、夯实（干密度达到设计要求），对回填后表面进行平顺整理，并植草防护。若防渗体的砂砾石及块石保护层出现缺陷，按砌石护坡进行维修。若保护层下的防渗体受到破坏，要采用开挖回填的处理方法。对缺陷处进行清基，将缺陷处的保护层挖除或拆除，消除防渗体内部或防渗体以下隐患，整修恢复防渗体，恢复保护层，对土质保护层恢复植草防护。

2. 排水设施修理

堤顶、堤坡设置的排水沟发生沉陷、损坏时，应拆除损坏部位，回填夯实堤身，按原有结构修复堤坡及排水沟。

减压井有可能出现井管淤积、滤水管或反滤材料淤堵、井周围出现沉陷、井管损坏等现象，致使排水减压效果下降，甚至无法满足使用要求，需及时进行维修或更新。减压井排渗功能明显减小时，应采用洗井（从井中不断抽出浑水、让渗水带走淤积在透水井管壁内或井管外围反滤层内的泥沙）、冲淤（向井内灌注清水或用高压水枪冲射清水，并同时抽出浑水，靠置换清淤），或直接掏挖井管内的淤积物的方法进行处理，疏通反滤层，保证减压井排水通畅。

4.5.5 堤身裂缝修理

堤身产生裂缝时，应在查明裂缝成因，在裂缝已趋于稳定时进行维修。

1. 土质堤防裂缝修理

土质堤防裂缝应根据裂缝走向、部位和尺寸，选择开挖回填、横墙隔断、灌堵缝口、灌浆堵缝等方法进行维修。

(1) 开挖回填法。纵向裂缝维修宜采用顺缝开挖回填法进行维修。开挖前，可将经过滤的石灰水灌入裂缝内，用以了解裂缝的走向和深度。裂缝开挖长度应超过裂缝两端各1m，开挖深度超过裂缝底部0.30~0.50m，坑槽底部宽度不小于0.50m，边坡应符合稳定及新旧土结合要求，如图4.8所示。坑槽开挖时采取坑口保护措施，避免日晒、雨淋、进水和冻融，挖出的土料应远离坑口堆放。回填土料应与原土料相同，并控制合适的含水量，要分层（每层厚度一般为0.30~0.50m）回填、夯实，夯实土料的干密度应不小于堤身土料干密度。回填后的顶部应高出原地面，对新填土表层可填砂性土保护层，以防干裂。

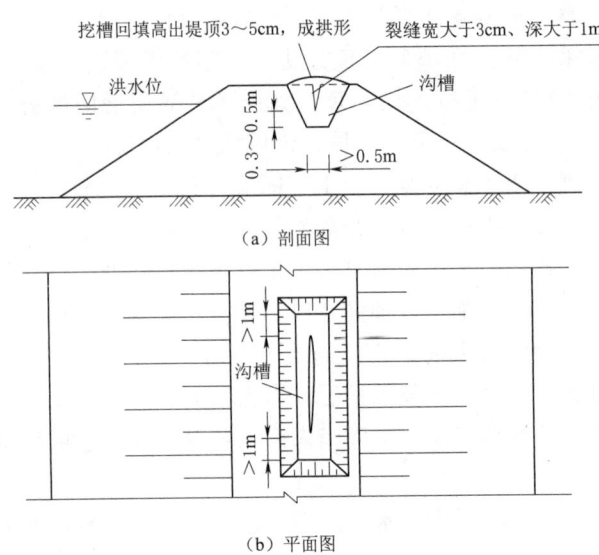

图4.8 开挖回填法处理裂缝示意图

(2) 横墙隔断法。横向裂缝维修宜采用横墙隔断法进行维修。与临水相通的裂缝，在裂缝临水坡先修前戗；背水坡有漏水的裂缝，在背水坡做好反滤导渗；与临水尚未连通的裂缝，从背水面开始，分段开挖回填。对于较严重的横向裂缝，除沿裂缝开挖沟槽，还应沿裂缝方向每隔3~5m开挖一条与裂缝槽垂直、底边长度为2.5~3.0m、厚度不小于0.5m的接合槽（称为横墙隔断），以增加新老土的接合，如图4.9所示。若开挖槽较深，可采用逐级错台的梯级开挖法，待回填时再削去台阶并削缓坡度。对于宽、深不超过5mm的非横向裂缝，可只封口以防水浸入。对不均匀沉陷裂缝，应待沉陷趋于稳定后再进行处理。对因渗透变形面产生的裂缝应先防渗，再进行处理。

(3) 灌堵缝口法。对于宽度小于3~4cm、深度小于1m的纵向裂缝或龟纹裂缝，宜采用灌堵缝口的方法处理。处理时，由缝口灌入干而细的砂壤土，并用板条或竹片捣实；灌缝后，修土埂压缝防雨，埂宽10cm，高出原顶（坡）面3~5cm。

(4) 灌浆堵缝法。堤顶或非滑动性的堤坡裂缝宜采用灌浆堵缝的方法修理。缝宽较大、缝深较小的裂缝，采用自流灌浆维修；缝宽较小、缝深较大的裂缝，采用充填灌浆维修。采用自流灌浆维修时，缝顶挖槽，槽宽深各为 0.20m，用清水洗缝；按"先稀后稠"原则用砂壤土泥浆灌缝，稀、稠两种泥浆的水土重量比分别为 1:0.15 与 1:0.25；灌满后封堵沟槽。采用充填灌浆修理时，可将缝口逐段封死，由缝侧打孔灌浆。

2. 混凝土堤防裂缝修理

混凝土裂缝按成因分为沉陷裂缝、干缩裂缝、温度裂缝、应力裂缝、施工裂缝等，按分布特征分为表层裂缝、深层裂缝、贯穿缝等。

当混凝土表面的微细裂缝、浅层裂缝及缝宽小于表 4.10 所列最大裂缝宽度允许值时，可不予处理或采用涂料封闭。

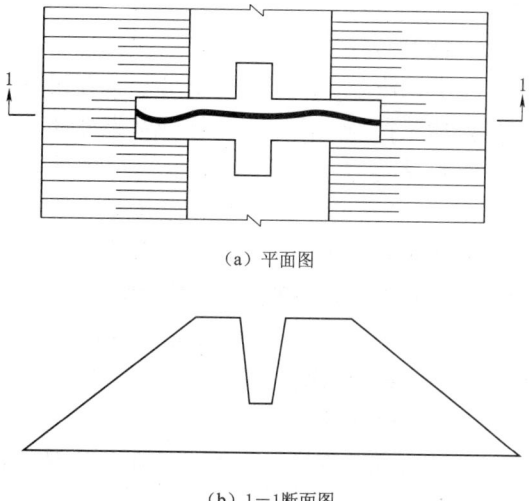

图 4.9 横墙隔断法处理横缝示意图

表 4.10 钢筋混凝土结构最大裂缝宽度允许值表

区 域	最大裂缝宽度/mm			
	水上区	水位变动区		水下区
		寒冷地区	温和地区	
内河淡水区	0.20	2.15	0.25	0.30
沿海海水区	0.20	0.15	0.20	0.30

注 温和地区指最冷月平均气温在 -3℃ 以上的地区；寒冷地区指最冷月平均气温在 -10～-3℃ 的地区

当裂缝宽度大于表 4.10 中的规定时，可采用下列措施进行修补：

(1) 喷涂法。又称涂抹法，适用于宽小于 0.3mm 的表层裂缝。表面喷涂材料有环氧树脂类、聚酯树脂类、聚氨酯类、改性沥青类等。喷涂处理时，用钢丝刷或风砂枪清除裂缝处表面附着物和污垢，沿缝凿毛或凿槽并冲洗干净，在凿毛处或凿槽处涂刷一层水泥浆或树脂基液，然后一次或分次涂抹，直至填满抹平并养护。

(2) 粘贴法。又称粘补法，分表面粘贴（适用于宽小于 0.3mm 的表层裂缝）和开槽粘贴（适用于宽大于 0.3mm 的表层活缝）两种。粘贴材料可用橡胶片材、聚氯乙烯片材等。表面粘贴时，在干燥基面上涂刷一层胶黏剂，再压贴刷有胶黏剂的片材。处理活缝时，需沿缝凿槽（宽 18～20cm，深 2～4cm，长超缝端 15cm），清洗干净，槽面涂刷一层树脂基液，用树脂砂浆找平，沿缝铺宽 5～6cm 的隔离膜，在隔离膜两侧干燥基面上涂刷胶黏剂、压贴片材，最后用弹性树脂砂浆填平并压光。

(3) 充填法。又称凿槽嵌补法，适用于缝宽大于 0.3mm 的表层裂缝。对死缝可充填水泥砂浆、树脂砂浆等，对活缝应充填弹性树脂砂浆、弹性嵌缝材料等。处理死缝时，先沿缝凿宽、深 5～6cm 的 V 形槽并清洗干净，槽面涂刷基液（干燥槽面涂刷树脂基液，潮湿槽面涂刷聚合物水泥浆），然后向槽内充填填充材料，压实抹光并养护。处理活缝，沿缝凿宽、深5～6cm的U形槽并清洗干净，槽底用砂浆找平，并铺设隔离膜，槽侧面涂刷胶粘剂，槽内充填弹性树脂砂浆等弹性材料，填至与原混凝土面齐平，压实并养护。

（4）灌浆法。适用于深层裂缝和贯穿裂缝，死缝可灌注水泥浆材、环氧浆材、高强水溶性聚氨酯浆材等，活缝可灌注弹性聚氨酯浆材等；施工工序有布孔、钻孔、洗孔、埋设灌浆管、封堵缝口（如沿缝凿槽、用砂浆嵌填封堵）、压水检查、灌浆（吃浆量小于0.02L/5min时结束灌浆并封孔）、质量检查（如钻检查孔进行压水试验）。

（5）喷浆修补法。喷浆修补法分为无筋素喷浆和挂网喷浆。采用无筋素喷浆时，先将裂缝附近表面凿毛并清洗干净，然后喷射一层高强度水泥砂浆，以堵塞裂缝，提高防渗、抗冲及耐磨性。采用挂网喷浆时，先沿裂缝凿槽并清洗干净，槽内挂金属网后再进行喷浆。

4.5.6 堤防隐患处理

1. 堤身隐患处理

堤身隐患应根据隐患类型、性质、位置等具体情况，采用开挖回填、充填灌浆、劈裂灌浆等方法处理。

（1）开挖回填处理法。位置明确、埋藏较浅的土质堤身隐患可采用开挖回填的方法处理：先将洞穴等隐患的松土挖出，再分层填土夯实，恢复堤身原状。位于临水侧的隐患，宜采用黏性土回填方法处理；位于背水侧的隐患，宜采用砂性土料回填处理。

（2）充填灌浆处理法。适用于范围不明确、埋藏较深的洞穴、裂缝等堤身隐患的处理。

（3）劈裂灌浆处理法。适用于范围不明确、埋藏较深的洞穴、裂缝等堤身隐患的处理。

（4）压力灌浆处理法。适用于混凝土、砌石堤防隐患的处理。

2. 堤基隐患处理

堤基中的暗沟、古河道、坍塌区、动物巢穴、墓坑、窑洞、坑塘、井窖、房基、杂填土，出现过渗漏、管涌、流土险情的透水堤基、多层堤基，强风化、裂隙发育、岩溶地区的岩石堤基等隐患，应探明性质并采用相应的处理措施。

4.5.7 堤岸防护工程修理

4.5.7.1 护岸修理

1. 坡式护岸修理

坡式护岸、护坡的修理方法详见第4.5.2节。

2. 坝式护岸修理

坝式护岸的散抛石、干砌石、浆砌石、混凝土护坡的修理方法详见第4.5.2节。此处，侧重介绍坝式护岸的土体修理方法。

当土芯出现大的雨淋沟、陷坑时，宜采用开挖回填的方法进行修理（挖除松动土体，由下至上分层回填夯实）。

当土芯发生裂缝时，应根据裂缝特征，进行修理：表面干缩、冰冻裂缝以及缝深小于1m的龟纹裂缝，宜采用灌堵缝口的方法进行修理；缝深小于3m的沉陷裂缝，待裂缝发展稳定后，宜采用开挖回填的方法进行修理；非滑动性质的深层裂缝，宜采用充填灌浆或上部开挖回填与下部灌浆相结合的方法进行修理。

当土芯发生滑坡时，应根据滑坡产生的原因和具体情况，采用开挖回填、改修缓坡等方法进行处理。采用开挖回填法处理时，应挖除滑坡体上部已松动的土体，按设计边坡线分层回填夯实；滑坡体方量很大、不能全部挖除时，可将滑弧上部能利用的松动土体移做下部回填土方，由下至上分层回填。开挖时，对未滑动的坡面，按边坡稳定要求放足开挖线；回填时，新旧土应接合严密，并恢复土芯边坡排水设施。采用改修缓坡法处理时，放缓边坡的坡度，应分析土芯边坡稳定情况。将滑动土体上部削坡，按放缓的土芯边坡加大断面，新旧土体接合严密，分层回填夯实。回填后，尽快恢复坡面排水设施及防护设施。

3. 墙式护岸修理

混凝土墙式护岸表面脱壳、裂缝、剥落和人为损坏，视具体情况，分别采取砂浆抹补、喷浆或混凝土修补等措施进行修理，并严格控制修补质量。

4. 其他形式护岸修理

桩式护岸、枺槎坝等其他形式护岸及防浪林带、防浪林台、草皮护坡等的修理，应根据其材料性质，按有关规定实施。

4.5.7.2 护脚修理

处于水面以上的护脚平台或护脚坡面发生凹陷时，采用抛石方法排整到原设计断面。大石在外、小石在里排整，层层错压，排挤密实。

处在水面以下的护脚坡度陡于稳定坡度或护脚出现走失时，采用抛散石或石笼方法加固，有航运条件时，在确保抛石位置准确的前提下，采用船只抛投。

散抛石护坡的护脚维修，直接从坝顶运石抛卸于护坡或置放于护坡的滑槽上，滑至护脚平台，然后人工排整，损坏的坡于抛石结束后整平；砌石护坡的护脚维修，应防止石料砸坏护坡。

护脚坡度陡于设计坡度时，按原设计要求用块石或石笼补抛至原设计坡度；海堤的堤岸防护工程，其桩式护脚、混凝土或钢筋混凝土块体护脚和沉井护脚受到风暴潮冲刷破坏，按原设计要求补设、维修。

4.5.7.3 排水孔及反滤层修理

排水孔（管）堵塞时，可用竹片或钢钎掏挖疏通，或用水冲洗疏通；若排水孔（管）损坏严重已无法疏通恢复，可局部拆除护坡，更换排水管，按原结构恢复护坡；当更换排水管时使反滤层或无砂混凝土块遭到破坏，应重新分层铺设符合要求的反滤料或更换无砂混凝土块，然后按原结构恢复护坡。

当反滤层或无砂混凝土块被淤积堵塞时，可用高压水冲洗，冲水与放水交替，直到出清水为止。当淤积堵塞冲洗无效、反滤层或无砂混凝土块遭到破坏时，可进行翻修：局部拆除护坡，或从土石接合部开挖至反滤料破坏处，挖除已破坏反滤料或无砂混凝土块，修整恢复土坡，按设计的反滤料、层数、层厚重新铺设反滤层，细料层靠近土体，各层面拍打、平整，层次清楚，层层间互不混掺，防止杂物混入反滤料内，铺设坡度陡于1：1的反滤层时应采用挡板支护铺筑，铺筑反滤层期间严禁人车通行；或更换无砂混凝土块，按原结构恢复护坡。

4.5.8 穿（跨）堤建筑物及其与堤防接合部修理

1. 接合部土方工程维修

穿（跨）堤建筑物与堤防接合部土方工程常出现接合不密实、沉陷、陷坑、水沟浪窝、洞穴、残缺、裂缝等缺陷，其维修方法与堤防工程相应缺陷的维修相同。

对土石接合不密实处,要及时进行平整、夯实,或清基、填垫、平整、夯实。

当出现沉陷、陷坑、水沟浪窝、洞穴、残缺时,宜采用回填或开挖回填的方法进行处理。将缺陷部位的杂物、松土清除干净,对陡坡进行削坡或回填中逐渐开蹬,用符合要求的土料分层填土、夯实,整理恢复工程,并对新填土处植草防护。

对裂缝,可用封堵封口、灌浆、顺缝开挖回填或横墙隔断开挖回填等方法进行处理。

2. 接合部石方护砌工程维修

对于穿(跨)堤建筑物与堤防接合部的石方护砌工程,可参照堤岸防护工程护坡(坝岸)的维修方法进行维修。

当散抛石护砌工程出现缺失、坡面凸凹不顺时,应进行平顺拣整或补充抛石并拣整,以使工程完整和坡面平顺。

对干砌石护砌工程,若出现局部松动,可直接塞垫嵌固,或拆除松动块石、找平垫稳后重新砌筑,以达到坡面平顺、砌石稳固的要求;若出现滑动、塌陷、鼓肚等缺陷,可进行局部翻修处理(将缺陷部位拆除,清除垫层,用黏土回填、夯实、恢复土坝体,按设计要求恢复垫层,自下而上、交错压茬、砌筑紧密地恢复干砌石);若护砌表面出现残缺或空洞,可选用或经修整合适的石块进行塞填。

对浆砌石护砌工程,若出现勾缝脱落,可剔除缝内填料,用水冲洗或洒水湿润,然后重新勾缝;若出现局部松动,轻者可直接嵌固、勾缝,较严重的可拆除松动块石,用坐浆法重新砌筑;若出现塌陷、鼓肚,一般进行翻修处理(局部拆除,重新砌筑)。

3. 接合部混凝土护砌工程维修

穿(跨)堤建筑物与堤防接合部的混凝土护砌工程出现损坏时,与堤岸防护工程混凝土护坡的维修方法相同。

现浇混凝土出现蜂窝、麻面、局部破碎时,可将破碎层清除,对维修部位凿毛或刷毛并冲洗干净,用水泥砂浆或环氧树脂砂浆进行填补、抹平、压光,按要求进行养护。

预制混凝土块护坡出现残缺或损坏时,轻者可进行修补,严重时可拆除、更换。

护砌工程有淘空现象时,可直接对淘空部位进行清基,然后分层回填、夯实或捣实;若因淘空或沉陷已造成混凝土护砌面层局部破坏,应将破坏部位拆除、回填、夯实、恢复土坡,铺设垫层,再恢复混凝土护砌面层。

若混凝土护砌工程出现裂缝,可酌情采用喷涂、粘贴、充填、灌浆等方法进行处理。

【任务巩固】
【应知】

应知训练

【应会】
1. 混凝土堤防裂缝与土质堤防裂缝的维修有何区别?

2. 穿（跨）堤建筑物及其与堤防接合部是堤防工程最容易发生的缺陷主要有哪些？
3. 堤防工程养护与工程维修有何区别？
4. 试述混凝土堤顶路面的维修方法。

答案解析

任务4.6 堤防工程抢险

【任务目标】
1. 了解堤防工程各类常见险情产生的主要原因
2. 熟悉堤防工程抢险的现行技术规程
3. 掌握堤防工程常见险情的特征及抢修方法
4. 能识别常见的堤防工程险情并会分析其产生原因
5. 能针对堤防工程中出现的险情编制抢修方案

导师述典——郑国渠与疲秦记

工程抢险主要指对工程突发险情所进行的紧急抢护，使之转危为安。堤防工程常见的险情有渗水、管涌（流土）、漏洞、风浪冲刷、裂缝、陷坑（跌窝）、漫溢、坍塌、滑坡、穿堤建筑物及其与堤防接合部的各类险情等。发生危及堤防工程安全的险情时，应准确判断险情类别、性质，按"抢早抢小，就地取材"的原则确定抢修方法、制定抢修方案、及时组织抢修，并同时按规定向上级主管部门和防汛指挥机构报告。工程抢险应做到指挥统一、组织严密、因地制宜、快速有效、确保安全。

4.6.1 渗水抢险

渗水也称散浸、散渗，是堤防在持续高水位作用下，江湖河水通过堤身向堤内渗透，在背水堤坡下部及堤脚附近地面渗出的现象，渗水的出水点称为出逸点。渗水显著特征是出逸点附近土壤表面湿润、湿软或有纤流。

4.6.1.1 渗水险情产生的原因

导致堤防发生渗水的主要原因有：

（1）高水位持续时间较长，或水位超过堤防设计标准。

（2）堤防断面尺寸不足（如宽度小、坡度陡，尤其是背水坡度陡），致使浸润线出逸点抬高，造成渗水在背水堤坡上出逸。

虚拟仿真训练：渗水抢险视频

（3）堤身渗水性强，临水坡无防渗体或其他有效控制渗流的工程措施；堤基有强透水层，背水侧排水反滤设施失效等。

（4）堤防修筑质量差，如土质差、有干土块或冻土块、碾压不实、接头处理不好，穿堤建筑物与堤防接合部填筑不密实等。

(5) 堤身和堤基存在动物洞穴、人为洞穴、暗沟、古河道、老口门、树木（根）、抢险材料腐烂后的空洞等隐患。

(6) 堤防的历年培修导致堤内存在明显的新老接合面。

4.6.1.2 渗水险情产生的特征及识别方法

渗水现象可通过观察或手摸脚探等方法加以区别判断。白天巡查时容易发现，渗流能直接从表面看得到；夜间巡查时，要通过感观判别（一是土质松软，踩踏陷脚；二是手电灯照之反光）。在晴天情况下若堤防背水侧某处土壤明显潮湿、湿软或有积水，应注意详细观察和检查，如积水是否增加、是否有流水，或将潮湿处做成小土槽，察看槽内是否有积水，以分析判断是否有渗水。雨天应注意观察和探试水量、水色、水温等，以分析判断是否有渗水现象；如有渗水现象，可从渗水量、出逸点高度和渗水的浑浊情况等三个方面判别渗水险情的严重程度。若堤背水坡渗水严重或渗水已开始冲刷堤坡，渗水变浑浊，则有发生流土的可能，说明险情正在恶化，必须及时进行处理，防止险情的进一步扩大。若出逸点较高（黏性土堤防不能高于堤坡的1/3；而对于砂性土堤防，一般不允许堤身渗水），则易产生堤背水坡滑坡、漏洞及陷坑等险情，应及时处理。

4.6.1.3 渗水险情的抢修方法

渗水险情应按照"临水侧截渗防进水，背水侧导流引渗水"的原则抢修，应尽量避免扰动渗水范围，防止人为再次扩大险情。在抢护前，应先清除渗水边坡上的杂草、软泥、树木等杂物，以提高抢护效果。在渗水堤段背水坡脚附近有深潭、池塘的，抢修时宜在背水坡脚处抛填块石或土袋固基，以免堤基变形而引起险情扩大。

1. 临水截渗

为增加阻水层，以减少向堤身的渗水量，降低浸润线，达到控制渗水险情发展和稳固堤身堤基的目的，可在临水侧采取截渗措施。

(1) 抛黏土截渗。适用于水浅流缓、风浪不大、取土较易的堤段。在临水堤肩将黏性土料沿临水坡向水中缓慢推下，土料入水后通过崩解、沉积和固结形成截渗戗体，如图4.10所示。戗体顶宽3～5m，左右超过渗水段两端各5m，高度高出洪水位约1m。

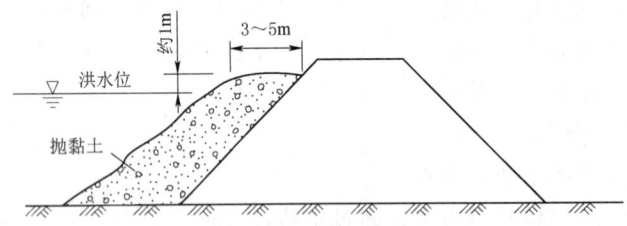

图4.10 抛黏土截渗示意图

(2) 土工膜截渗。适用于水深较浅而缺少黏性土料的渗水堤段。采用先清除临水边坡和坡脚附近地面有棱角或尖角的杂物，并整平堤坡，以免造成土工膜的损坏。土工膜的尺寸以满铺渗水段边坡并深入临水坡脚以外1m以上为宜，顺坡宽度不足时可以搭接，但搭接长度应大于0.50m。铺设前，在临水堤肩上将土工膜卷在滚筒上；在滚铺前，土工膜的下边折叠粘牢形成卷筒，并插入直径4～5cm钢管加重，以使土工膜能沿边坡紧贴展铺。土工膜铺好后,由坡脚最下端向上在土工膜上压一两层土袋,作为土工膜的保护层,同时起到防风浪的作用,如图4.11所示。

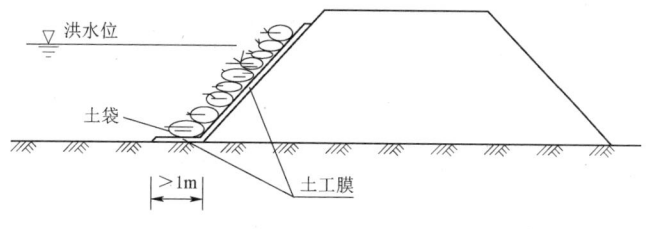

图4.11 土工膜截渗示意图

2. 背水导渗

(1) 反滤沟导渗。当堤防背水坡大面积出现严重渗水险情时,按照"导清留土"的原则,在背水坡开挖导渗沟,铺设滤料、土工织物或透水软管等,引导渗水排出,留住堤防填筑土料,降低浸润线,使险情趋于稳定。导渗沟常见的形式有纵横沟、"Y"形沟、"人"形沟等,如图4.12所示。沟的尺寸一般为:深0.50～1.0m、宽0.50～0.80m;竖沟间距为6～10m。

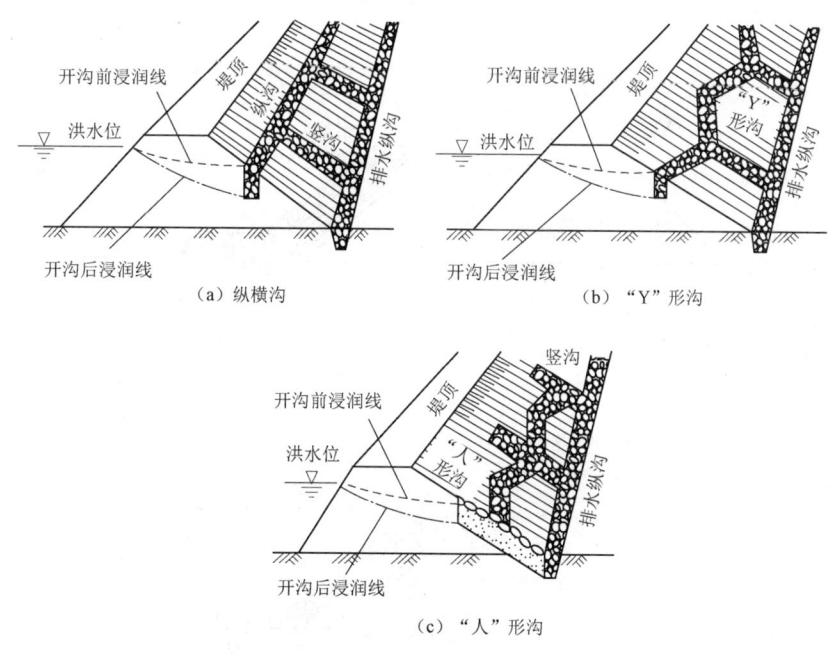

图4.12 导渗沟常见形式示意图

导渗沟按沟内铺填材料的不同,分为砂石导渗沟、梢料导渗沟(又称芦柴导渗沟)、土工织物导渗沟等,如图4.13所示。土工织物铺设前应将铺设范围内地表进行清理、平整,除去尖锐硬物,以防碎石棱角刺破土工织物。

(2) 反滤层导渗。在堤身透水性较强、背水坡土体过于松软或堤身断面小开挖导渗沟有困难,且反滤料丰富的渗水堤段,在渗水堤坡上满铺反滤层,使渗水排出,阻止险情发展。根据使用反滤料的不同,也分为砂石反滤层、梢料反滤层(又称芦柴反滤层)、土工

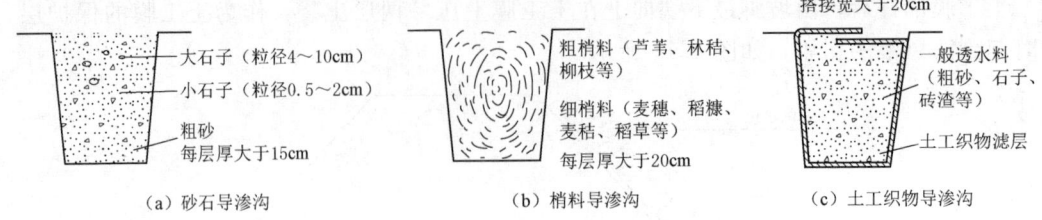

图 4.13 导渗沟按内铺填材料的分类示意图

织物反滤层等几种，如图4.14、图4.15、图4.16所示。

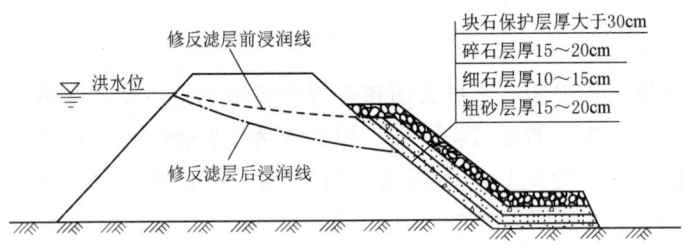

图 4.14 砂石反滤层示意图

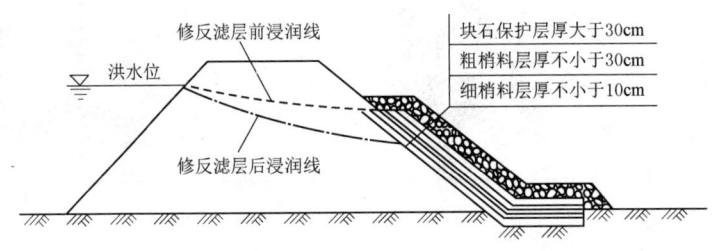

图 4.15 梢料反滤层示意图

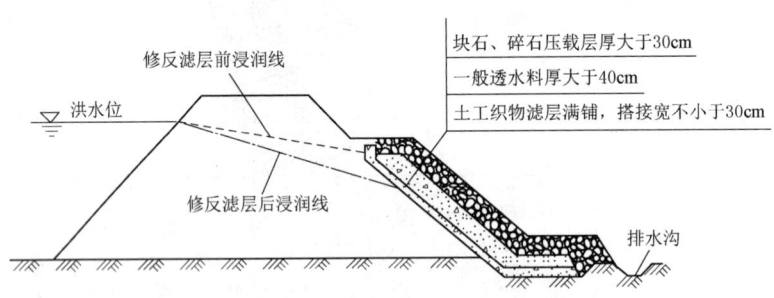

图 4.16 土工织物反滤层示意图

3. 透水后戗

透水后戗压渗法适用于堤身断面单薄、渗水严重，滩地狭窄，背水坡较陡或背水堤脚附近有水潭、池塘的堤段。此法既能排出渗水、防止渗透破坏，又能增加堤身断面，达到稳定堤防的目的。采用透水性较大的砂性土（分层填筑密实）或采用梢土修筑透水戗台，如图4.17、图4.18所示。戗顶高出浸润线出逸点0.50~1m，顶宽2~4m，戗坡1:3~

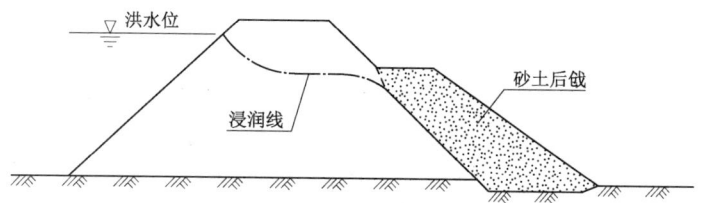

图 4.17 砂性土透水后戗示意图

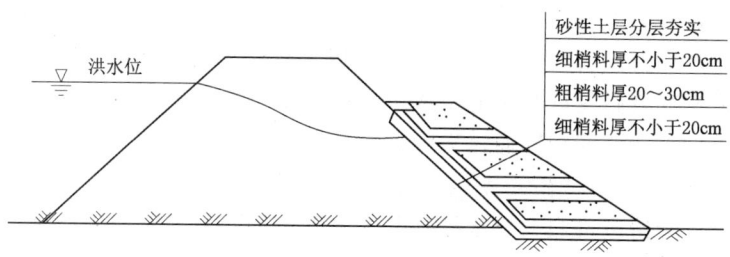

图 4.18 梢土透水后戗示意图

1∶5，戗台长度超过渗水堤段两端 3m。

4.6.2 管涌（流土）抢险

在一定渗流作用下，堤防下游坡脚附近或坡脚以外一定范围内的地面（包括潭坑、池塘或稻田）发生的翻沙鼓水现象，统称为地基渗透破坏。其中，是指砂性土（多为砂砾石）中的细颗粒通过粗颗粒之间的孔隙逐渐被渗流带出，出水口处形成小泉眼或沙环，随着流失颗粒的增多，使渗流流速增加，进而使较粗颗粒也逐渐流失，若任其发展可形成贯穿的通道，称为管涌，又称泡泉；在黏性土或颗粒均匀的非黏性土中，渗流产生的浮托力超过覆盖的有效压力时，渗流出口局部土体表面被隆起（又称牛皮包或鼓泡）、顶破或击穿，使出口附近部分土体中所有颗粒同时被带走，出口局部形成洞穴、坑洼，称为流土。

虚拟仿真训练：管涌抢险视频

4.6.2.1 管涌（流土）产生的原因

导致流土或管涌的原因主要有：堤身抗渗能力低，存在断面尺寸小、土料抗渗性低、施工质量差、有洞穴或土石结合部不密实等隐患，在汛期长时间高水位作用下，渗透坡降变陡，渗流流速和压力加大，当渗透坡降大于渗流出逸处土层的允许渗透坡降时，即发生渗透破坏，形成管涌或流土。堤基或背水坡堤脚以外地面以下有强透水层，或地表虽有黏性土覆盖，但由于天然或人为因素（如取土、建闸、开渠、钻探、基坑开挖、打井、挖鱼塘等）而使隔水层遭到穿透破坏，如图 4.19 所示。土体抵抗渗透变形的能力不够，如没有反滤排水措施或反滤排水效果不好等。

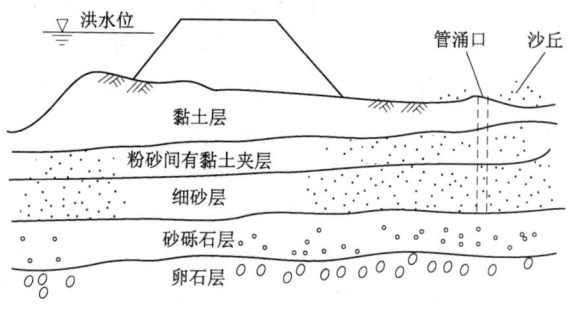

图 4.19 堤基管涌险情示意图

4.6.2.2 管涌（流土）的特征及识别方法

管涌一般发生时多呈孔状出水口冒水冒沙，出水口孔径大小不一，有小如蚁穴，大的可达几十厘米。个数少则出现一两个，多则数十个，出现冒孔群或称泡泉群，冒沙处形成"沙环"，又称"土沸"或"沙沸"。如管涌发生在坑塘，水面将出现翻沙鼓泡，水中带沙色浑。随着大河水位上升，高水位持续时间增长，挟带沙粒逐渐增多，沙粒不再沿出口停积成环，而是随渗水不断流失，相应孔口扩大。如不抢护，任其发展，就将把堤防工程地基下土层淘空，导致堤防工程骤然发生坍陷、蛰陷、裂缝、脱坡等险情，往往造成堤防溃决。流土多表现为地面土皮、土块隆起（牛皮包）、膨胀、浮动和断裂等现象。

管涌和流土的检查方法，主要是在背水堤脚、地面用脚在水下试探，感觉水温变凉，即应深入检查是否有漩涡或冒水（清水或带褐色水）现象。夜间风雨交加，看不清时，用手电照明巡查涌泉，含沙者为浑涌，无沙者为清涌。

4.6.2.3 管涌（流土）的抢修方法

管涌（流土）险情应按照"导水抑砂"的原则抢护。抢护时选用符合反滤要求的滤料镇压，管涌口切忌使用不透水的材料强填硬塞，以免截断排水通道，造成渗透坡降加大，导致险情恶化。

1. 反滤围井法

反滤围井法是在管涌出口周围抢筑反滤围井，并在预计蓄水高度上埋设排水管（蓄水高度以能使水不挟带泥沙从排水管顺利流出为度），以制止涌水带沙，防止险情扩大的一种险情抢护方法。一般适用于堤防背水地面或洼地坑塘出现数目不多和面积较小的管涌，或未连成大面积，可分片处理的管涌群。对位于水下的管涌，当水深较浅时，也可采用此法。根据所用材料不同，可分为砂石反滤围井、砂石反滤水桶、梢料反滤围井、土工织物反滤围井等。

（1）砂石反滤围井。在抢筑时，先将拟建围井范围内杂物清除干净，并挖去软泥约20cm，周围用土袋（围井高度小于1m，可用单层土袋；围井高度大于1.50m可用内外双层土袋，袋间填散土并夯实）排垒成围井。围井高度以能使水不挟带泥沙从井口顺利冒出为度，并应设排水管，以防溢流冲塌井壁。围井内径一般为管涌口直径的10倍左右。多管涌时四周也应留出空地，以5倍直径为宜。井壁与堤坡或地面接触处，必须做到严密不漏水。井内按反滤要求分层填筑滤料，井内如涌水过大，填筑反滤料有困难，则可先用块石或砖块袋装填塞，待水势消杀后，在井内再填筑滤料。滤层填筑总厚度应按照"出水基本不带沙颗粒"的原则确定，如发现填料下沉，应继续补充滤料，直到稳定为止。如一次铺设未能达到制止涌水带沙的效果，可以拆除上层填料，再按上述层次适当加厚填筑，直到渗水变清为止（图4.20）。背水地面的集水坑、水井内出现冒水冒沙现象时，可在集水坑、水井内倒入滤料，形成围井。

（2）砂石反滤水桶。对小的管涌或管涌群，可用无底粮囤、筐篓或无底水桶、汽油桶、大缸等套住出水口，在其中铺填砂石滤料，也能起到反滤围井的作用，如图4.21所示。

（3）梢料反滤围井。在缺少砂石的地方，抢护管涌可采用梢料代替砂石，修筑梢料反滤围井，如图4.22所示。细梢料可采用麦秸、稻草等，厚20~30cm；粗梢料可采用柳枝、秫秸和芦苇等，厚30~40cm；其他与砂石反滤围井相同。但在反滤梢料填好后，顶

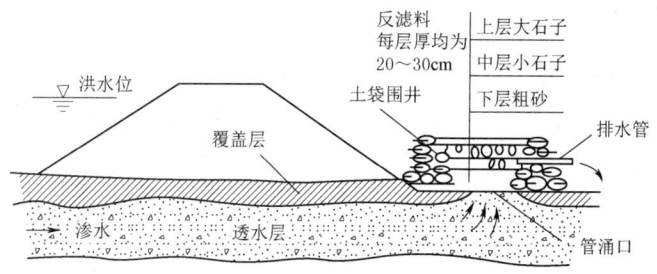

图 4.20 砂石反滤围井示意图

部要用块石或土袋压牢,以免漂浮冲失。

(4) 土工织物反滤围井。土工织物反滤围井的抢护方法与砂石反滤围井基本相同,但在清理地面时,应把一切带有尖、棱的石块和杂物清除干净,并加以平整,以免损坏土工织物。铺设时相邻两块土工织物之间要互相搭接好,四周用人工踩住土工织物,使其嵌入土内,然后在其上面填筑 40~50cm 厚的一般砖、石透水料,如图 4.23 所示。

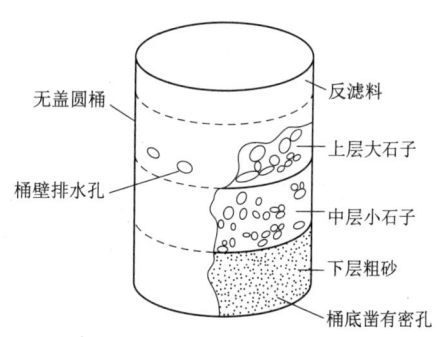

图 4.21 砂石反滤水桶示意图

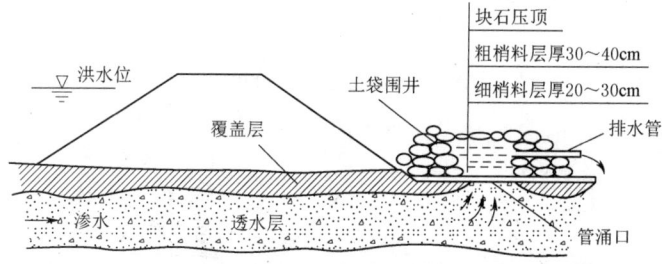

图 4.22 梢料反滤围井示意图

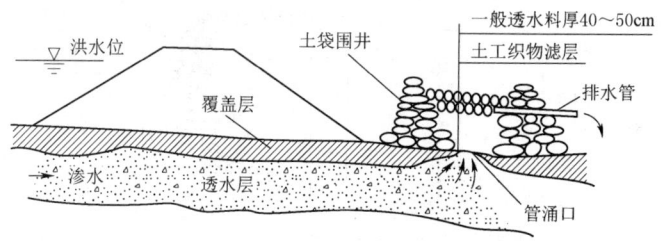

图 4.23 土工织物反滤围井示意图

2. 无滤围井法

无滤围井法是在堤防背水坡脚附近险情处抢筑无滤围井(又称养水盆),以抬高井内水位,减小水头差,降低渗透压力,减小渗透坡降,从而制止渗透破坏、稳定管涌险情的一种险情抢护方法。适用于反滤材料缺乏、临背水位差较小、高水位历时短、出现管涌险情范围小、管涌周围地表较坚实完整且未遭破坏、渗透系数较小的情况。常见的方式有无滤层围井（图4.24）、无滤水桶（图4.25）、背水月堤（背水围堰，图4.26）等。

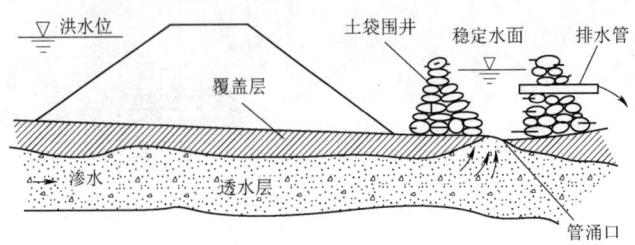

图4.24 无滤围井示意图

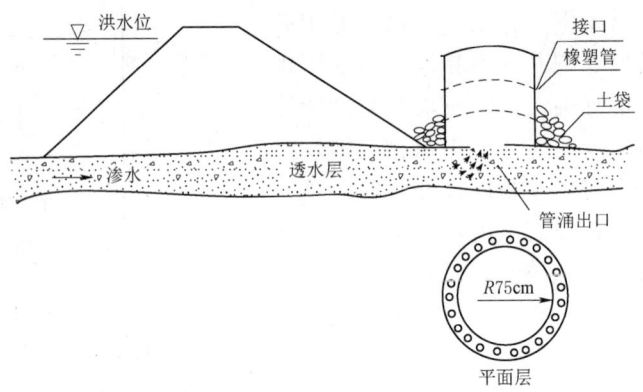

图4.25 无滤水桶示意图

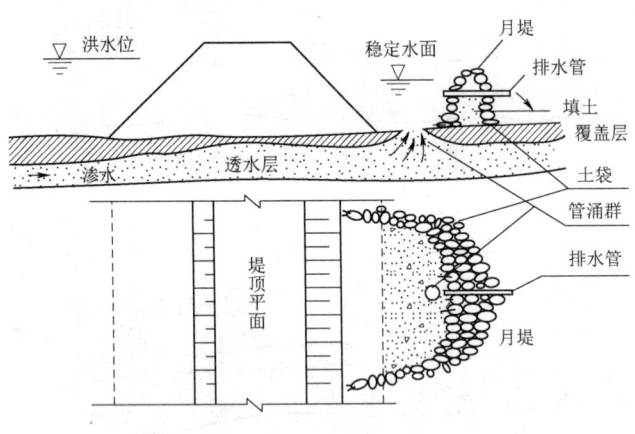

图4.26 背水月堤（背水围堰）示意图

3. 反滤铺盖法

反滤铺盖法是在堤防背水坡脚险情处抢修反滤铺盖，降低渗水速度、制止堤基泥沙流失、稳定险情的一种抢修方法。适用于管涌较多、面积较大、涌水带沙成片比较严重的堤段。常见的反滤铺盖形式有砂石反滤铺盖（图4.27）、梢料反滤铺盖（图4.28）、土工织物反滤铺盖（图4.29）等。

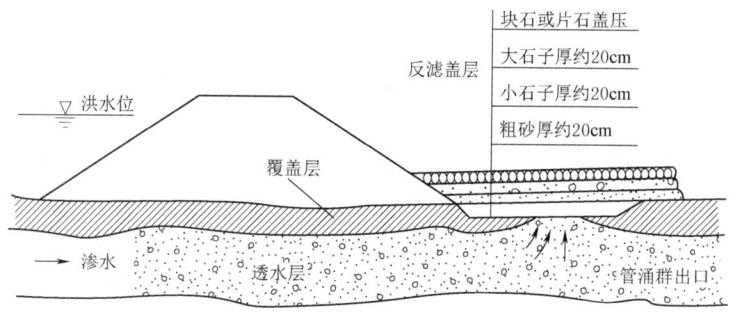

图 4.27 砂石反滤铺盖示意图

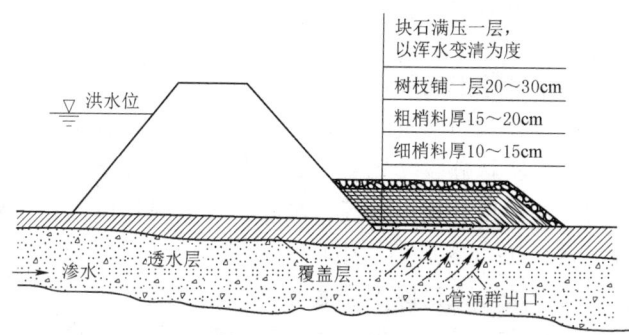

图 4.28 梢料反滤铺盖示意图

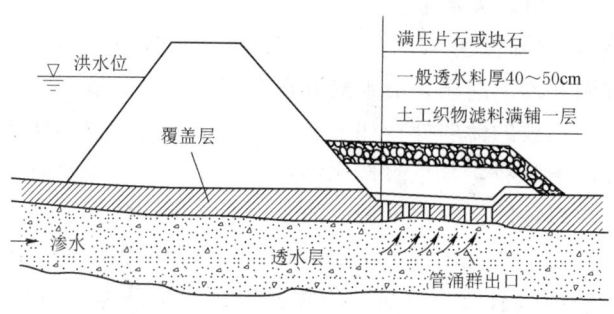

图 4.29 土工织物反滤铺盖示意图

4. 透水压渗法

透水压渗法是通过在堤防背水坡脚抢筑透水压渗台，以平衡渗压，延长渗径，减小水力坡降，并能导渗滤水，防止土粒流失，从而使险情趋于稳定的一种险情抢修方法，如图4.30所示。适用于管涌险情较多、范围较大、反滤料缺乏，但砂土料丰富的堤段。具体做法是：先将抢筑范围内的软泥、杂物清除，对较严重的管涌或流土的出水口用砖、砂石填塞，待水势消杀后，用透水性大的砂土修筑平台。

4.6.3 漏洞抢险

漏洞是在堤防背水坡及坡脚附近出现的横贯堤身或堤基的集中流水孔洞（通道）。漏洞水流常为压力管流，其流速大、冲刷力强，险情发展快，因

虚拟仿真训练：漏洞抢险视频

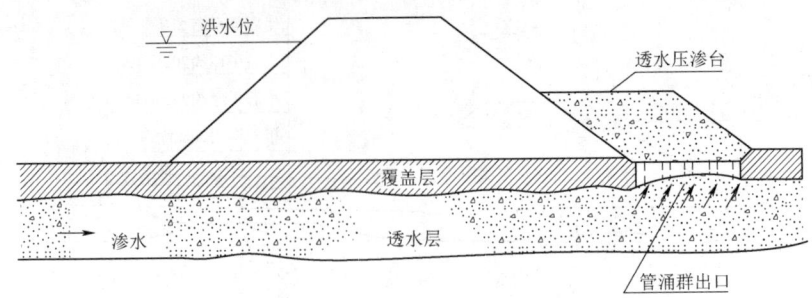

图 4.30 透水压渗法示意图

此，漏洞是堤防最严重的险情之一。

4.6.3.1 漏洞产生的原因

导致堤防出现漏洞的主要原因如下：

(1) 堤身土料填筑质量差，如修筑时土料含沙量大，土料有机质含量高，土块没有打碎，产生架空现象，碾压不实，分段填筑接头未处理好等。

(2) 堤身存在动物（蚁、鼠、獾、狐等）洞穴、树根腐烂洞穴、裂缝等隐患。

(3) 堤身位于古河道、决口老口门、老险工或其他建筑处，筑堤时对原抢险所用秸料、木桩、杂物等腐烂物未清除或清除不彻底等。

(4) 对沿堤旧涵闸、战沟、碉堡、地窖和埋葬的棺木等未拆除或拆除不彻底。

(5) 穿堤建筑物与土堤接合部填筑质量差，在高水位长时间作用下产生集中渗流，随着渗流的加剧形成管涌，以致发展成漏洞。

4.6.3.2 漏洞的特征及识别方法

漏洞又分清水漏洞和浑水漏洞。清水漏洞是在高水位、堤坡陡、偎水时间长、透水性大的堤段，渗水在背河堤坡的薄弱处（如已有孔洞）集中流出，即漏洞伴随散浸出现，此时渗水尚没有带出堤内土颗粒，其危险性比浑水漏洞小，但如不及时处理也可能演变成浑水漏洞，同样会造成决口危险。浑水漏洞有的是由清水漏洞演变而来，有的是因为堤内有孔洞而使洪水直接贯穿流出，流出浑水或由清变浑，均表明漏洞正在迅速扩大，如不及时抢堵或抢护不当，堤防随时有发生陷坑、坍塌甚至溃决的危险。因此，当发生漏洞险情时，必须慎重对待，要全力以赴迅速进行抢堵。

4.6.3.3 漏洞的抢修方法

漏洞险情应按照"临水截堵，背水滤导"的原则抢修。发现漏洞出水口，应尽快查找漏洞进水口，并标出位置；进口堵截进水与出口滤排导水同时进行。

1. 临水截堵

在堤防临水面，根据漏洞进口情况，分别采用直接塞堵法、软帘盖堵法、戗堤法等不同的堵截方法进行截堵。

(1) 直接塞堵法。当漏洞进水口较小，位置明确，进水口周围土质较好时，可采用直接塞堵法。除急用棉絮、棉被、草包或编织袋包堵塞外，还可用预制的软楔（图 4.31）堵塞、水布袋、软罩、软堵漏、草捆塞等材料堵塞。用软性材料塞堵漏洞进水口，塞堵时要"快、准、稳"，封严洞口周围，用黏性土修筑前戗加固。

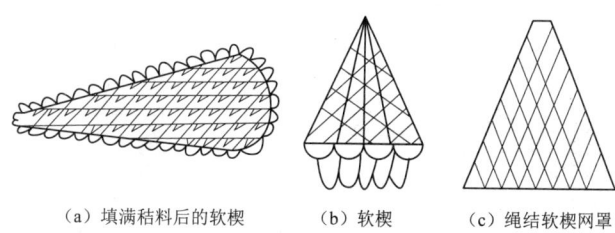

(a)填满秸料后的软楔　　(b)软楔　　(c)绳结软楔网罩

图4.31　软楔堵塞示意图

(2)软帘盖堵法。当漏洞进水口位置不准确、仅知道大概位置时,可采用软帘盖堵法。先用预制的软帘顺堤坡铺放,盖堵漏洞进水口,待漏洞基本断流后,再抛土袋或填压黏性土覆盖闭气,从而截断漏洞的流水,如图4.32所示。覆盖材料除了软帘(如草帘、苇箔、篷布或土工织物)外,还可用铁锅、钢板、木板、网兜、软体排、PVC卷材等。

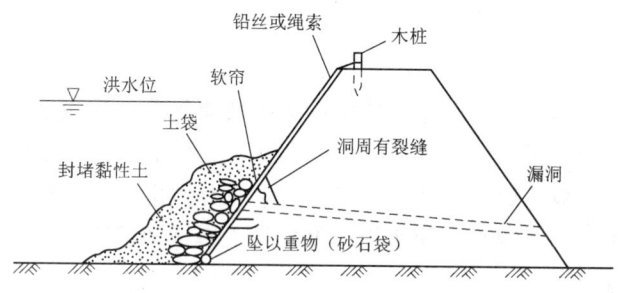

图4.32　软帘盖堵示意图

(3)戗堤法。当漏洞进水口较多、范围较大或地形复杂,难以找准且临水侧水深较浅、流速较小时,可采用抛筑黏土前戗(图4.33)或临水筑月堤(图4.34)的办法进行抢修。抛筑黏土前戗一般顶宽2~3m,长度最少超过漏水堤段两端各3m,戗顶高出水面约1.0m,水下坡度应边坡稳定为度。

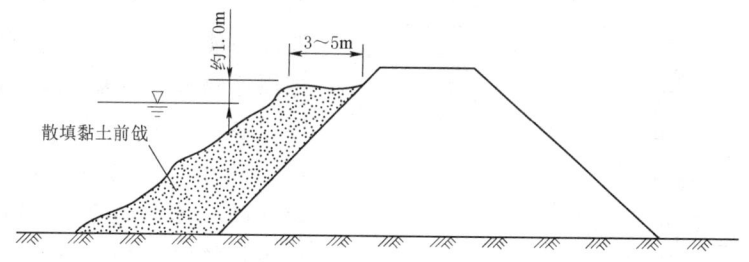

图4.33　黏土前戗示意图

2. 背水滤导

在堤防漏洞出水口,可采用修筑反滤围井法、反滤铺盖法和透水压渗台法达到反滤导渗、制止泥沙外流,防止险情继续扩大,具体方法参见第4.6.2.3节。

4.6.4　风浪冲刷抢险

江河涨水时,堤坝前水深加大、水面加宽。若遭遇大风,可形成冲击力

虚拟仿真训练:风浪抢险视频

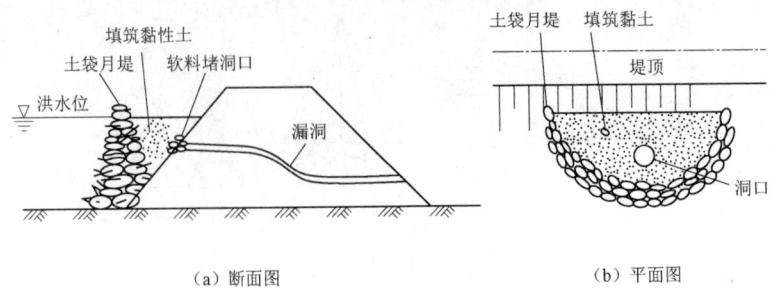

图 4.34 临水筑月堤堵漏示意图

较强风浪。堤防临水坡在风浪一涌一退的连续冲击作用下可能遭受严重冲淘刷破坏（如冲淘刷成陡坎），或引起坍塌，甚至导致溃决，也可能受风浪壅水和波浪顺坡爬高的影响而导致漫溢。

4.6.4.1 风浪产生的原因

导致堤防出现风浪险情的主要原因如下：

（1）堤防抗冲能力差。如土质差、碾压不实护坡质量差、断面单薄、高度不足等。

（2）风大浪高。当临河水深、水面宽（吹程大）、风力（速）大时，易形成冲击力大的风浪，风浪直接冲击破坏堤坡，使之形成陡坎，或导致滑坡、崩塌，从而侵蚀堤身。

（3）风浪爬高大。风浪爬高可使水面以上堤身土料饱和范围加大，土料的抗剪强度降低，易造成堤坡崩塌破坏。

（4）堤顶高程不足。当风浪爬高超过堤顶高程时，波浪越顶冲刷可导致漫溢，甚至造成决口。

4.6.4.2 风浪险情的抢护方法

风浪冲刷险情应按照"消浪抗冲"的原则抢护，即可采用漂浮物消浪和增强临水坡抗冲能力两种方法。由于波浪的能量多半集中在水面上，所以把漂浮物放置在临水坡前。波浪经过漂浮物以后，其运动的规律被打乱，能量减小，浪高变低，冲击力减弱，对堤防临水坡的破坏作用也就减轻。防汛料物经过加工铺压，可增强临水坡抗冲能力，保护临水坡免遭冲蚀。具体抢护方法有土工布防浪、挂柳防浪、土袋防浪、木（竹）防浪等方法。

1. 土工布防浪法

将土工织物或复合土膜铺设在堤坡上，用铅丝或绳坠块石固定，以抵抗波浪对堤防的破坏作用，如图 4.35 所示。

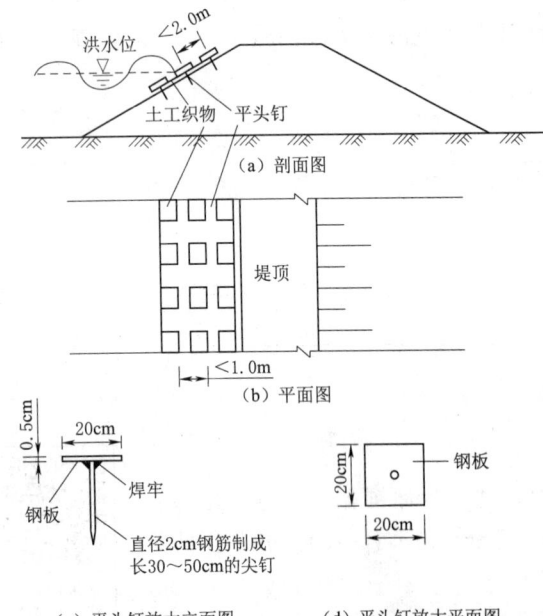

图 4.35 土工布防浪法示意图

这种防浪方法造价低，铺设速度快、灵活，便于推广。

土工织物（膜）的宽度应按堤坡受风浪冲击的范围确定，一般不小于4m，较高的堤防可宽达8～9m。膜的长度短于保护堤段的长度时，允许搭接，顺堤搭接长度不小于1.0m，并应在铺设中钉压牢固，以免被风浪揭开。土工织物的上沿一般应高出洪水位1.5～2.0m，其四周用间距为1.0m的平头钉与堤坡钉牢，上下平头钉的排距不得超过2.0m。

应用土工织物防浪的另一种方法，是用聚丙烯编织布或无纺布缝制成的软体排防浪（图4.36），具有防浪效果好、施工速度快、土工织物可回收利用等优点。软体排的宽度为5～10m，长度根据风浪高和超高确定，一般为5～8m，在编织布下端横向缝上直径0.3～0.5m的横枕袋子。

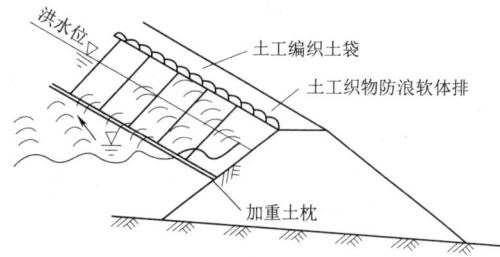

图4.36 软体排防浪法示意图

2. 挂柳防浪法

挂柳防浪法是在堤防顶部临水侧打桩，选择干枝直径大于0.10m、长大于1m的树（枝）冠，在树杈上系石块等重物止浮，在干枝根部系绳固定桩上，从风浪淘刷堤段的水流下游逐段依次向上游方向，按顺序搭接跌压、逐棵挂柳伸入水中防浪的一种方法。

挂柳防浪一般在4～5级风浪以下，效果比较显著。其优点是消浪的作用较好，可以防止堤岸的淘刷，并能就地取材；其缺点是柳叶容易腐烂脱落，防浪效能减低。

3. 土袋防浪法

土袋防浪法适用于土坡抗冲能力差，当地缺少秸、柳等软料，风浪冲击较严重的堤段。土袋一般用草袋、麻袋或土工编织袋装土、砂、碎石、砖等七八成满后，用细麻绳（缝）捆袋口而成。当水上部分或水深较小时先将堤坡适当削平，然后铺设土工织物或软草滤层。根据风浪冲击范围摆放土袋，袋口扎住朝向堤坡，依次排列、互相叠压。堤坡较陡的，在最底一层土袋前面打桩防止滑落。

4. 木（竹）排防浪法

木（竹）排防浪法是将木（竹）排拴固（或用锚固定）在堤上，将木（竹）排浮在距堤3～5m的水面上，达到防浪目的，如图4.37所示。木排一般选用直径5～15cm的圆木，用铅丝或绳缆捆扎而成，重叠三四层，总厚度30～50cm，宽度1.5～2.5m，长度3～5m。防浪木（竹）排应锚定在堤身以外10～40m的距离，视水面宽度而定。木（竹）排距堤身临水坡2～3倍浪长（两个浪峰之间距离）时，消浪效果最为理想。

除前述防浪方法外，还有挂枕防浪、湖草防浪、柳箔防浪等方法，可参阅有关技术文献。

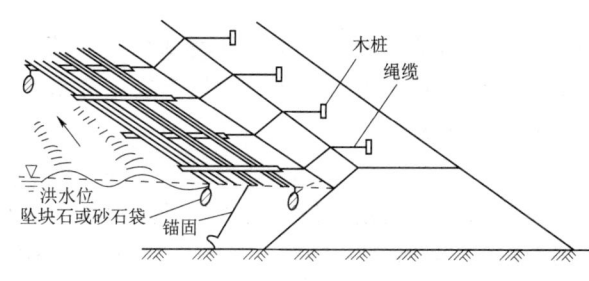

图4.37 木（竹）排防浪法示意图

4.6.5 裂缝抢险

堤坝裂缝是一种常见缺陷或险情,也可能是其他险情(如滑坡、坍塌)的预兆,若出现裂缝后又遇长时间高水位作用可能诱发渗水、管涌或流土、滑坡、坍塌,甚至发展成漏洞。

虚拟仿真训练:裂缝抢险视频

1. 裂缝产生的原因

导致产生裂缝的原因主要有:

(1) 堤坝的地基地质条件差异、地形和边界条件变化、结构尺寸和荷载差异,堤防与刚性建筑物接合处不密实,分段施工进度不平衡、两工接头及与岸坡接头处理不当、施工质量不稳定,建设时间不同及运行工作条件变化等,都可能引起不均匀沉陷裂缝。

(2) 坡度过陡、背水坡在高水位渗流作用下抗剪强度降低、临水坡水位骤降、堤脚处被掏空或有坑塘、地基有软弱夹层等,均有可能引起滑坡性裂缝。

(3) 筑堤土料含水量过大、黏性土含黏量过高,易引起干缩或冰冻裂缝。

(4) 对土料选择控制不严(如用淤土、冻土、硬土块、带杂质土填筑堤防),碾压不实,新旧接合部位未处理好,堤防存在隐患(如獾、狐、鼠、蚁洞穴,人为洞穴、暗洞等),长时间遭受渗流作用,均易出现各种裂缝。

(5) 振动及其他因素影响引起裂缝,如地震、爆破造成沙土液化等。

造成裂缝的原因往往不是单一的,而是多种原因同时存在。应根据裂缝的严重程度,针对不同原因,采取有效措施进行抢护。

2. 裂缝的抢护原则与方法

裂缝险情应按"判明原因,先急后缓"的原则抢修,即要先判明产生裂缝的主要原因,分析其严重程度,采取有效的抢护措施(详见第4.5.5节),并加强观测。

对最危险的横向裂缝,不论是否贯穿堤身,均应迅速处理。对较宽较深的纵向裂缝,也应及时处理。对裂缝较窄较浅或呈龟纹状的纵向裂缝,一般可暂不处理,但应注意观测其变化、堵塞缝口,以免雨水进入,待洪水过后处理。对较宽较深的裂缝,可采用灌浆或汛后用水浸泅实等方法处理。

伴随有滑坡、崩塌等险情的裂缝,应先抢护滑坡或崩塌险情,待险情稳定后再予以处理。降雨时,对较严重的裂缝采取灌堵措施,防止雨水流入。

漏水严重的横向裂缝,在险情紧急或河水猛涨来不及全面开挖时,可先在裂缝段临水面做前戗截流,再沿裂缝每隔3~5m挖竖井并填土截堵,待险情缓和,再采取其他处理措施。

洪水期,当发生深度大并贯穿堤身的横向缝险情时,采用复合土工膜盖堵方法进行抢修,复合土工膜铺设在临水堤坡,并在其上用土压坡或铺压土袋;背水坡用土工织物反滤排水,同时,抓紧时间修筑横墙。

4.6.6 陷坑抢险

虚拟仿真训练:跌窝抢险视频

陷坑又称跌窝,是指在持续高水位或大雨情况下,在堤顶、堤坡、戗台及坡脚附近突然发生局部下陷而形成的险情。这种险情既破坏堤防的完整性,又可能因缩短渗径而降低堤防的抗渗能力,也常伴随有渗水、管涌、滑坡等险情出现,严重时可导致堤防决口。

1. 陷坑产生的原因分析

导致堤防发生陷坑险情的主要原因如下:

(1) 施工质量差。如堤防分段施工的两工接头处理不好,因筑堤土块大、碾压不实而致使土块架空,水沟浪窝回填不实,刨树坑夯填不实,堤身或堤基局部不密实,堤内埋设涵管漏水,土石(混凝土等)接合部不密实等。

(2) 堤防存有隐患。如基础未处理或处理不彻底,有白蚁、獾、狐、老鼠等动物洞穴、有坟墓、地窖、防空洞等人为洞穴,有树根或抢险料物腐烂形成的空洞,堤身或堤基内有内部裂缝、暗洞、古河道等。

(3) 遭遇持续高水位浸泡或暴雨冲蚀。在渗透水流或暴雨冲蚀入渗作用下,工程质量较差处或隐患处周围土体可能因湿软、支撑不住上部土体而下陷形成跌窝。

(4) 伴随渗水、管涌或漏洞险情发生陷坑。由于对堤防渗水、管涌、漏洞等险情未能及时发现和处理,可能因湿软而下陷形成跌窝,或因土体抗剪强度降低使已有架空塌陷而形成陷坑,也可能使堤身或堤基局部范围内细土颗粒被渗水带走而形成新的架空,当架空处支撑不住上部土体时即发生局部塌陷而形成陷坑。

2. 陷坑的抢险方法

陷坑险情应根据其出现的部位及原因,按照"抓紧翻筑抢护、防止险情扩大"的原则进行抢修。

(1) 堤顶陷坑抢修。堤顶陷坑时,多采用翻筑回填方法进行抢修。翻出陷坑内的松土,分层用防渗性能不小于原堤身土的土料回填夯实,恢复堤防原状。针对堤身单薄、堤顶较窄的堤防,在外坡加宽堤身断面,外坡宽度以保证翻筑陷坑时不发生意外为宜。

(2) 临水坡陷坑抢修。当陷坑发生在临水侧水面以上时,按翻筑回填方法进行抢修;当陷坑发生在临水侧水面下且水深不大时,采用修筑围堰方法进行抢修;当陷坑发生在临水侧水面下且水深较大时,用土袋直接填实陷坑,待全部填满后再抛黏性土封堵、外坡加宽。

(3) 背水坡陷坑抢修。陷坑不伴随渗水或漏洞险情出现,可采用开挖回填的方法进行处理,所用土料的透水性能不小于原堤身土;陷坑伴随渗水或漏洞险情出现,可在堤防临水侧截堵渗漏通道,清除陷坑内松土、软泥及杂物,用粗砂填实;渗涌水势较大时,加填石子或块石、砖头、梢料等,待水势消减后再予填实。陷坑填满后,按砂石滤层铺设方法抢护。

4.6.7 防漫溢抢修

漫溢是洪水漫过堤顶的现象,因洪水漫过堤顶而形成的险情称为漫溢险情,简称漫溢。土质或土石堤坝一般按非溢流结构设计,其抗冲刷能力(尤其是堤顶及背水坡)较差,一旦发生洪水漫溢堤坝,将对其造成严重冲刷,使其快速坍塌,甚至造成决口。

虚拟仿真训练:漫溢抢险视频

1. 漫溢产生的原因

造成堤防漫溢的主要原因如下:

(1) 由于暴雨集中、强度大、历时长而形成特大洪水,河道宣泄不及而壅高水位,超设计标准洪水,使洪水位高于堤顶高程。

(2) 设计时,对波浪壅水和爬高估计不足,大洪水恰遇较强风浪时使波浪超过堤顶。

(3) 施工中堤防未达设计高程,或因地基有软弱层,填土碾压不实而产生过大沉陷量,使堤顶高程低于设计值。

(4) 河道内有阻水障碍物(如闸坝、桥涵、渡槽、生产堤、围堤、违章建筑物、片林、高秆作物等)降低了河道泄洪能力,或河道严重淤积、过水断面缩小,使水位壅高而超过堤顶。

(5) 主流坐弯、风浪过大,及风暴潮、地震等使水位壅高。

2. 防漫溢抢修方法

堤防和土心坝垛防漫溢抢修,先应有准确的洪水预报,估算洪水到达当地的时间和最高水位,按预定抢护方案组织抢修,并在洪水漫溢之前完成抢修任务。

(1) 堤防防漫溢抢修。堤防防漫溢抢修应按照"水涨堤高"原则,在堤顶修筑子堤。抢筑子堤时要因地制宜,就地取材,全线同步升高、不留缺口。子堤应修建在堤顶临水侧或坝垛顶面上游侧,其临水坡脚应距堤(坝)肩线0.50~1.0m;子堤顶超出预报最高水位0.50~1.0m,子堤断面满足稳定要求并加设防风浪设施。子堤按照其材料和结构的不同,有纯土子堤、土袋子堤、桩柳(木板)子堤、柳枕子堤、编织袋土子堤、编织袋及土混合子堤、土工织物子堤等,如图4.38所示。

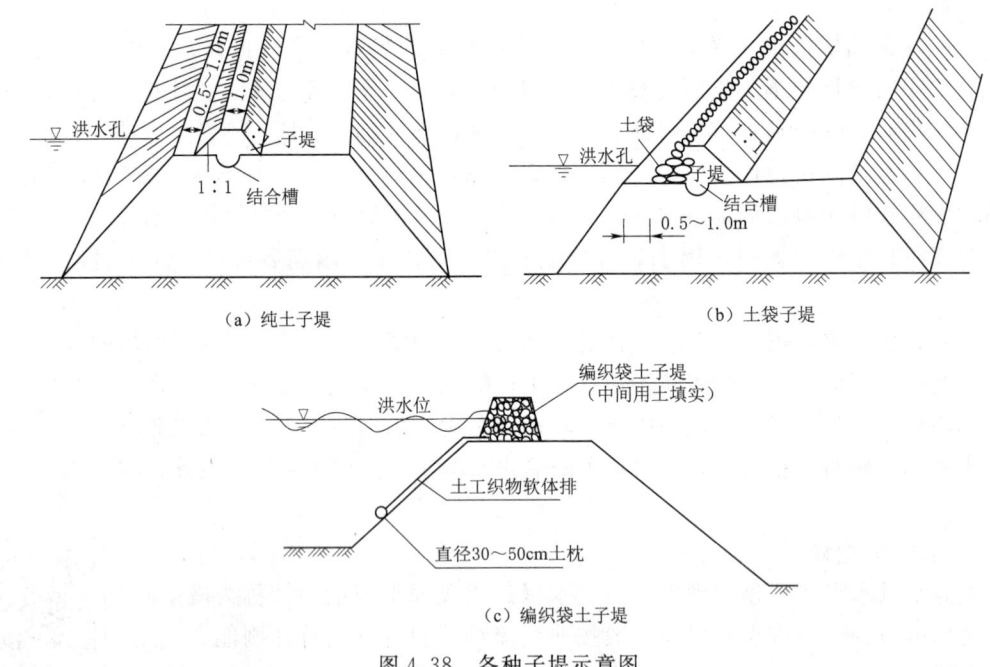

图4.38 各种子堤示意图

(2) 坝垛防漫溢抢修。坝垛防漫溢抢修应按照"加高止漫、护顶防冲"的原则,在坝垛顶部修筑子堤,并铺设柴把、柴料或土工织物防冲材料进行防护。

柴把护顶时,在坝垛顶面前后各打桩一排,桩距坝肩0.50~1.0m,柴把直径0.50m左右,搭接紧密,并用麻绳或铅丝绑扎在桩上。

柴料护顶时，如漫坝水深流急，在两侧木桩间直接铺一层厚 0.30～0.50m 柴料，并在柴料上抛压块石。

土工织物护顶时，土工织物铺放于坝垛顶面，用桩固定，在土工织物上铺设土袋、块石或混凝土预制块等重物，土工织物长宽分别超过坝顶长宽 0.50～1.0m。

4.6.8 坍塌抢修

坍塌是指堤防临水面土体、裹护体或土体连同裹护体的崩落入水的险情。坍塌分为塌陷、滑塌、骤塌。塌陷是坡面土体局部发生下沉的现象；滑塌是一定范围内的堤坝坡因失稳而发生坍塌下滑的现象（也称为滑脱）；骤塌是一定范围内的堤坝坡部分土体、裹护体或土体连同裹护体突然倒塌入水的现象（也称为崩塌），是最为严重的坍塌险情。当洪水冲刷能力强、主流顶冲或靠近堤岸、堤岸抗冲能力弱时，易发生坍塌险情，如不及时抢护，将可能造成险情急剧恶化（如引起溜势变化、使坍塌加剧等）或溃堤灾害。

虚拟仿真训练：坍塌抢险

河道护岸坍塌视频

1. 坍塌产生的原因及识别方法

坍塌险情发生的主要原因如下：

（1）水流冲刷。水流流态发生大的变化或发生横河、斜河现象，形成顺堤行洪或水流直冲堤岸，造成对堤岸的严重冲刷、淘刷。

（2）高水位持续时间长，水位骤降。高水位时，堤岸土体含水量增大或饱和，其抗剪强度降低；水位骤降时，土体失去了水的顶托力且承受反向渗压作用，易促成坍塌险情。

（3）堤岸质量差、存有缺陷或隐患。遇水流冲刷、渗水或雨水侵入时，因其抗冲能力差和抗剪强度降低而易造成坍塌。

（4）堤岸基础抗冲能力差。如地基土质差、基础浅、裹护材料抗冲能力差（根石走失）等，易使基础被淘空，或地震使沙土地基液化，将造成坍塌险情。

坍塌险情的发生往往比较突然，事先较难判断。坍塌险情发生前，堤防临水坡面或顶部常出现纵向或圆弧形裂缝，进而发生沉陷和局部坍塌。因此，裂缝往往是坍塌险情发生的预兆。必须仔细分析裂缝的成因及其发展趋势、及时做好抢护坍塌险情的准备工作。

2. 坍塌的抢险方法

坍塌险情应按"护脚固基、护岸减速"的原则抢修，可采用抛投块石、石笼、土袋等防冲物体护脚固基，如图 4.39 所示。当出现大流顶冲、水深流急、水流淘刷严重、基础冲塌较多的险情时，采用护岸减速措施。

堤岸防护的坍塌险情，应根据护脚材料冲失程度及护坡、土芯坍塌的范围和速度，采取不同措施进行抢修。护脚坡面轻微下沉时，可采用抛块石、石笼加固，并将坡面恢复到原设计状况；护脚坍塌范围较大时，可采用抛柴枕、土袋枕等方法抢修。护坡块石滑塌，可采用抛石、石笼、土袋抢修。土芯外露滑塌时，可先采用柴枕、土袋、土袋枕或土工织物软体排抢修滑塌部位，然后抛石笼或柴枕固基。护坡连同部分土芯快速沉入水中，可先抛柴枕、土袋或柴石搂厢抢修坍塌部位，然后抛块石、石笼或柴枕固基。

（1）采用块石、石笼、土袋抢修。当堤防受到水流冲刷，堤脚或堤坡冲成陡坎时，可采用块石、石笼、土（砂）袋、铅丝石笼、土工织物软体排等作为抛投物体护脚固基防

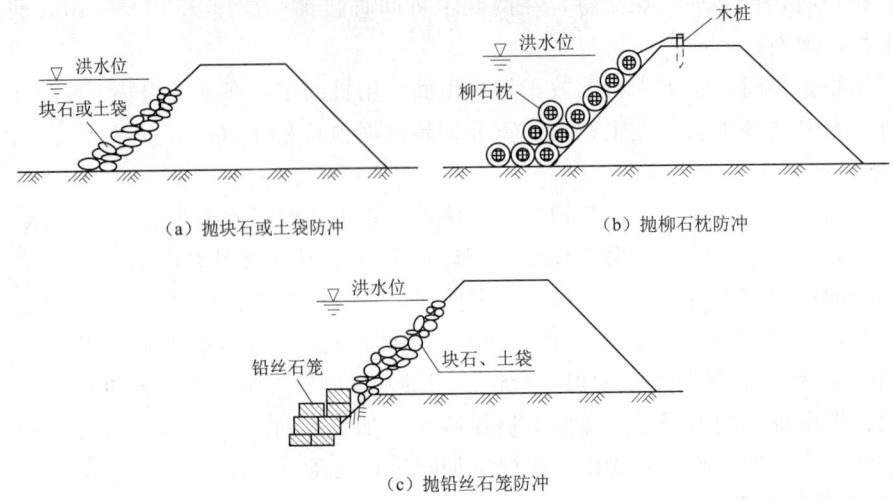

图 4.39 护脚固基防冲示意图

冲，抑制急流继续淘刷。根据水流速度大小，抛投防冲物体从最能控制险情的部位抛起，向两边展开。块石质量为 30~75kg，水深流急处，用大块石抛投。石笼小块石居中、大块石在外，笼内石块满、紧、密、匀。土袋充填度不大于 80%，装土后用绳绑扎封口，内层土袋紧贴土心。

(2) 采用柴枕抢修。采用柴枕抢修时，按流速大小或出险部位调整用石量，柴枕长 5~15m，枕径 0.50~1m，柴、石体积比 2:1，捆抛枕的作业场地设在出险部位上游距水面较近且距出险部位不远的位置，用于护岸缓流的柴枕宜高出水面 1m，在枕前加抛散石或石笼护脚，抛于内层的柴枕宜紧贴土心。

(3) 采用柴石搂厢抢修。首先查看流势，分析上、下游河势变化趋势，勘测水深及河床土质，确定铺底宽度和桩、绳组合形式。然后整修堤坡，将崩塌后的土体外坡削成 1:0.50。柴石搂厢每立方米埽体压石 0.20~0.40m³，埽体着底前宜厚柴薄石，着底后宜薄柴厚石，压石宜采用前重后轻的压法。底坯总厚度 1.50m 左右，在底坯上继续加厢，每坯厚 1~1.50m，每加箱一坯、宜适当后退，做成 1:0.30 左右的埽坡，坡度宜陡不宜缓，不宜超过 1:0.50，每坯之间打桩连接。搂厢抢修完毕后在厢体前抛柴枕和石笼护脚固根。

(4) 采用土袋枕抢修。采用土袋枕抢修时，土袋枕用幅宽 2.50~3.00m 的织造型土工织物缝制，长 3.00~5.00m，高、宽均为 0.60~0.70m，装土地点设在靠近坝垛出险部位的坝顶，抛于内层的土袋枕紧贴土心，水深流急处，应有留绳，防止土袋枕冲走。

(5) 采用土工织物软体排抢修。采用土工织物软体排抢修时，按险情部位大小，将造型土工织物预先缝制成 6m×6m、10m×8m、10m×12m 等规格的排体，排体下端缝制折径为 1m 左右横袋，两边及中间缝制折径 1m 左右竖袋、竖袋间距为 3~4m，两侧尼龙拉绳直径为 1cm，上下两端挂排尼龙绳直径分别为 1cm 和 1.50cm，各绳缆留足长度。排体上游边与未出险部位搭接，软体排将土心全部护住。排体外抛土枕、土袋、块石等。

4.6.9 滑坡抢修

滑坡是指由于边坡失稳造成堤坡或堤坡连同堤基的部分土体失稳滑落，堤脚处土体隆起外移的现象，又称脱坡。从发生位置的不同，滑坡可分为背河滑坡和临河滑坡两种；根据性质的不同，滑坡可分为剪切破坏、塑性破坏和液化破坏，其中剪切破坏最为常见；根据滑坡的范围，可分为深层滑动和浅层滑动。堤身与基础一起滑动为深层滑动，滑动面较深，呈圆弧形，滑动体较大，堤脚附近地面往往被推挤外移、隆起，或沿地基软弱层一起滑动。堤身局部范围的滑动为浅层滑动，滑动范围较小，滑裂面较浅，虽危害较轻，也应及时恢复堤身完整，以免继续发展。

虚拟仿真训练：滑坡抢险

4.6.9.1 滑坡产生的原因

滑坡险情发生的主要原因如下：

（1）高水位持续时间长。随着渗流的发生，堤身浸润线升高，土体抗剪强度降低，在渗水压力和土重增大情况下，可能导致背水坡失稳，特别是边坡过陡时，极易引起滑坡。

（2）水位骤降。高水位时，临水坡土体大部分处于饱和、抗剪强度降低的状态。当水位骤降时，临水坡失去外水压力支持，加之堤身反向渗水压力和土体自重大的作用，可能引起堤坡失稳滑动。

（3）堤身加高培厚的新旧土体之间接合不好，渗水饱和后易沿接合面形成滑动面。

（4）堤基处理不彻底。堤基存有松软夹层、淤泥层和液化土层，坡脚附近有坑塘等，施工时未处理或处理不彻底，均可能因抗剪强度低、坡度陡等而诱发滑坡。

（5）堤防本身稳定安全系数不足。如因所选择土料的抗剪系数低、施工质量差（铺土太厚、含水量不符合要求、土料中含有大土块或冻土块、碾压不实）而使土体的抗剪强度低、堤身坡度陡，均可能使堤防不能满足稳定要求。

（6）外力作用。堤顶和堤坡上堆放重物过多（附加荷载大），如有持续大暴雨或地震等作用，可导致滑动力增大、抗滑力降低，易引起土体失稳而造成滑坡。

4.6.9.2 滑坡产生的特征及预判方法

滑坡险情通常先由堤顶或堤坡上发生的裂缝开始，如能及时发现滑坡征兆并适当采取抢护措施，则其危害往往可以减轻。一般可从以下几个方面预判滑坡险情。

（1）根据裂缝的形状判断。滑动性裂缝主要特征是主裂缝两端有向边坡下部逐渐弯曲的趋势，两侧往往分布有与其平行的众多小缝或主缝上下错动。

（2）根据裂缝的发展规律判断。滑动性裂缝初期发展缓慢，后期逐渐加快，而非滑动性裂缝的发展则随时间逐渐减慢。

（3）根据位移观测的规律判断。如果堤身在短时间内出现持续而显著的位移，特别是伴随着裂缝出现连续性的位移，是产生滑动险情的明显征兆。位移量又逐渐加大，边坡下部的水平位移量大于边坡上部的水平位移量；边坡上部垂直位移向下，边坡下部垂直位移向上。

（4）根据孔隙水压力观测成果判断。当实测孔隙压力系数高于设计值时，可能是滑坡前兆，应及时进行堤坡稳定校核。

4.6.9.3 滑坡的抢护方法

滑坡的根本原因是滑动力超过了抗滑力。因此，堤防滑坡险情应按照"削坡减载，固脚阻滑"的原则抢修。削坡减载是在滑坡体上部削缓边坡，固脚阻滑是在滑坡体下部抛石（或沙袋）固脚。如堤身单薄、质量差，为补救削坡后造成的堤身削弱，应采取加筑后戗的措施予以加固。如基础不好，或靠近背水坡脚有水塘，在采取固基或填塘措施后，再还坡。抢护时，滑动面上部和堤顶，不应堆放料物和机械。

1. 开沟导渗法

对因渗流作用引起的滑动，必须通过"前截后导"，以减少堤身渗流。堤防背水坡发生滑坡险情时，可在滑坡范围内全面抢筑导渗沟，导出滑坡体渗水，以减小渗水压力，降低浸润线，消除产生进一步滑坡的条件。

2. 滤水土撑法

在堤防背水坡排渗不畅、滑坡范围较大、险情严重且取土困难的堤段，可采用间隔抢筑滤水土撑的方法加固，防止背水坡继续滑脱，如图4.40所示，即：先清理滑坡体松土，然后在滑坡体上顺坡到脚直至拟筑土撑部位挖沟，沟内按反滤要求铺设土工织物滤层或分层铺填砂石、梢料等反滤材料，并在其上做好覆盖保护。顺滤沟向下游挖明沟，以利渗水排出。每条土撑顺堤方向长10m左右，顶宽5~8m，边坡1:3~1:5，间距8~10m，撑顶应高出浸润线出逸点不小于0.5m。土撑采用透水性较大土料，分层填筑夯实。若堤基软弱或背水坡脚附近有渍水、软泥等，需在土撑用块石、砂袋固基。

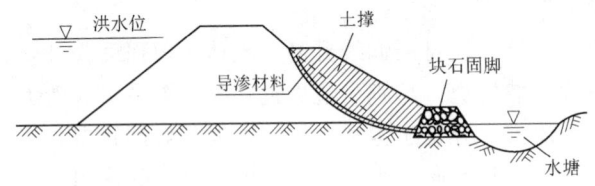

图4.40 滤水土撑法示意图

3. 滤水后戗法

在堤防背水坡排渗不畅、滑坡范围较大、险情严重而取土较易的堤段，可采用在滑坡范围内全面连续抢筑滤水后戗方法进行抢修。此法既能导出渗水，降低浸润线，又能增加堤身断面，使险情趋于稳定。具体做法与滤水土撑法相同。后戗根据滑坡范围大小确定，两端超过滑坡堤段5~10m，后戗顶宽3~5m。

4. 前戗截渗法

在堤防背水坡滑坡严重、范围较大，修筑滤水土撑和滤水后戗难度较大，且临水坡又有条件抢筑截渗土戗的堤段，采用黏土前戗截渗方法进行抢修。其具体做法与抢护渗水险情的投抛黏性土法相同。

5. 抛石固脚法

抛石固脚的目的是增加抗滑力、减少滑动力，制止滑坡发展，以稳定险情。具体做法是：先查清滑坡范围，然后采用块石、土袋、石笼等重物投抛在滑坡体下部堤脚附近，具有加固堤脚和阻止继续下滑的双重作用。但注意不能在滑动土体的中上部抛石或土袋，否则，不但不能起到阻滑作用，反而增大了滑动力，会进一步促进土体滑动。

6. 滤水还坡法

滤水还坡是采取反滤结构还坡、恢复堤防断面的一种背水坡滑坡抢修措施。主要适用于因土料渗透系数偏小引起堤身浸润线升高，排水不畅而形成的严重滑坡堤段。根据反滤结构型式及材料性质的不同,分为导渗沟滤水还坡、反滤层滤水还坡、透水体(砂土、梢土等)滤水还坡、土工织物反滤布及土袋还坡等,如图4.41所示。

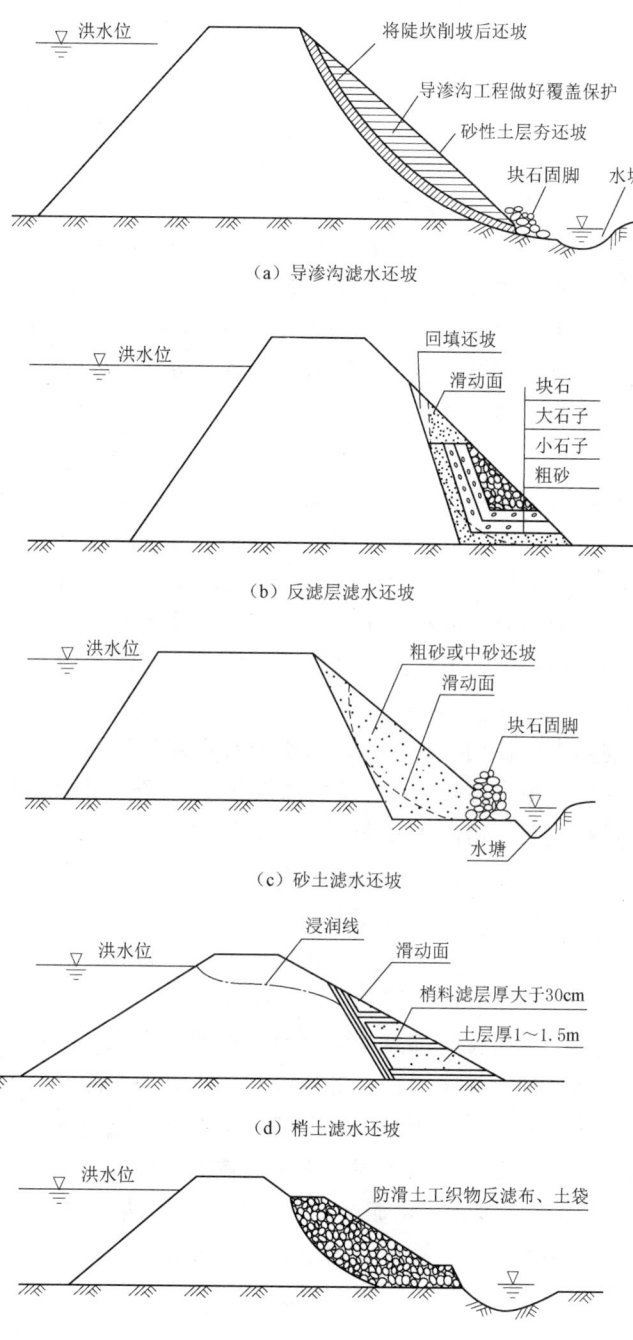

图 4.41 滤水还坡法示意图

7. 堤岸防护工程滑坡抢修

堤岸防护工程下滑险情抢修。堤岸防护工程护坡、护脚及部分土心发生"缓滑"险情时，采用抛石固基及上部减载方法抢修；发生"骤滑"险情时，采用土工织物软体排或柴石搂厢等措施保护土心，防止水流冲刷。

8. 堤岸防护工程砌体倾斜抢修

重力式挡土墙式堤岸防护工程发生砌体倾倒险情时，采用抛石、抛石笼或柴石搂厢等方法进行抢修。

4.6.10 穿堤建筑物及其与堤防接合部抢险

穿堤建筑物（如涵闸、管道、电缆等）及其与堤防接合部可能产生的险情有裂缝（包括接合部裂缝、穿堤建筑物结构裂缝、连接建筑物裂缝等）、渗水（包括接合部渗水和基础渗水）、管涌、漏洞、闸（阀）门漏水、水闸滑动、水流冲（淘）刷连接建筑物引起塌陷或倾覆等。穿堤建筑物及其与堤防接合部出现险情是最常见的险情，也是最危险、不能忽视的险情，如果处理不及时，极易造成堤防工程溃决后果。

1. 出险原因

导致穿堤建筑物及其与堤防接合部出现险情的主要原因如下：

（1）穿堤建筑物与堤防接合部回填不实，易产生局部沉陷、空洞、裂缝。

（2）穿堤建筑物自身结构及荷载差异，易导致建筑物自身结构裂缝；穿堤建筑物与堤防在荷载和材料等方面的差异，易产生不均匀沉陷，从而导致接合部裂缝。如遇降雨径流进入裂缝将使裂缝被冲蚀扩大，形成陷坑或暗洞，雨水或水流冲刷有可能使岸墙护坡出现裂缝、塌陷或倾覆。

（3）在洪水期间高水位作用下，洪水沿裂缝及穿堤建筑物与堤防接合部（包括与地基及堤身的接触面）易形成集中渗流或绕渗，严重时在建筑物下游侧可能出现管涌、流土，甚至发展成漏洞，危机涵闸、堤防等安全。

（4）高水位挡水期间，闸（阀）门易出现漏水险情。

（5）在较大的水平水压力作用下易使水闸产生滑动。

（6）基础防渗能力不足（土质差、防渗长度不够等）易导致基础渗水、管涌等。

2. 抢护方法

穿堤涵闸（管线）与堤防接合部发生渗水时，按照"进水侧封堵，中间截渗，出水侧导渗"的原则进行抢修。即：在渗水进水口加以封堵，以切断漏水通道；在中间采取措施截断渗水通道；在出水侧抢修反滤排水，以降低出水口处水压或浸润线，并导出渗水。

进水侧封堵可用篷布覆盖（适用于闸前临水堤坡上的漏洞），水下堵漏（如浸油麻丝、桐油灰掺石棉绳等）、草捆或棉絮、草泥网袋堵塞等方法塞堵漏洞。

中间截渗可用开膛堵漏、喷浆截渗、灌浆阻渗等方式。

出水侧导渗可采用砂石反滤、土工织物反滤（图 4.42）、柴草反滤（图 4.43）等方式反滤导渗。

当埋设于堤身的各种穿堤管道（如虹吸管、扬水站出水管、输油管、输气管等）出现险情时，应立即关闭进口阀门，排除管内积水，方便检查监视和抢护险情。对于没有安全阀门装置的，洪水前要拆除活动管节，用同管径的钢盖板加橡皮垫圈和螺栓严密封堵管的进口。

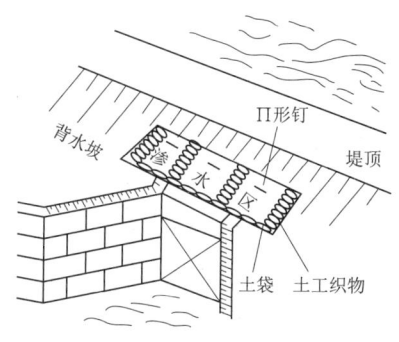

图 4.42 土工织物反滤法示意图

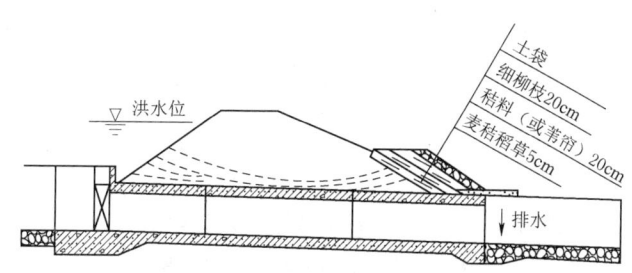

图 4.43 柴草反滤法示意图

【任务巩固】
【应知】

应知训练

【应会】
1. 试述渗水险情产生的原因、特征及主要抢修方法。
2. 试述管涌险情的特征、识别方法及主要抢修方法。
3. 试述漏洞的特征、识别方法及主要抢修方法。
4. 堤防滑坡的抢修方法有哪些？
5. 若穿堤建筑物与堤防结合部发生渗漏，应如何抢修。

答案解析

【项目训练】
【初级训练与考评】
　　登录"河道管护虚拟仿真实训平台"参与初级堤防管理虚拟仿真训练与考评。
【中级训练与考评】
　　登录"河道管护虚拟仿真实训平台"参与中级堤防管理虚拟仿真训练与考评。
【高级训练与考评】
　　登录"河道管护虚拟仿真实训平台"参与高级堤防管理虚拟仿真训练与考评。
【技师级训练与考评】
　　登录"河道管护虚拟仿真实训平台"参与技师堤防管理虚拟仿真训练与考评。
【高级技师级训练与考评】
　　登录"河道管护虚拟仿真实训平台"参与高级技师堤防管理虚拟仿真训练与考评。

参 考 文 献

[1] GB 50286—2013 堤防工程设计规范[S]
[2] GB 50201—2014 防洪标准[S]
[3] GB 50707—2011 河道整治设计规范[S]
[4] GB/T 50805—2012 城市防洪工程设计规范[S]
[5] GB 50707—2011 河道整治设计规范[S]
[6] SL 260—2014 堤防工程施工规范[S]
[7] JTJ 300—2000 港口及航道护岸工程设计与施工规范[S]
[8] SL 595—2013 堤防工程养护修理规程[S]
[9] DB33/T 614—2016 河道建设标准[S]
[10] 匡少涛,马建新,雷俊荣.河道管理[M].北京:中国水利水电出版社,2011.
[11] 杜云岭.河道修防工[M].郑州:黄河水利出版社,2012.
[12] 崔建中.河道修防工[M].郑州:黄河水利出版社,2021.
[13] 崔承章,熊治平.治河防洪工程[M].北京:中国水利水电出版社,2004.
[14] 王文毅,覃毅宝,綦中跃.河道堤防建设与运行管理要务[M].北京:中国计划出版社,2014.
[15] 段文忠.河道治理与防洪工程[M].武汉:湖北科学技术出版社,2000.
[16] 水利部水旱灾害防御司.防汛抢险技术手册[M].北京:中国水利水电出版社,2021.
[17] 水利部黄河水利委员会,黄河防汛总指挥部办公室.黄河防汛抢险技术画册[M].郑州:黄河水利出版社,2002.
[18] 董哲仁.堤防抢险实用技术[M].北京:中国水利水电出版社,1999.
[19] 毛旭熙.堤防工程手册[M].北京:中国水利水电出版社,2009.
[20] 曹克军.黄河传统与现代防洪抢险技术[M].郑州:黄河水利出版社,2017.
[21] 郑月芳.河道管理[M].北京:中国水利水电出版社,2007.
[22] 邹冰,杨振华.水利工程概论[M].北京:中国水利水电出版社,2004.
[23] 郭雪莽.水利工程概论[M].郑州:黄河水利出版社,2018.
[24] 韩玉玲,岳春雷,叶碎高.河道生态建设——植物措施应用技术[M].北京:中国水利水电出版社,2009.
[25] 韩玉玲,夏继红,陈永明,等.河道生态建设——河流健康诊断技术[M].北京:中国水利水电出版社,2012.
[26] 河川治理中心.护岸设计[M].刘云俊,译.北京:中国建筑工业出版社,2004.